知力トレーニングの限界に挑戦

オズの数学

クリフォード・A・ピックオーバー

名倉真紀　今野紀雄　訳

The **MATHEMATICS** OF
OZ MENTAL GYMNASTICS
FROM BEYOND THE EDGE
Clifford A. Pickover

産業図書

THE MATHEMATICS OF OZ
Mental Gymnastics from Beyond the Edge

by Clifford A. Pickover.

Copyright © Clifford A. Pickover 2002
Japanese translation rights arranged with
the Syndicate of the Press of the University of Cambridge, England
through Tuttle-Mori Agency, Inc., Tokyo

オズの数学——知力トレーニングの限界に挑戦——

　ペンを取って，準備をしましょう．この本の著者クリフォード・ピックオーバーや少女のドロシー，そして宇宙人のオズ博士と一緒に，一風変わった場所を散策しながら，数学の世界へ旅に出ましょう．波乱万丈の長い冒険旅行が始まります．さあ，覚悟を決めてください．『オズの数学』はきっと，あなたの想像力の扉を開いてくれるでしょう．この本では，例えば，「シマウマの無理数」「循環素数」「レギオン数」と呼ばれる数の問題や迷路問題などが扱われています．このような論理的な問題の数々は，どんな水準の数学的知識を持つ皆さんをも楽しませてくれるでしょう．

　えたいの知れない宇宙人"オズ"によって，人間の知能を測るために考案された問題に熱狂的なパズル愛好家ですら悩まされるでしょう．幾何学と迷路，数列，級数，集合，並び替え，確率，数論，計算といった数学の話題や，物理学で扱うさまざまな問題に挑戦して，あなたの知力をテストしてみましょう．図が豊富に取り入れられたこの本は，コンピュータやゲーム，そして実際の研究で，数学をどのように利用しているかについて書かれた楽しい独創的な数学の入門書で，論理と狂気が交互に入れ替わるおかしな冒険物語でもあります．『オズの数学』の問題に挑戦することで，疲れてしまうかもしれませんが，知らず知らずのうちに，新しい問題に挑戦してみたくなるかもしれません．

* * *

　クリフォード・A・ピックオーバー：エール大学で，博士号を取得．コンピュータ，創造力，芸術，数学，ブラックホール，人間の行動学と知能，時間旅行，宇宙生活，科学フィクションに関する話題など，20 冊以上の啓蒙書の著者である．彼のウェブサイト www.pickover.com には，50 万件以上のアクセスがある．

「おいらに脳みそはくれないのかい？」と，かかしが聞いた．
「脳みそなんかいらないだろう．毎日新しいことを学んでいるんだから．赤ん坊に脳みそはあるけど，ほとんど何も知りゃしない．知識を増やすにはいろんなことを経験するしかないんだよ．長く生きていれば生きているほど，経験が豊かになって知識も増える」
「そりゃそうかもしれない」と，かかしは言った．「でも，脳みそをもらえなかったら，おいら，とてもがっかりしちまうよ」

　　　　　　　『オズの魔法使い』ライマン・フランク・ボーム／著

訳者まえがき

　本書は，クリフォード・A・ピックオーバー博士の本"The Mathematics of OZ"（Cambridge University Press, 2002）の全訳である．さて，オズと聞いて思い起こすのは，一度は読んだり，（お芝居や映画を）観たりした『オズの魔法使い』であろう．読んでいる間じゅう，あるいは観ている間じゅう「オズってどんな人だろう？」と，疑問を持ち続けたことを思い出すのではないだろうか．

　この本では，正体不明な宇宙人である自称「オズ博士」が，いつの時代なのか，どこにあるのかわからない不思議な国「オズ」の世界を舞台に，さまざまな問題を出題し，少女ドロシーがそれを考え，答えなければならないという設定に基本的にはなっている．問題は易しいパズルの問題から未解決の難しい問題まで幅広く取り入れられている．読者の皆さんには，「どのように考えたらいいのだろう？　答えはなんだろう？」という疑問をずっと持ち続けながら読んでいただき，問題に挑んでほしい．それらの問題に興味を持ち，答えを考えることで，数学的な見方や考え方が自然に身につくことと思う．とはいえ，中高生から大人まで読めるように，専門的な事柄にはあまり言及していないため，物足りなさを感じる読者もおられよう．そのような読者の方には，はしがきにもあるように，参考文献などを参照しながら，より深く考察をしていただきたい．

　小説を読むように，気軽に物語を楽しみながら，時には問題に真剣に取り組みながら読み進めていただいてもよい．最初から最後まできちんと順番どおりに読む必要もない．難易度の低い問題だけをまず考えてもよいし，とりあえずは問題を解かないで，最初の引用の部分や物語だけを読んでも楽しい．そして，数学に少しでも触れる，あるいは，数学を始めるきっかけになれば幸いである．わたしもこの本を訳しながら問題を実際に解いてみて，時には夢中になり，楽

しませてもらった．問題によっては答えを導く判断基準も読者にゆだねられている．いろいろな答え方があると思うので，友人や知人も巻き込んで一緒に考えよう．そうすることで，別の考え方や解き方が発見でき，一人では味わえない楽しさを味わえるのではないだろうか．そして，しっかりとした根拠を持って，自分なりの答えを出し，友人と議論するのもいいのではないだろうか．

　最後になりましたが，このような楽しい本を翻訳する機会を与えてくださった産業図書をはじめ，原稿に目を通しコメントをくださった藤枝明誠高等学校の曽雌隆洋さん，そして編集作業などでお世話になりました産業図書のスタッフの皆様に心から感謝を申し上げます．

2009 年 1 月
訳者を代表して　名倉　真紀

目　次

オズの数学――知力トレーニングの限界に挑戦―― … i
訳者まえがき … iii
旅行案内 … xi
はしがき … xiii
謝辞 … xvii

0　序章 … 1
1　黄色いレンガの道 … 5
2　動物の配列 … 8
3　粘土で実験 … 10
4　道路標識 … 13
5　緑色の論理 … 15
6　魔法の迷路 … 17
7　カンザス鉄道の収縮 … 19
8　骨割り … 22
9　平方数のはん濫 … 25
10　平方数と立方数 … 27
11　プレックスの行列 … 29
12　時計工場のカオス … 31
13　イプシロン地形 … 34
14　骨投げ … 36
15　動物迷路 … 38
16　オメガ球面 … 40

17	脚の骨で三角形を作ってみよう	42
18	Z型牧場	43
19	不思議なフェーサー	45
20	塩田の循環数	48
21	合成数を見つけよう	50
22	脳内旅行	52
23	オミクロンのギャップ	54
24	ハッチンソン問題	56
25	フリント級数	58
26	風変わりなタイル	61
27	トト・クローンのパズル	63
28	レギオン数	65
29	墓石問題	67
30	プレックスのタイル	69
31	フェーサーの的	71
32	死と絶望の小部屋	73
33	シマウマの無理数	75
34	マツヤニの生き物	78
35	ほとんど素数にならない式	80
36	人工衛星	82
37	ウズ虫の数列	85
38	土壁パラドックス	87
39		89
40	エントロピー	91
41	動物穴埋め問題	93
42	宇宙人の頭を並べる	95
43	ラマヌジャンの合同式と超越数	98
44	だれか気づいて	102
45	曲芸師の数列	103
46	コードで結ぼう	108
47	黄金比に近づけよう	110

48	Zyph 星	112
49	エウロペーのクラゲ	114
50	考古学の切開	116
51	ガンマの先手	118
52	ロボットの手の箱	120
53	ラマヌジャンと 10^{45}	122
54	不思議な観覧車	125
55	究極の紡錘	128
56	大草原の工芸品	130
57	宇宙鳥のふん	132
58	美しい正多角形分割	133
59	宇宙からの叫び	136
60	騎士を動かそう	139
61	球面	141
62	ポタワタミ族の標的	142
63	スライド	143
64	交換	145
65	三角形分割	147
66	暗号	149
67	逆魔方陣	150
68	挿入	152
69	消えた風景	154
70	画面を選ぶ	156
71	動物を選ぶ	157
72	天王星のポキポキ男	159
73	脳りょうの刺激	161
74	許しの配列	162
75	トロコファーの誘拐	163
76	ミズリー州の瞑想ピラミッド	164
77	数学の花びら	166
78	血と水	167

79	洞窟問題	168
80	三つ組を見つけよう	170
81	Oos と Oob の戦略	172
82	かぶら数学	174
83	トト，プレックス，象	175
84	魔女の空中飛行	177
85	芸術って何？	180
86	ウェンディーの魔方陣	182
87	天国と地獄	184
88	天国の星	186
89	タランチュラ星雲でのバカンス	188
90	灼熱の溶岩	189
91	循環素数	190
92	猫と犬の真実	192
93	円盤マニア	194
94	$n^2 + m^2 = s$	196
95	2, 271, 2718281	198
96	人造人間の観察	199
97	騎士を動かそう（その 2）	201
98	ビリヤード戦	203
99	π と e の関係	205
100	金星の低木	208
101	三角形の地下室	210
102	ネズミの襲撃	212
103	かかしの公式	215
104	円数学	217
105	A, AB, ABA	219
106	アリとチーズ	220
107	オメガ水晶	221
108	振動する 11 形数	223

結び	229
解答	233
参考文献	359
索引	361

旅 行 案 内

馬にまたがり，馬の行こうとするがままにまかせて，その場所をあとにした．そこに冒険の醍醐味があるというものである．

　　　　　　　　　——ミゲル・デ・セルバンテス『ドン・キホーテ』

皆さんに驚いてもらったり楽しんでもらったりするために，この本の問題は秩序なく並べられていて，問題ごとにいろいろな場面がでてきます．同じような問題を読み飛ばしたい人は，下記を参考にしてください．

🏠 スタート

- ➡ 幾何学（1, 3, 8, 14, 16, 17, 18, 23, 47, 50, 54, 55, 58, 61, 65, 84, 88, 96, 103, 104, 106）
- ➡ 迷路（6, 12, 13, 15, 22, 24, 36, 46, 49, 52, 60, 83, 87, 97, 98, 101, 102）
- ➡ 数列，級数，集合，並び替え（2, 4, 5, 9, 11, 25, 26, 30, 34, 37, 38, 41, 48, 50, 56, 59, 63, 64, 66, 69, 71, 72, 73, 74, 79, 80, 82, 85, 86, 89, 92, 93, 107）
- ➡ 物理の世界（1, 3, 7, 40, 44, 45, 78, 102）
- ➡ 確率，間違い探し（8, 14, 17, 19, 27, 31, 32, 51, 70, 81, 90）
- ➡ 数論，計算（9, 10, 20, 21, 27, 28, 33, 35, 37, 39, 42, 43, 45, 47, 53, 57, 62, 67, 68, 76, 77, 82, 91, 99, 100, 105, 108）

ゴール 🏠

はしがき

「もしおまえにも脳みそがあったら，おまえだって人並みの人間になれる．それどころか，人よりましな人間になれるかもしれない．この世界で大事なものは，なんといっても脳みそだ．カラスだって人間だって同じことさ」

『オズの魔法使い』

　オズは神秘の象徴であり，精神のありさまです．オズは影のような形で我々とともに存在する同時進行の宇宙です．

　『オズの魔法使い』は，アメリカ人のライマン・フランク・ボームが 1900 年に発表した児童文学小説です．主役であるカンザスの少女，ドロシーをはじめ，脳みそのないかかし，心のないブリキの木こり，弱虫ライオン，そして，魔法使いといった不思議なキャラクターが登場する物語です．不思議な空想の国での冒険を通して，ドロシーは，他人からはどんなに見えてもふるさとが一番だと実感するようになります．

　『オズの数学』でも，ドロシーはふるさとから遠く離れることになります．数学にとりつかれた宇宙人，オズ博士に誘拐されたドロシーは，不可解な数に関するなぞをなんとか解明しようとします．読者の中には，数学にとりつかれた宇宙人と聞いて，ばかばかしいと思う人がいるかもしれませんが，数学の問題に挑戦することが，時間を忘れるほど夢中になり，現実を忘れる最良の方法なのです．数学は人種を超えた共通の言語であり，数は我々地球人と知的宇宙人がコミュニケーションする最初の手段であるかもしれません．

　ドロシー，オズ博士（ドロシーを誘拐した宇宙人），プレックス（オズ博士の補佐）は，制限時間をもって問題に取り組みます．問題の基となる難解な背

景を説明する時間を節約するため，各章は短く簡潔に書かれています．このような形で書かれているため，読者は問題をすぐやってみることができますし，楽しむことができます．そのため，この本は正式な数学的解釈を求める数学者向きではありません．補足説明が必要でしたら，「解答」及び「参考文献」の章を参照していただきたいと思います．

さあ，不思議な旅に出かける準備をしましょう．『オズの数学』は，皆さんの想像力の扉を開いてくれるでしょう．この本では，アメリカを横断する黄色いレンガの道を造る問題から，「シマウマの無理数」，「循環素数」及び「レギオン数」と呼ばれる数の問題，そして，難しい骨割りの問題などが扱われています．"骨割り"の問題では，脚の骨を割る確率の問題を扱います．

ペンを取って，じっくり考えましょう．この本の中の出来事は，現実では到底起こるはずもなく，そのため，この本を読んでも，あまりためにならない，実用的な応用もほとんどない話題だと感じられるかもしれません．しかし，多くの学生，教師，科学者の方々からお手紙をいただき，それらの手紙の中で，この本が実用的で教育的であると言われ，感謝しております．遊び心から生じた出来事や実験，アイデア，結論を通して，すばらしく思いがけない実用的な応用が見つかるものです．かつて，数学者のゴットフリート・ヴィルヘルム・ライプニッツは言いました．"Les hommes ne sont jamais plus ingénieux que dans l'invention des jeux."「人間は遊びを見つけようとしているときが，一番才能豊かである」

* * *

この本は，数学の新しい世界に入りたい人のための本です．もしあなたが教師なら，生徒を発奮させるような数学の難問を扱いたいと思うでしょう．生徒に，ぜひこの本の問題と同じような問題を作らせてください．また，この本では，問題を理解するため，あるいは，問題を解くために，計算機は必要ありませんが，興味がありましたら，コンピュータで類似したパズルを作ったり，解いたりしたらよいかと思います．

あなたの旅の参考に，問題の水準を下記のようにランキングしました．

★　　　　：易しい問題
★★　　　：少し難しい問題
★★★　　：難しい問題
★★★★：極めて難しい問題

　皆さんに遊び心を持続していただくため，問題のレベルはでたらめに並べられています．あたかも，竜巻によってパズルがほうり投げられたように．数学のバイキング料理を召し上がって，あなたの精神の糧にしてください．

謝　　辞

　時々仰天するような結果に出会う．それは，共通点が何もないような2つの異質な対象を密接に関係づける．そんなこと，いったいだれが気づくのだろう．例えば，正の整数 n を2つの整数の平方の和で表す方法 $x^2+y^2=n$ が，平均して π 通りあるというようなことを．

　　　　　　　　　　　　　『*Mathematical Gems III*』Ross Honsberger／著

　この本のすばらしい下絵を描いていただいた Brian C. Mansfield には感謝しています．何年もの間，Brian には言葉では言い尽くすことができないほどの手助けをしていただきました．

　多くの方々にパズルの答えに関する有益な情報をいただきました．Dennis Gordon, Robert Stong, David T. Blackstone, Dennis Yelle, Balakumar Jothimohan Balasubramaniam, Ilan Mayer, Ed Murphy, Jim Gillogly, Dan Tilque, Bill Ryan, James Van Buskirk, "R.E.S.", Dennis Gordon, Dharmashankar Subramanian, Richard Heathfield, Al Zimmerman, Risto Lankinen, Seth Breidbart, Darrell Plank, David A. Karr, Jason Earls, Ken Inoue, 他の皆さん．

　Samuel Marcius には，プレックスの絵や宇宙人の絵を考えていただきました．動物の絵は Alan Carr による無償のフォントです．また，のような絵は，Ann Stretton にデザインしていただきました．のような絵は Omega Font 研究所からもってきた無償の製品です．

　引用した「オズ」シリーズの本（ライマン・フランク・ボーム著）及び，その出版年は以下です．

　『オズの魔法使い』（1900 年）

『オズの虹の国』（1904 年）

『オズのオズマ姫』（1907 年）

『オズと不思議な地下の国』（1908 年）

『オズへつづく道』（1909 年）

『オズのエメラルドの都』（1910 年）

『オズのつぎはぎ娘』（1913 年）

『オズのチクタク』（1914 年）

『オズのかかし』（1915 年）

『オズのリンキティンク』（1916 年）

『オズの消えたプリンセス』（1917 年）

『オズのブリキのきこり』（1918 年）

『オズの魔法くらべ』（1919 年）

『オズのグリンダ』（1920 年）

もっと詳細に知りたい方は，Eric P. Gjovaag のサイト「オズ」http://www.eskimo.com/~tiktok/ を参照してください．

（注意） ご承知の通り，インターネットのウェブページはめまぐるしく移り変わります．アドレスが変わったり，完全に無くなってしまったりするものもあります．この本に掲載されたウェブサイトのアドレス（通称，URL）はこの本が書かれた時点でのアドレスで，そこから問題の貴重な背景についての情報をいただきました．この本の話題に関連するサイトは，もちろん他にも膨大にあります．皆さんも，このようなサイトを www.google.com などの検索サイトを利用して見つけてみましょう．

0 序章

「もちろん，おいらには分からないさ」と，かかしは言った．「もしおまえさんたち人間の頭にもわらが詰まっていたら，みんな，このきれいな国にずっと住みたがって，カンザスには住む人がいなくなっちまうだろうよ．だから，おまえさんたちに脳みそがあって，カンザスにとっちゃ，よかったわけだ」

『オズの魔法使い』

　21世紀の初め，ドロシーは農夫のヘンリーおじさんとその妻のエムおばさんと一緒に，カンザスの大草原の真ん中にある小さな家に住んでいた．ある日，ドロシーが草原を元気に散歩していると，地面から突き出ている黒い石柱に出くわした．

　ドロシーはペットの小犬トトのほうを振り返り言った．「トト，何かしら？この地面から出ているもの…」

　トトは吠えて，その奇妙な石柱のにおいをかいだ．それは秋の朝の霧のような半透明の白い光のカプセルに覆われていた．その光のおかげで，単なる石柱は，偉大な威厳のある気高い美しさの石柱に見えた．

　「トト，後ろに下がって！」ドロシーは叫んだ．

　だが，遅かった．トトの左前足が石柱に触れたとたん，石柱は震え始め，セメントを練るような低い音が鳴り響いた．

　石柱のひび割れから，大きなイカのような生物がにじみ出てきた．その生物の触腕はときおり脈打ち，泡だつ皮膚で覆われていた．泡は膨らんだり，しぼんだりしている．目は虹色に輝き，アボガドの実ぐらいの大きさの水晶のような角膜で覆われていた．

　宇宙人はドロシーを見て言った．「わしの名前は，オズ博士じゃ．わしを怖がらなくてよい」

　ドロシーは手を固く握りしめ，後ずさりした．

「ドロシー，わしと一緒に来なさい．君にテストをする．テストに合格したら，大好きなエムおばさんとヘンリーおじさんの住むところへ帰してやろう」
　「トト」と，ドロシーはささやいた．「これは夢に違いないわ」ドロシーの心臓は，不安気なコンガドラム演奏者のようにどきどき鼓動した．ドロシーは走り始めた．
　「待ちなさい」と，オズ博士は叫んで，湿った四角形の装置をドロシーの左太ももに向けた．すると，まもなく，彼らは2人とも別の宇宙にトランスポートしてしまった．
　オズ博士は，ドロシーに，自分について来るよう合図した．「ドロシー，我々の正面に見えるものは秘密試験場だ．ネブラスカの州境に近いカンザスの牧草地に位置している」
　「あっちへ行って」
　ドロシーが，エメラルド色をしたその八角形の建物を見ていると，それを見たオズ博士は微笑みながら言った．「ここは，オズというところだ」
　トトは凍りついた固体のように，動かないままだった．体の毛は冷たい肉体から垂直にぴんと立っている．
　「わたしの犬…．トトに何をしたの？」
　オズ博士は触腕を振った．と同時に，トトは生き返り，ドロシーのさし伸ばした腕の中に飛び込んできた．
　しばらくして，ドロシーは豪華な建物の入り口に立っていた．振り向けば，後ろには田園風景が広がっている．はるか北の方角から，うなるような風の音が聞こえた．迫って来る竜巻のせいで，長い草が押し寄せる波のようにこちらに向かってなびくのが見えた．今度は，鋭い笛のような音が聞こえた．これは本当に風の仕業なのだろうか？　それとも，見えない生き物によって起こされた現象なのだろうか？
　オズ博士はがっしりした触腕を伸ばして，ドロシーのきゃしゃな肩をたたき，ドロシーにこっちへ来るよう合図した．さあ，試験が始まります．

1 黄色いレンガの道

「エメラルドの都に行く道には，黄色いレンガが敷いてあるから，迷う心配はありません．オズ大王のところに行ったら，怖がらずに事情を話すことです．きっと助けてもらえるでしょう」と，北の国の魔女は言った．

『オズの魔法使い』

　ドロシーはオズ試験場の建物の中にいた．幸い，トトも今までどおり元気で，オズ博士のねじれた触腕をクンクンとかいでいる．オズ博士の風貌は，川床にいる蛇の群れを連想させた．

「ドロシー，心配するな．何もしやしない．ただ，君たちホモサピエンスの能力を分析調査したいだけだ」「ホモ…何？」

　オズ博士は手を振った．「気にするな．わしの出題する問題がすべて解けたら，カンザスの農場に帰してやる．友達の助けが必要なら，君の左の手のひらに埋め込まれたマイクロホンや送信機を使いなさい」

「なんてこと！　どうやってこれを埋め込んだの？」

「心配はいらん．その機具は簡単に取り外すことができる．さあ，注意してよく聞くのじゃ．最初の問題だ．アメリカの東海岸から西海岸へ通じる1本の黄色いレンガの道をイメージしなさい」

　スクリーンにアメリカ大陸を横断する道の絵が現れた．

黄色いレンガの道

「ドロシー，この黄色いレンガの道のレンガの個数を概算し，どのように概算したかを述べてほしい」

1　黄色いレンガの道

オズ博士は，ドロシーに紙と鉛筆，そして，世界地図を手渡した．

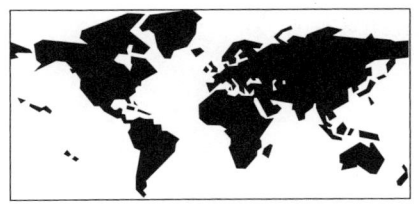

世界地図

　ドロシーはアメリカ大陸に焦点を合わせ，アメリカ合衆国を横断するまっすぐな長い道をスケッチし，長さや幅を概算した．

　オズ博士は軽くうなずきながら言った．「ドロシー，やっと落ち着いてくれたな．ほっとしたよ．じゃあ，もう1つ考えてもらいたい．**この黄色いレンガの道に使われているレンガで，どんなみごとな建造物が造られるだろうか？**」

　「どういうこと？」ドロシーは尋ねた．そのとき，トトは片脚を上げて博士の上に用を足した．

　博士は少し間をおいて言った．「この大陸横断道路をレンガで造るには，100万個，10億個，1兆個，あるいは，それ以上の個数のレンガが必要だろうか？ これらのレンガを全部貯蔵するには,例えば,エジプトの巨大ピラミッドを1000個ぐらい使えば十分だと考えるかな？」

　「ちょっと待って．考えるわ！」

　トトの毛をゆっくり指で通しながら，ドロシーは考え始めた．魚のにおいが，オズ研究所を充満し始めたが，そのにおいはまもなくリキュールの香りに変わった．天井には，1匹のタコのようなロボットがいる．数本の継ぎ目のある足が，天井からぶらぶらとぶらさがっていて，小さなイカがたくさん入った水槽の中に入っていた．おそらく，このタコのようなロボットは，水槽にいる生き物に食べ物をあげているのだろう．ドロシーはそう思った．

　ドロシーはトトに言った．「トト，わたしたち，もう，カンザスにいないんだわ」

難易度：★

 動物の配列

「おいらの人生は短すぎて，なぁんにも知っちゃいないんだ．おいらは，おととい作られてたばかりなんだ．だから，それより前にこの世界で何があったかなんて，全然知らないのさ」

『オズの魔法使い』

　オズ博士とドロシーはオズ試験場を離れ，カンザスの小さな農村を散歩していた．そこはメノナイトと他文化が共存している村だった．ドロシーたちはひまわり売りの馬車の前のベンチに腰掛けた．

　オズ博士はドロシーに言った．「わしは自分を人間のように見せるために，体が膜で覆われておる」

　「そんなことより，いつになったらエムおばさんやヘンリーおじさんのところに帰してくれるの？」そう言って，ドロシーは，手に埋め込まれた送信機を壊してしまった．ところが，不思議なことに，送信機は消えてしまい，手には傷跡ひとつ残っていなかった．

　「なんでそんなつまらんことを何度も話す必要があるんだ？　第一，わしは君に問題を出さねばならん．だから逃げてはならん．逃げたらトトはわしのペットになってしまうぞ」

　2人が言い争っていると，ひまわり売りが2人のところにやって来て，ドロシーやオズ博士の座っているベンチに隣り合うように腰掛けた．彼は背が高く，あごひげがあった．そうして彼はアーミッシュの生活スタイルについて話し始め，続いて，馬車を造ったり，修理したりするのに必要な道具について話し始めた．ドロシーは今が何世紀なのか分からなかった．明らかに，オズ博士

2 動物の配列の道

は時空を越えて,彼女を風変わりな現実へ連れて来ている.

ドロシーはオズ博士がひまわり売りと人生観についておもしろい話をしているのを聞いていた.ひまわり売りは愛することや仲良くすることを実践し,そして,自分で多くのことを知ろうとしているようだった.ところが,会話が終わると,オズ博士はたちまち,その男をむさぼるように食べてしまった.

「ひどい!」ドロシーは叫んだ.「悪魔だわ!」

「心配するな.あいつはわしと同じ宇宙人のトロコファーだ.人間のふりをしていたのじゃ.さあ,注目しなさい.問題だ」

オズ博士はベンチの上にスケッチし始めた.「**空欄に正しい動物を描きなさい**」

才気あふれるドロシーは即座にこの問題に答えた.あなたは出来るかな?

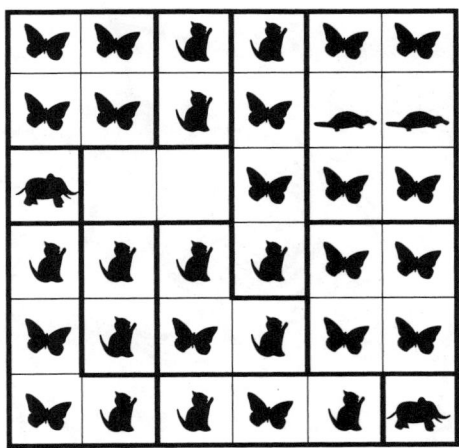

難易度:★★

3 粘土で実験

B.C. MANSFIELD

3 粘土で実験

「カンザスなんて名前の国は聞いたことがありませんね．いったいどこにあるのかしら．でもそこは，文明化された国なんですか？」

『オズの魔法使い』

「ついて来るのじゃ」そう言って，オズ博士はドロシーとトトをオズ試験場の奥に連れて行った．しばらくすると，緑色の巨大なドアにたどり着いた．ドアにはなぞめいた記号が刻まれている．

[記号の図]

ドロシーは腰に手をあてて言った．「この記号，何を意味するの？」
「そんなこと，気にするな．秘密だ」
「いったい，なんで問題なんかやらせるの？」
「君の知能レベルが普通以下なら，地球を植民地にするつもりだ」
「ひどい話だわ」ドロシーは言った．ドロシーの腕の中では，小さなトトが眠っている．
「もっとも，これ以上，我々について知りたくないとは思うが…」
「いいえ，知りたいわ．トロコファーって，実のところ何なの？ どこから来たの？」

オズ博士は少し間をおいて，ドロシーに触腕を向けながら答えた．「我々はオリオン座のベテルギウス星からやって来た．ベテルギウスは赤い巨大な星だ．地球人が知っている太陽の100万倍の大きさだ．じゃが，そんなことはどうでもよい．天文学の試験をするためにここにいるわけではないのじゃ．君が天文学について天文学的に何も知らないということは知っておる」

「ばかにしないで」

「すまんすまん．じゃ，次の部屋に入る前に問題を解いてもらおう．地球をイメージしなさい」目の前に地球の模型が現れた．そして，模型はあらゆる方向に回転し始めた．

回転する地球儀

オズ博士はドロシーに，一かけらのゴム粘土をカンザスの形にして渡した．「ドロシー，回転している地球儀にその粘土を投げてみなさい．でたらめに投げて，カンザスの場所にみごと命中したら家に帰してあげよう．さあ，ここで問題じゃ．**君の最初の一投げで，家に帰れる（カンザスに命中する）確率は幾らかな？　良い答えを出してくれたらうれしい**」

難易度：★★

4　道 路 標 識

　翌朝，目が覚めると，太陽は雲に隠れて見えない．それでもみんなは，こっちだと思う方向に自信たっぷりの足取りで出発した．
　「とにかく歩き続ければ，いつかはどこかに着くに決まっているわ」と，ドロシーは言った．

『オズの魔法使い』

　ピカピカに輝くホバークラフトに乗って，2人は国道 96 号線をドライブしている．カンザス州ネスからバサンへ向かう予定だ．国道に平行して，ウォルナット川が激しく流れ，頭上にはくろうた鳥が鳴いている．
　ホバークラフトの窓から外を見ながらドロシーは感じた．何かが違う．静寂すぎる．人がいない．ときおり，ロボット集団がドロシーやオズ博士とすれ違った．ロボットたちはドロシーを見て銀色の歯を出し，にやっと笑った．おそらく，ここは未来のカンザスなのだろう．
　オズ博士はホバークラフトの速度を落として道路標識を見た．
　「ドロシー，問題だ．地球人が今までだれも解けなかった問題だ．**これらの道路標識の中から仲間外れの道路標識を見つけよ**」
　ドロシーは道路標識を見つめた．トトは通り過ぎるホバークラフトに向かって吠えている．
　「難しいわ．道路標識を区別する適当な基準を決めないと」
　「よく考えた」オズ博士の手がくねくねしながらトトに近づいて来たので，トトは恐怖で固まってしまった．
　さて，あなたはドロシーを助けることができるだろうか？

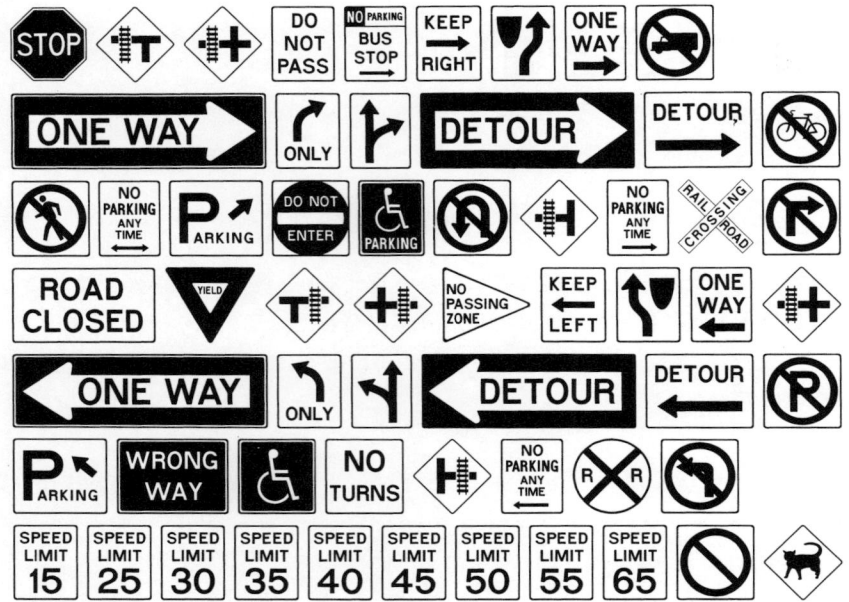

5 緑色の論理

　通りにはたくさんの店が並んでいるが，売られているものはなにからなにまで緑色をしている．緑色のキャンディーに緑色のポップコーン，緑色の靴，緑色の帽子．服もいろいろあるが，全部，緑色だ．ある場所で，男の人が緑色のレモネードを売っている．ドロシーが見ていると，子どもたちは緑色のお金でそれを買っている．

『オズの魔法使い』

　「わしについてくるのじゃ」オズ博士はドロシーに言った．
　博士はオズ試験場の緑色の巨大なドアを開けた．ドアの中に入って，ドロシーは金属電波探知機を通過した．金属電波探知機は，イカのような2人の宇宙人が操作していた．あの2人はオズ博士と同じ種類のトロコファーに違いないとドロシーは思った．1人は緑色のアルマーニのスーツとサスペンダーつきのズボンをはいていた．もう1人は長い淡い緑色の手をもつ巨人だった．数百ポンドもの重さのあるその巨体は，まるでエジプトのギザにある巨大ピラミッドのようだった．
　点滅する緑色のランプが緑色の壁からぶらさがっている．本棚には数学パズルの本——マーチン・ガードナー，ヘンリー・ダッドニー，サム・ロイド，アンジェラ・ダン，カールス・トリッグの全集——がたくさん並べてあった．宇宙人の1人はクリフォード・ピックオーバーの本『数の不思議』を読みながら，深く考え込んでいるようだった．宇宙人の言葉で書かれていて，ドロシーには全く意味の分からない本もあった．
　「ドロシー，次の問題だ」オズ博士は宇宙人たちのほうに歩いて行った．「君

の前にさまざまな濃さの緑色の宇宙人が立っている．御覧のように，濃い緑色の宇宙人や薄い緑色——ほとんど白色に近い色——の宇宙人がいる．この宇宙人たちの配列において，各列で，より濃い緑色の宇宙人は？　また，各列の一番薄い宇宙人の中で，一番濃い色の宇宙人はどの宇宙人だろうか？　各行で一番濃い宇宙人の中で一番薄い宇宙人はどの宇宙人だろうか？　この配列に限らず，一般の配列で成り立つ関係式を求めなさい」

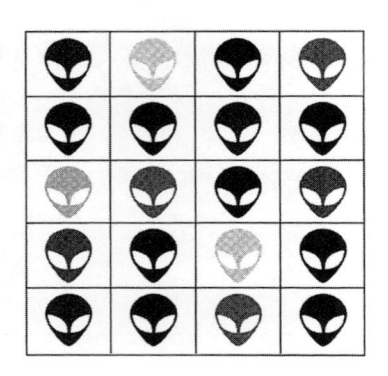

「オズ博士，それはできないわ．一般的に答えるには情報が少ないもの」
「そんなことはない．君は十分な情報を持っている」
　ドロシーは，この配列において異なる並べ方をいろいろイメージしてみた．しかし，異なる濃さの宇宙人をすべて思い浮かべることはできなかった．
　さて，あなたならどうしますか？

難易度：★★★★

6 魔法の迷路

　「生身の人間ってのは，不便なもんだなぁ」と，かかしは考え深げに言った．「眠ったり，食べたり，飲んだりしなきゃならないんだから．でもおまえさんたちには脳みそがある．つまり，どんなに不便でも我慢するだけのことはあるってことさ」

『オズの魔法使い』

　オズ博士は壁にかかった大きな飾り板を指さした．飾り板には，文章の中に動物の記号が散在している．「これを魔法の迷路と呼ぶ．この迷路を解読した者は長生きし，また，すばらしい頭脳の持ち主だと賞賛される．だが，残念なことに，今まで10分以内に解けた者はいない．君はどうかな？ 10個の小石をポケットに入れて，やってみなさい」

　ドロシーは飾り板に近づいた．「どうすればいいの？」

　「この絵は迷路になっておる．左上の（○）からスタートして右下の（○）まで行かなければならない．文章と文章の間にいろいろな動物が描かれていて，各文章の指示に従って進まなければならない．スタート地点から，ゴールまで（本を読むように左から右へ）進み，その場所の説明文に従わなければならない．健闘を祈る！」

（○）スタート．🐘ポケットに 5 個の小石を入れる．🐗鳥のところにジャンプする．🦓ポケットにガムが入っていたら，ウサギのところにジャンプする．入っていなければ，竜の落とし子のところにジャンプする．🐘ポケットに 11 個の小石を入れる．🐗この文章に偶数個の文字があるなら，竜の落とし子のところにジャンプする．🐕ポケットに 1 片のガムを入れる．🦌ポケットにガムが入っていなければ，シマウマのところにジャンプする．🐕ポケットに 8 個の小石を入れる．🐘ポケットに 30 片のガムを入れる．🦓竜の落とし子のところにジャンプする．🐘ポケットに 12 個の小石と 1 片のガムを入れる．🦌亀のところにジャンプする．🐕ポケットにちょうど 1 片のガムが入っていたら，それを食べて，竜の落とし子のところにジャンプする．🦅ポケットに 30 個の小石を入れて，犬のところにジャンプする．🐕ポケットに 4 個の小石を入れて，シマウマのところにジャンプする．🦌ポケットにガムが入っていたら，シマウマのところへ．なければ，亀のところにジャンプする．🐕これから，小石を捨てるように言われても，決して捨ててはならない．🦋ポケットの 5 個の小石を捨てて，スタート地点に戻る．🐕100 個以上の小石を持っていたら，チョウのところにジャンプする．🦋あなたが人間なら，リスのところにジャンプする．🦋400 片以上のガムを持っていたら，チョウのところにジャンプする．🐕ポケットに 13 個の小石と 100 万片のガムを入れて，シマウマのところにジャンプする．🦅ポケットに小石が 38 個以上あったら，次のリスのところに行く．🐗ポケットに奇数個の小石があったら，チョウのところにジャンプする．（○）ゴール！おめでとう．

難易度：🌟🌟

7 カンザス鉄道の収縮

「ねえ，ムシノスケくん．わたしは，教養のありすぎる人っていうのは聞いたことがあるし，わたし自身，脳みそというものを，たとえ，できぐあいに違いがあるにせよ，非常に尊敬してますがね．あなたのは,いささかこんがらがっているんじゃないかという気がしてきましたよ．ま，いずれにせよ，あなたが我々の仲間である間は，その高い教養というやつを，控えめに抑えていただきたいものですな」

『オズの虹の国』

　オズ博士，ドロシー，そして，トトはオズ試験場の敷地から離れ，今内陸鉄道に乗っている．カンザス州ボールドウィンからノーウッドへ向かう予定だ．景色の美しい農場や森を見て，ドロシーは上機嫌だった．ドロシーは，ここがどこなのかは分かっていたが，今がいつの時代なのかは，はっきりしなかった．

　オズ博士はドロシーのほうを振り返り，話し始めた．「現在ではあたりまえになった鉄道運輸システムだが，かつてはなじみのないものだったに違いない．しかし，もはや昔の鉄道の…」

　ドロシーはうなずきながら後を続けた．「昔の鉄道の鋳鉄製レールはまず，イギリスで錬鉄製レールに改良され，導入されたわ．イギリスでは，世界で初めてスチール製レールも製造された」

　オズ博士は後ずさりした．「何で知っておるのじゃ？」

　「あなたの友人が頭の良くなる錠剤をくれたからよ」ドロシーは一息ついて，また話し始めた．「スチール製のレールは，アメリカでは1865年から製造され，現在でも世界中で使用されているわ」ドロシーはオズ博士の目をじっと見

つめた．「でも…，もちろんこんなこと，先生ならご存知ですよね．知ったかぶりのイカさん」

「わしの名前はオズ博士じゃ．イカではない．さ，テストをするぞ．鋳鉄でできた線路を思い浮かべてほしい．その線路はニューヨークからロサンゼルスまで延びているとする」

長い線路

ドロシーはうなずいた．「はい，イメージできます」

「よろしい．ご存知の通り，気温によって金属は膨張したり，縮まったりする．では，**気温が−20°から110°まで変化すると，ニューヨークからロサンゼルスまでの鉄道の線路の長さはどのくらい変化するか概算せよ**」

「オズ博士，そんなこと，実際にはありえないわ．ロサンゼルスで気温が−20°になるなんてことないもの」

「まあまあ．君のためにモデルを単純にしたのじゃ．この気温変化が線路全体に起こるとしたら，線路の長さはどれぐらい変化するかな？　変化する長さの単位は，インチか，あるいは，フィート，あるいは，マイルであると考えたらいいだろうか？」

ドロシーはその問題について考え，なにか理屈にかなった返事をしようとしたとき，オズ博士は，ドーナツ型の鉄でできた中世期で使われていたような拷問器具をドロシーの脚にはめてしまった．

ドロシーの脚にはめられた鉄のリング

「なんてことするの？」

「ドロシー，2番目の問題じゃ．また，熱膨張に関する問題だ．もし，**君の**

脚にはめられた鉄のリングが熱くなったら，リングは取り外せるだろうか？」

　ドロシーは，リングを熱くすれば鉄が膨張すると判断したが，リングの穴が広がるのか，あるいは，縮まるのか，あるいは，そのままであるのかどうか分からなかった．

　さて，君はドロシーの脚にはめられたリングを取り外せるだろうか？　また，鉄道線路の膨張について，君の推理はいかに？

難易度：✹✹

8　骨割り

8 骨 割 り

「わたしは，何事につけ，脳みそのほうがお金に勝っているという考えです．あなたもお気づきでしょうが，お金があっても脳みそがなければ，そのお金をうまく使うことはできませんよね．でも，お金がなくても脳みそがあれば，死ぬまで気楽にやってゆけます」

『オズの虹の国』

　道の両側には野原があり，琥珀色と黄色い幽霊のような木があちらこちらに点在している．歩いて行くうちに，だんだん道幅が狭くなり，やがて大きな岩が現れた．岩には1人の死人のような顔をした灰色の巨大宇宙人がもたれかかっている．骸骨のような手をしていて，爪は長く，象牙色をしている．
　ドロシーはオズ博士の後ろに隠れながら尋ねた．「あの人はだれ？」
　「あれは，骨野郎だ」オズ博士は身震いしながら言った．「あいつの洞穴を見なさい」
　ドロシーとオズ博士は地面に掘られた深い穴を見た．骨野郎が近づいて来て，たどたどしく「この穴には」と，話し始めた．「脚の骨が 10,000 本入れられている．この穴の中の骨を，それぞれ，岩に投げつけて 2 つに割るとしたら，**割れた 2 本の骨の長いほうと短いほうの長さの比は平均して幾らだ？**　論理的

図 8.1　人間の脚の骨

に答えてくれ．2日以内に答えなければ，おまえの脚の骨もあの洞穴に入れてしまうからな」

　ドロシーは1本の長い骨を手に取り，試しに2つに割ってみた．長いほうは1.5フィート，短いほうは0.3フィートの長さになった．したがって，長い骨と短い骨の長さの比は5である．しかし，これは典型的なよくある比率なのだろうか？

　一般的にはどのように答えたらいいだろうか？　あなたがこの比率を当てるという賭けをするなら，どんな比率であればよいだろうか？

難易度：★★★★

9 平方数のはん濫

「この際，脳みそを働かせなくてはなるまい」と，かかし陛下が答えた．「わたしの経験によると，時間をかけて考え出せば，どんなことでもできないことはない」

『オズの虹の国』

ドロシー，トト，そして，オズ博士は，オズ試験場を歩いている．たくさんの奇妙な音が聞こえる．電気の雑音，水の音，水以外の液体の音，トトの爪が床と擦れる音．オズ博士は深い溝の前で立ち止まった．

「ドロシー，今日の問題は2問ある．これらを解くのにまる1日かけなさい」

「どうぞ，続けて」ドロシーは言った．

「問題1：100, 200, 300 のそれぞれに，同じ整数を加えて，どの数もある整数の2乗とすることができるか？ 問題2：100, 101, 102 のそれぞれに，ある1つの整数を加えて，どの数もある整数の3乗とすることができるか？」

ドロシーはオズ博士を見ながら答えた．

「0, 1, 4, 9, 25, 36 のような数は，すっきりとした数だわ．ある数の2乗なので，平方数と呼ぶことにするわ．$0^2=0$, $1^2=1$, $2^2=4$, $3^2=9$, $5^2=25$, $6^2=36$ となるからよ．同じように，立方数というのは 8, 27 のような数で，ある整数を3乗した数のこと．2を3乗すると8で，3を3乗すると27になるからよ」

「すばらしい」と言って，オズ博士の触腕は揺れ動いた．どうやら，ドロシーの知的な鋭さに興奮したようだった．しかしながら，すぐ落ち着きを取り戻して言った．「分かった．じゃあ，いろいろ知っているから，もう1問だそう」

「ずるいわー」

「ずるいだと？」オズ博士は触腕を使って，トトを空中に持ち上げた．

「待って」ドロシーは防御的なカンフーの"鶴足立ち"の構えを装いながら言った．それは，エムおばさんに教わったものだった．ドロシーの手はナイフのように真直ぐ，硬直した．「やめるのじゃ．3番目の問題だ」

オズ博士はトトを優しく床の上に降ろして言った．「わしがじっくり考えて作った問題だ．**無限のます目を異なる整数たちで埋め尽くして，任意の隣り合う2数の2乗の和がまたある数の2乗の和とすることは可能か，不可能か？**例えば，ここに条件を満たす4×4の配列がある」オズ博士は後ろのポケットからインクを取り出し，床に次のような配列を描いた．

1836	105	252	735
1248	100	240	700
936	75	180	525
273	560	1344	3920

この表は最大の「正方形の」ます目だろうか？

「例えば，$75^2+180^2=195^2$ となり，条件を満たしている．このような配列でもっと大きいものを作ることはできるか？」

難易度：★★★

10 平方数と立方数

「これは失礼」と，かかしが言った．「わたしの脳みそは，このまえ，洗濯してもらって以来，いささか混乱しておりましてね．ついでに，もうひとつ，お名前のいちばんおしまいについている，学者，というのはどういう意味か，お尋ねしてはいけませんかな？」

「それは，でありますね，我が輩の学位を表しておりましてね」ウォルグ・ムシノスケは，わざとらしくへりくだった笑いを浮かべて答えた．「もっと，はっきり言うと，ですね，これは，我が輩が，徹底的に学問に通じておる，という意味ですよ」

『オズの虹の国』

ドロシーとオズ博士は，カンザス州最大級の湖であるミルフォード湖の湖畔を歩いていた．オズ博士は湖に飛び込んでゴムのような体を潤し，すがすがしく満足した様子で戻ってきた．「ドロシー，昨日の問題は平方数や立方数に関する問題で，君は興味を持ったようだけれど，今日の問題もそのような整数に関する問題だ」

ドロシーは，湖に石を投げて言った．「どんな問題？」

「3つの異なる整数で，それぞれ2乗して足すとある整数の3乗になり，それぞれ3乗して足すとある整数の2乗になるものを求めよ」

ドロシーは湖を見つめながら，思いついた3つの数を，それぞれ，2乗して足してみた．例えば，1と2と3をそれぞれ2乗して足してみると，$1^2+2^2+3^2=14$ となる．ところが，14はある数の3乗ではないので，1と2と3はオズ博士が求める3つの数ではない．最初の条件を満たさないからだ．この問題は

ドロシーには難しいかもしれない．さて，そのような3つの数は，果たしてあるのだろうか？

難易度：★★

11 プレックスの行列

「そこまでおっしゃるのも無理はない」と，かかしは言った．「教養は誇りとするべきものですからね．かくいうわたしも教養があるのですよ．あの偉大なる魔法使いがくれた脳みそも，わたしの友人諸君に言わせると，これ以上のものはないということですから」

『オズの虹の国』

オズ博士とドロシーはホバークラフトに乗り，まだ自然の草原が残っているカンザスの大都市チェース郊外をドライブしていた．生命のかけらもないような岩だらけの丘もあったが，春の季節になると，ヒメアブラススキなどの野草や草花で一面埋めつくされるんだろうなと，ドロシーは思った．

オズ博士はホバークラフトを駐車し，ドロシーにカードを手渡した．

オズ博士のカード

ドロシーは，カードを受け取って言った．「ここに書かれている記号は，あの変な宇宙人一族に使われている文字なの？」

「どうかな？　これはパズルだ．準備はいいかな？」

「いいわ」

「行列の中のマーク'?'のところに，どんな記号を入れたらよいか？　ヒントをあげよう．記号を数字に変えてみるのじゃ」

「博士，歯がとがった奇妙な生き物はだれ？」と，ドロシーは次の生き物を指さしながら尋ねた．

「わしの従兄弟のプレックスだ．しょっちゅうわしを困らせる．いつもパズルに入ってくる．全く困ったもんじゃ．さて，この問題，解けるかな？　プレックスのマークも他のマークと同様,数字にしてみるのじゃ」

ドロシーはホバークラフトのボンネットに座り，この変てこな配列についてあれこれ考え始めた．「難しいわ」

「よし，もう少しヒントをあげよう．記号を少し数字にしてあげよう．行の法則を見つけるのじゃ」

あなたはドロシーを助けることができるだろうか？　これを解くのにどんな理論が使われるのだろうか？　他の解き方はあるだろうか？

オズ博士のヒント

難易度：

12 時計工場のカオス

　狂った人間が数学の記号をごちゃごちゃに走り書きしたとき，それが意味のないものかどうか分かるには，数学の専門的知識が必要とされる．

——エリック・テンペル・ベル
『*The World of Mathematics*』J. R. Newman's ／編

　オズ博士とドロシーは，時計工場で働いている風変わりな従業員に会いに行った．彼は図 12.1 のように時計を並べている．

　不思議な形に配置された時計を見て，ドロシーは尋ねた．「どうしてあのおじさんは，あんなふうに時計を並べているの？」

　「わしらはあの男の能力を試しておる．心配無用じゃ．魔法から覚めれば，すぐもとの彼に戻る．じゃが，ここで彼の異常さについて話すつもりはない．並べられた時計の配列を見てくれ．おもしろい迷路になっておる．右上の時計 START から右下の時計 END に行ってほしい」

　「待って，ゆっくり説明して」

　オズ博士はうなずいた．「この迷路では，隣り合う（隣接する）時計に移動できる．隣り合う時計というのは，1 辺を共有する時計だ．進行方向と"反対方向"を指す針のある時計には移動できない」

　「博士，"反対方向"ってどういう意味？」

図 12.1 ルールに従い，START から END に行こう．
（イラスト：Brian Mansfield）

　オズ博士は時計を2つ描いた．「この時計のどちらの時計からも，もう一方の時計に移動することはできない．つまり，左の時計から右側の時計へも，右側の時計から左側の時計へも移動できない．時計の針が君のほうを向いているから，それは君の進行方向の反対方向を指していると考える」

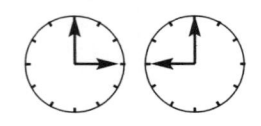

12 時計工場のカオス

「さあ，ここに例がある．左下の時計からスタートして右隣の時計に移動し，更に右隣の時計へ，そして上の時計へ，そして左隣の時計へ，そして，最後の時計へと移動して終わりだ．時計の針に逆らって移動はできない．」

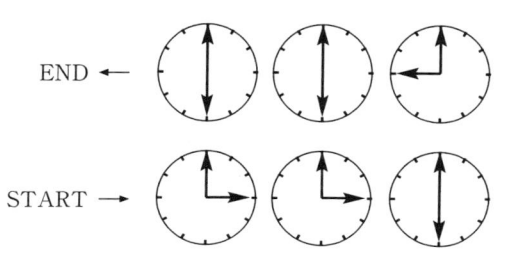

オズ博士は迷路の一部分を指の写真機で写真を撮り，4つの時計に A, B, C, D と記した（図 12.2）．「時計 A から時計 B や時計 C には行けるが，時計 D には行けない．さて，問題だ．**ゴールまでの道で，一番長い道はどんな道かな？**

ただし，同じ時計を 2 回以上通過してはいけない（更に難しい問題：**時計の針を一斉に 90°回転させた場合，ゴールできるだろうか？ 180°ではどうか？ また，270°ではどうか？**）」

図 12.2 拡大図

難易度：★

13 イプシロン地形

「科学者でなければ，音楽をちゃんと理解できない」と彼女の父は断言した．単なる科学者ではなく，言葉さえも数学的であるような，正真正銘の科学者，理論家でなければ理解できない．彼が彼女に，その式が関係を表す式であることを説明して初めて，彼女は数学を理解できた．「関係式には」彼は彼女に言った．「生命の本質的な意味が含まれている」

『*The Goddess Abides*』パール・S．バック／著

ドロシーは，栄養価の高い犬用のビスケットをもぐもぐ食べている．トトのえさだ．図 13.1 の階段パズルが解けるまでは食事を用意してもらえないからだ．

「ドロシー，食べるのをやめなさい」オズ博士はそう言って話し続けた．「この階段パズルはイプシロン地形と呼ばれる．1時間でこの問題が解けたイプシロンという名前のトロコファーにちなんでそう呼ばれるようになった．わしの教えに正確に従えば，ヒレ肉のステーキであろうと，寿司であろうと，なんでもおごってあげよう．このイプシロン地形のブロックをできるだけ多く歩きなさい．ただし，同じブロックを2回以上踏んではいけない．1辺を共有するブロック，あるいは1段上，1段下にも行ける」

ドロシーは食べるのをやめ，うなずいた．「分かったわ．できるだけ多くのブロックを踏めばいいのね」

「待ちなさい！ 条件がある．**踏んだブロックに何かがあれば必ず拾わなければならないし，拾う順番は，クリップ，ヘルメット，ロープでなければならない．ブロックは油で滑りやすいから注意しろ．油断すると，死んでしまうぞ**」

図 13.1　イプシロン地形（イラスト：Brian Mansfield）

「こわいわ」
「いいか．念のため，もう一度言う．ルールを守って，できるだけ多くのブロックを歩いてこなければならん！」

難易度：★★

14　骨投げ

「この世の中，あらゆるものが変わっておるのですよ，それに慣れてしまうまではね」と，かかしは答えた．

「なんと崇高な人生観！」ムシノスケが感極まって叫んだ．

「そうですよ．わたしの脳みそは，本日，さえておるのです」と，かかしは得意げに言った．

『オズの虹の国』

ドロシー，トト，オズ博士は，試験場を出て，舗装されていない道を歩いていた．歩いて行くうちに，だんだん木が増えてきて，やがて森が現れた．森はなぜか暗かった．ドロシーは鮮やかな光線を見た．オズ博士は，ちょっと休んで水を飲んでも良いとドロシーに言った．

突然，宇宙人がドロシーの所にやって来た．そして，ドロシーに，細い脚の骨を手渡そうとしながら，地面に棒で半径 R の円を描いた．「この円目がけてこの骨を投げてくれ．骨の長さは R だ」宇宙人は言った．「骨の片端が円周上にくるようにな．骨の向きはでたらめでよい」

「気持ち悪い！ 触りたくないわ」ドロシーは言った．

「分かった，分かった」宇宙人は言った．「落ち着いてくれ．代わりにこの棒をあげよう」宇宙人が骨をトトに与えると，トトはそれを傍らに置いてかじり始めた．

ドロシーは棒を何度も投げてみた．そして，やっと，偶然にも棒の片端が円周上に乗った．このとき，もう一方の端は円の内部にあった．

「よくできた」オズ博士は言った．「ここで問題だ．一般に，**棒の片端が円周上にあるとき，もう片端が円の内部にある確率は幾らかな？ また，棒の長さが $2R$ あるいは $R/2$ だったら，答えはどうなるかな？** 正確に答えてほしい．そうでないと，君は円へ投げ込まれ，捕虜の身にされる」

難易度：★★★

15 動物迷路

「それもそうですが…」と，ブリキのきこりが言葉に力をこめて言った．「よい心臓は，脳みそではつくれないし，お金では買えないということを，心に留めていただきたい．たぶん，つまるところ，世界一の財産家はこのわたしでしょう」

『オズの虹の国』

ドロシーとオズ博士は裁判所の中を歩いていた．その裁判所は，カンザス州コットンウッド・フォールズのビジネス街"ブロードウェー通り"の突き当たりにあり，ミシシッピ川西部流域で一番古い裁判所だ．木製の階段や牢屋を通り過ぎると，はるか向こうにコットンウッド川に架けられた華麗な橋が見える．

1つだけ困ったことがあった．それは，宇宙人がコットンウッド・フォールズを占領し，裁判所を地球の動物の配列について学ぶための動物園に変えてしまったことだ．オズ博士は宇宙人が木製の階段に沿って慌ててつるしたに違いないスクリーンを指さした．「ドロシー，裁判所にいるわしの友人は，君に迷路のような問題を解いてほしいようじゃ．スクリーンにある動物園をできるだけ長くさまよってほしい」

動物迷路

15 動物迷路

「どうやって，迷路を動けばいい？」
「どこからスタートしてもよい．上下左右に動いて，

🐐 🐘 🕷, 🐐 🐘 🕷, ･･･

のように，3匹の動物を順番に繰り返し通らないといけない．同じところを2度通らないように，できるだけ長い道すじを考えてほしい」
「プレックスは動物園で何をしているの？」
「我々は，一時的にプレックスとその兄弟をこの動物園に監禁した．パズルの侵略を止めるよう指導するためじゃ．君がこのパズルを解いたら彼らを解放しよう」

難易度：🕷🕷

16　オメガ球面

「それが分からないんだ」と，農夫は考え深げに言った．「ご存知の通り，オズ大王は偉大な魔法使いだ．だから，自分のなりたいものなら，なんにでもなることができる．ある人は鳥のような姿だと言うし，ある人は象のような姿だと言う．猫みたいな姿だと言う人もいる．そのほか，美しい妖精のようにも，小さな妖精ブラウニーのようにも，自由自在に姿を変えることができるんだ．だけど，オズの正体が何なのか，いつ本当の自分の姿に戻るのか，だれにも分からないのさ」

『オズの魔法使い』

　オズ博士はドロシーに近寄り，バスケットボールぐらいの大きさの鮮やかな赤色の球を手渡した（図 16.1）．
　「これは何？」トトがオズ博士に向かって吠えているのもお構いなしに，ドロシーは尋ねた．
　オズ博士は手を広げてこう答えた．「この球面上に2億個の点が（でたらめに）あるとしよう．この球面を平面で2つに分けて，一方にちょうど1億個の点があるようにできるだろうか？　もしできるとすれば，なぜできるか分かるかな？」

16 オメガ球面　　　41

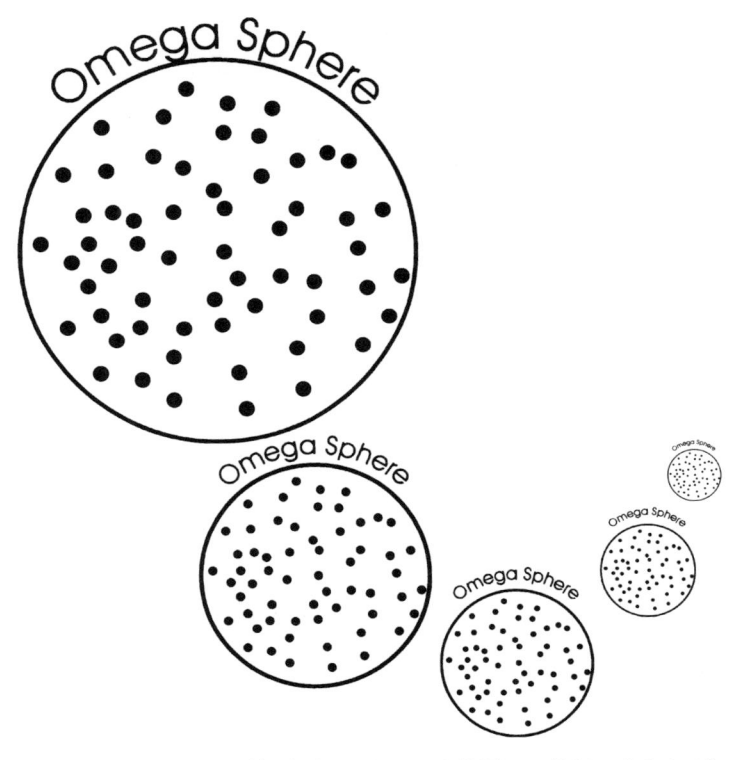

図 16.1　オメガ球面（各球面のでたらめな位置に 2 億個の点がある）

難易度：★★

17 脚の骨で三角形を作ってみよう

聡明な人は問題（困った事柄）を解決する．天才は問題（困った事柄）を回避する．

——アルバート・アインシュタイン

ドロシー，トト，オズ博士が，沼地を苦心して歩いていると，突然，あの痩せた骨男（8章参照）が現れた．

「やあ」オルガンのような声で挨拶した後，骨男はトトのほうに近づき，尖った爪の先を慎重に動かしながらトトを持ち上げようとした．

「骨さん，トトから離れて」骨男は爪が当たらないようにトトから手をはずし，にやっと牙を見せた．

「問題だ．おれについて来い！」骨男の皮膚はぬけるように白く，つるつるしていた．頭やおなかは骨で彫刻されているようだ．骨男は乾いた土地を木の向こう側まで歩いて行き，1本の脚の骨を拾った．「長さが N フィートの骨をイメージしてくれ」そう言って，その骨を3つに割った．「ドロシー，**これら3本の骨で三角形が作られる確率は幾らか答えてみろ**」

「ドロシーにはちょっと難しいんじゃないか？」と，オズ博士は言った．

ドロシーは腰に手を置いて言った．「難しくないわ」

骨男はうなずいて言った．「では，次の問題が出来たら，一番長い骨をおまえにあげよう．**3本の骨の中で，一番長い骨と一番短い骨の比率で，一番起こりやすい比率は何だ？** おまえがギャンブラーなら，答えてみろ」

難易度：★★★

18 Z 型 牧 場

人間は「臓器によって提供された知性的存在」である．

————ラルフ・ウォルド・エマーソン

　ドロシーとオズ博士はカンザス州ストロング近郊にあるＺの形をした牧場を散歩していた．トールグラス大草原国際保護区域にあり，1881 年に設立された牧場だ．
　しばらく歩いて，2 人は石造りの大きな家に入った．その家は国立公園の中心をなす 11,000 エーカーもの荒れた大草原に囲まれている．
　「オズ博士，どうしてわたしをここに連れてきたの？」
　「わしの秘密基地じゃ．ここで，プレックスはわしの補佐として働いておる．彼は何匹かの動物と自分のクローンをパズルのために集めたところじゃ．さあ，あっちを見なさい」ドロシーが家の外を見ると，縦，横ともに 6 個に仕切られた 1 棟の檻があった．その檻には図のように各部屋に 1 匹ずつ動物が入っている．
　「ドロシー，イメージするのじゃ．紙にこれらの動物が図のように整列しているとする．はさみで切れる紙じゃ．**その紙を同じ大きさで同じ形になるように 2 つに切って，どちらにも同じ種類の動物が同数になるようにするのじゃ**」

44

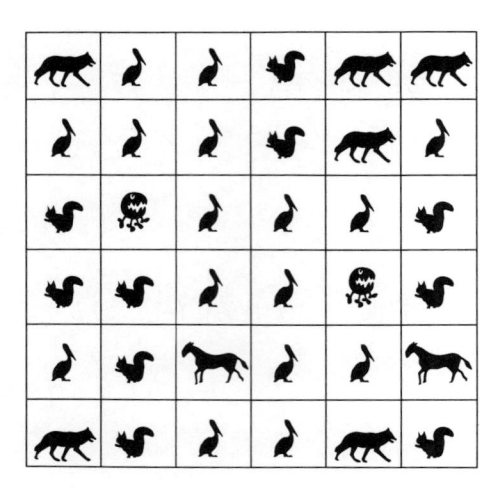

難易度：🕷🕷🕷

19 不思議なフェーサー

知性は心の能力である．心の指令のおかげで，以前混乱だと思われた状況を知性が感知できる．

——Haneef Fatmi, "A Definition of Intelligence", *Nature*

　ドロシーはオズ博士と一緒に，しずくのような形をした巨大宇宙船に乗っている．彼らは（前章で出てきた）やせた骨男の宇宙船に向かって突進していた．骨男の宇宙船も巨大で，骨でできているように見える．

　「オズ博士，危ないからやめて！」ドロシーは大声で叫んだ．「何をするつもり？」トトは，ブリトニー・スピアーズとクリスティーナ・アギレラの混血のような顔をしたロボットのそばの角に隠れた．

　オズ博士はドロシーに触腕を向けて言った．「君たち人間の能力を評価する最新の問題だ．今，宇宙船に向かって飛んでおる．そして，どちらの宇宙船もフェーサーを発砲しておる」

　「フェーサーって何？」

　「まだまだだね．フェーサーは武器じゃ．映画『スター・トレック』に出て来るようないんちきな光線銃ではない．周波数193ナノメートルの特殊な紫外線で，標的に向かって空気中に光のワイヤーを作り，そこに電流が流れる」

　ドロシーは目を丸くして言った．「ナノメートルって何？」

　「気にしなくてよい．問題を聞きなさい．宇宙船から敵の宇宙船に向けてフェーサーが発砲されれば，フェーサーは，外れるか，または，当たって敵の宇宙船を完全に破壊する．さらに，発砲すれば，50%の確率で敵の宇宙船に命中する．便宜上，我々の宇宙船を宇宙船 'A'，骨男の宇宙船を宇宙船 'B' としよう．まず，宇宙船 A が発砲し，次に，宇宙船 B が発砲する．そして，宇宙船 A が発砲する…というぐあいに，どちらかの宇宙船が破壊されるまで，A と B がかわるがわる発砲することにする．このとき，**宇宙船 A が生き残る確率は幾らかな？　また，もし10%の確率でしか敵の宇宙船に命中しないとしたら，宇宙船 A が生き残る確率はどのように変わるかな？**」

　「そんな筋書きは嫌いだわ」

　オズ博士はうなずいた．「ここにもっと難しい問題がある．これを"恐怖のフィ

ボナッチ戦略問題"という．よく聞け」オズ博士は

恐怖のフィボナッチ戦略問題

と書かれているカードをドロシーに手渡し，話し続けた「この恐怖のフィボナッチ戦略問題では宇宙船はフィボナッチ数列

　1, 1, 2, 3, 5, 8, 13, 21, 34, 55, 89, 144, 233, 377, ……

(2から先は，前の2つの数の和が無限に続く)に従って，敵の宇宙船目がけて発砲する．つまり，まず，宇宙船 A が1発発砲．そして，宇宙船 B が1発発砲．そして今度は，宇宙船 A が2発発砲，…というふうに発砲を続ける．**命中率が50%のときに宇宙船 A が生き残れる確率と，命中率が10%のときに生き残れる確率を求めるのじゃ．どのように解くか楽しみじゃ」**

「ああ，神様．質問が多すぎ！」

「3問だ．3問とも答えられたら，地球に帰してあげよう」

難易度：★★★★

20 塩田の循環数

知的に輝いていることは，全然間違いがないという保障にはならない．

—— David Fasold

「あれは何？」ドロシーは大きな白い塚を指さして言った．

オズ博士は粉っぽい物質の表面をぎこちなく歩きながら言った．「塩田じゃ．ここカンザス州ハッチンソンには世界で一番大きな塩田がある．塩の堆積物は100マイルかける40マイルにもおよび，厚さは325フィートで，毎年44.1万トンの塩が生産される．ちなみに，我々の数学試験場は地下650フィートにある．湿気がなければ，気温を68度に保つ．この環境は我々の記憶装置には適している」

ドロシーとオズ博士は計算機を携えた多くのトロコファーとすれ違った．更に歩いて行くと，暗いトンネルから突然プレックスが2人の前に現れた．

「先生，ドロシーに新しいパズルを持って参りました」プレックスは2人に1枚のカードを渡した．

20 塩田の循環数

　オズ博士はカードの中心を指さして言った．「プレックス，あらゆる問題に君の美しい姿を入れる必要はないよ」

　「気になさらないで下さい，先生．カードの空欄を $+$, $-$, $\div$, $\times$, $=$, $\uparrow$（$\uparrow$ は指数，あるいは，べきを表す）あるいは E（式の終わりを表す）で埋めて，時計回りまたは反時計回りに見て E で終わると，数式になっています．そんな数式があるとしたら，何個の数式があるでしょうか？　空欄をそのままにすることもできますが，数字と数字の間に記号を入れなければ，続いた数字となります．例えば，２１は 21 と解釈します」

難易度：★

21 合成数を見つけよう

我々は，理屈だけではなく，心によって，真実に到達する．

『パンセ』（1670）ブレーズ・パスカル／著

オズ博士はトトと遊びながら，トトにイカのような形の犬用ビスケットを与えている．「ドロシー，今日は**素数ではない数を小さい順に 10,000 個**求めてもらいたい．求まったら，どのように求めたかをわしに言うのじゃ」ドロシーはトトを捕まえて後ずさりした．「またとんでもない問題ね．計算機がないとできないんじゃないの？」

「その 10,000 個の数を求める簡単な方法が分かれば，計算機は必要ない．素数とは何か，知ってるかい？ 素数とは，1 より大きい 2 つの整数の積では表せない正の整数じゃ．例えば，数の 6 は 2 と 3 の積になるから，素数ではない．このような数は素数でないとか，"合成数"と呼ばれる．他方，数の 7 は 1 より大きい 2 つの整数の積で書けないので素数とか素であるという」

「オズ博士，今日はおしゃべりですね」

博士はうなずいて言った．「素数の列 2, 3, 5, 7, 11, 13, 17, 19, 23, 29, 31, 37, 41, 43, 47, 53, 59 がある．隣どうしの数の差はまちまちで，この場合，1, 2, 2, 4, 2, 4, 2, 4, 6, 2, 6, 4, 2, 4, 6, 6, … となっておる．ギリシャの数学者ユークリッドは，素数が無限個あることを証明した．じゃが，素数の数列は普通の数列ではなく，それを作り出す法則もない．したがって，新たに大きい素数を発見するには，無数の数を作って，素数かどうかを試してみる必要がある」

オズ博士は犬用ビスケットを自分の湿った食道に投げ入れて言った．「このちょっとしたヒントを参考にして，問題を解くのが君の任務じゃ．さあ，どう

やって求めるかな？」

難易度：☀☀☀

22　脳内旅行

　大宇宙を想像できる脳はあなたの手で持てるほどの重さ1.5キログラムである．

『オムニ』マリアン・ダイアモンド／著

　ドロシーとオズ博士は，カンザス州とオクラホマ州の州境に位置する電子頭脳（パソコンのCPU）の中で小さな潜水艦に乗っている．ドロシーはそこから脱出したい．電子頭脳の防御システムは，ドロシーが修理の手伝いをするためそこにいることなど全く知らない．そのため，ドロシーを消そうとしている．電子頭脳の中の通り道には，電気を充電する停留所（＋）と電気を消耗する停留所（－）が設置されている（図22.1）．
「くだらないわ！」
「君にはいい問題だ」
　ドロシーは次のような危険な場所を通らなければならない．（＋），（＋）と続けて通過したら，多くの電気を供給しすぎて宇宙船は燃えてしまう．同じ様に，（－），（－）と続けて通過したら，宇宙船の電池は使い果たされ，作動しなくなる．そんなわけで，**電気を充電する停留所（＋）と電気を消耗する停留所（－）を交互に通りながら進まなければならない．また，一旦，電気を充電する停留所に立ち寄ったら，Uターンすることはできない．**
　さて，ドロシーは，電子頭脳を脱出することができるだろうか？

22 脳内旅行　　　　　　　　　　　　　　　　　53

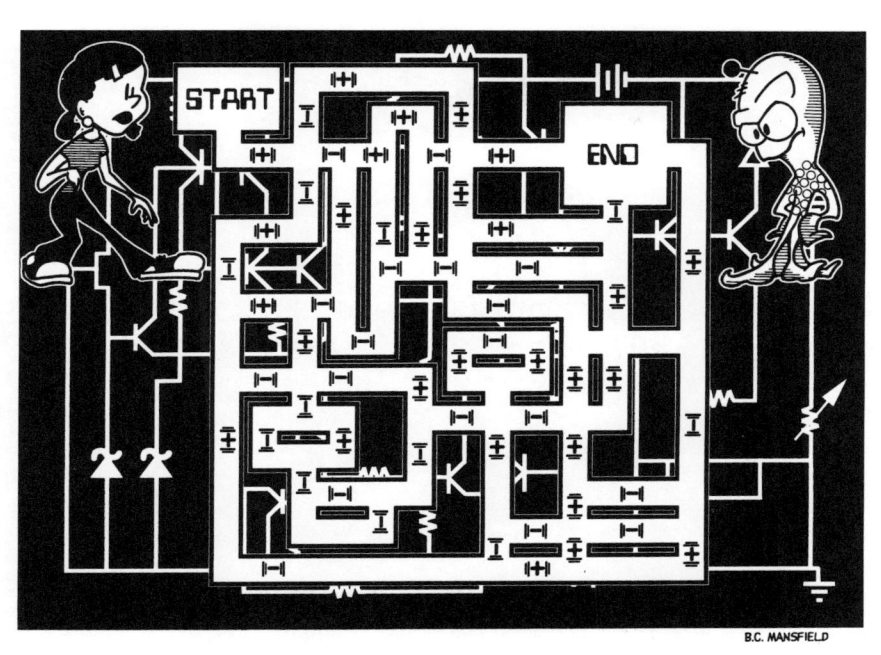

図 22.1　電子頭脳

難易度：★★

23 オミクロンのギャップ

　頭脳明晰な者と賢明な者との違いは，頭脳明晰な者は言うべきことを知っていること，賢明な者は言うべきことを言っていいかどうかを知っていることである．

―― Frank M. Garafola

　オズ博士は，廃墟となった小学校の校舎をドロシーと歩いていた．「ドロシー，su という英文字を「シュ」と発音する英単語は sugar だけだ」
　ドロシーはしばらく考え，尋ねた「本当に？」
　オズ博士は触腕をくねくねとさせながら答えた．「よく調べておこう．さて，数学の話をしよう．今日の問題は有理数に関する問題だ」
　「有理数？」
　「有理数とは 2 つの整数の比で表される数だ」［著者ノート：33 章で有理数について，例を交えながらもう少し詳しく述べる］
　オズ博士はドロシーにカードを手渡した．カードには次のような興味深い式が書かれている．

$$\alpha^\beta = \beta^\alpha$$

「この等式を満たす有理数 $α$ と $β$ について述べよ．この等式を満たす異なる有理数 $α$ と $β$ を図示しなさい．グラフに何か規則はあるだろうか？」

難易度：★★★★

24 ハッチンソン問題

聡明な者は，ほとんどすべてのものにおもしろさを見つけるが，分別のある者は，ほとんど何も見つけることができない．

——ヨハン・ヴォルフガン・フォン・ゲーテ
『1,911 Best Things Anybody Ever Said』Robert Byrne／編

カンザス州ハッチンソンは，世界で有数な小麦の産地だ．市に近づくと，鉄道と並んで小麦の大きな倉庫が見えた．鉄道は市の中心を一直線に走っているようだ．

列車が道路を横切るとき，ドロシーはその汽笛を耳にした．確かに，宇宙人トロコファーはこの土地を占領していた．それは次のなぞめいた記号が証拠となっている．

オズ博士はドロシーのほうに振り返り1枚のカードを手渡した．「記号の意味は気にしなくてよい．新しい問題だ．プレックスを見なさい．プレックスは左上のます目から，ます目に書かれた数だけ進んで，右下のます目に行かなけ

ればならない．上下左右に移動することができる．正しい道を見つけよ．例えば，左上のます目から右に 2 個跳ぶと，3 と書かれたます目に行く．そして，また，右に 3 個跳べる．また，このような道で一番少ないジャンプの回数は幾らかな？」

	Start	2	3	3	2	1	4	
		1	2	3	1	2	3	
		3	2	1	1	3	3	
		1	1	3	2	3	4	
		2	2	4	3	4	2	
		3	4	3	3	2		End

難易度：

25 フリント級数

知性が長期に存在し続ける価値があるかどうかは確かでない．

――スティーブン・ホーキング

オズ博士とドロシーはカンザス州フリントで散歩している．ときおり，オズ博士はつまずいた．ぬめぬめとした博士の体は，岩のような地形には適していないからだ．「ドロシー，今日は級数について話そう．数学でいう級数とは，通常，有限個，あるいは，無限個の数の和をいう．登山家の視点から級数について考えてみよう」オズ博士は地面に山を1つ描いた．

山

「山？　カンザスに山はないわ．他の表現はないの？」

「ない．想像力を働かせなさい．山に登って行くと，結局平らになり高原になってしまう山もあれば，視界の下に雲が見えるほどそびえ立つ山もある．同じようなことが，無限級数でも起こる．このことについては，もう少し説明するとはっきりするだろう．例えば，無限級数は次のような形で書かれる」オズ博士は地面にスケッチした．

$$a_1 + a_2 + a_3 + \cdots + a_n + \cdots$$

「この和は次のようにもっと簡潔に書ける」

$$\sum a_n$$

25 フリント級数

「無限級数の例を2つ紹介しよう」

$1-2+3-4+\cdots$, $1-1/2+1/3-1/4+1/5-\cdots$

オズ博士は2番目の式を指さした．「この2番目の式は，増加したり，減少したりしながら，極限値 0.69314… に限りなく近づく，振動しながら収束する級数の例だ．項の符号が交代するので"交代級数"という．級数がある値に近づく，つまり，極限値をもつとき，その級数は収束するという」

オズ博士は，コンピュータ・プログラムが書かれたカードをドロシーに手渡した．プログラムの下側には，項がどんどん足されて出来たグラフが描かれている（図 25.1）．

ALGORITHM: How to Compute Oscillating Sign Series
(a.k.a. Alternating Harmonic Series)
```
s = 0
DO i = 1 to 60
  if ((i mod 2) = 0) then t = 1; else t = 1
  v = (t/i)
  s = s + v
  PrintValueFor (i, s)
END
```

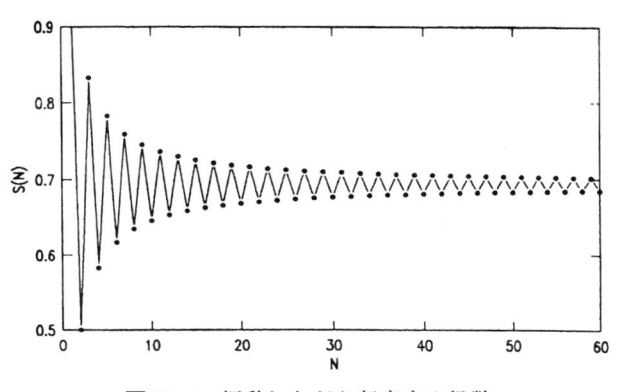

図 25.1 振動しながら収束する級数

ドロシーはグラフを見て言った.「ギザギザな曲線ね」

「そうじゃ.じゃが,収束する級数の多くは安定している.つまり,単に,ある極限値に向かって単調に増加するか,あるいは,単調に減少する.つまり,振動しないで収束する.山にたとえると,極限値は山の平らな所,または,谷間じゃ」しばらくしてまた話し始めた.「このような収束する級数とは逆に,級数 $1-2+3-4+\cdots$ は収束しない級数の例である.有限な値に近づかない」

「グラフは,級数が収束する値を求めるのによく使われる.カードのギザギザグラフを見なさい.この値は徐々に $0.69314\cdots$ に近づく.だが,極限値をグラフで求めるときは注意が必要だ.その証拠に,次のようなすばらしい級数がある.オーストラリア・シドニー大学理論物理学科の Ross McPhedran からのメールにあったものじゃ.このカードの無限級数を見なさい」オズ博士は次のようなカードを置いた.

$$S(N) = \sum_{n=1}^{N} \frac{1}{n^3 \sin^2 n}$$

フリント級数

「記号 Σ は総和を表す.例を挙げよう」オズ博士は砂に次のような数式を書いた.

$$\sum_{n=1}^{4} n = 1+2+3+4$$

「ドロシー,問題だ.**このフリント級数と呼ばれる級数は収束するか,はたまた,発散するか?** どんな方法でもよい.求めてみたまえ」

難易度:★★★

26 風変わりなタイル

　人は，知性によって働かされているのではなく，知性が器官の奴隷状態であるような存在である．

　　　　　　　　　　　　　　　　　　　　　——オルダス・ハクスリー

　オズ博士は，ドロシーとカンザス州南東部にあるエルク湖でボートをこいでいる．博士は水面を指さして言った．「見なさい．ニワトリだ」
　「カナダガチョウよ」ドロシーは言い返した．そのとき，宇宙船がやって来て，辺りはたちまち暗くなり，鳥たちは飛び立った．「ここで魚釣りをしたことがあるわ」
　オズ博士はうなずいて言った．「このガチョウは何を食べるのじゃ？」
　「草食動物だから，牛と同じように草を食べるわ．この世界に牛はいないの？」
　「ウシ？」オズ博士は考え込んで言った．「長い白い耳の小さな動物のことか？」
　「地球について本当に何も知らないのね」
　オズ博士は触腕をボートに叩きつけた．「聞け！問題じゃ」彼はぐるっと回って背中に刻まれたタイルの配列を見せた．「**空白のタイルを正しい記号で埋めよ**」

62

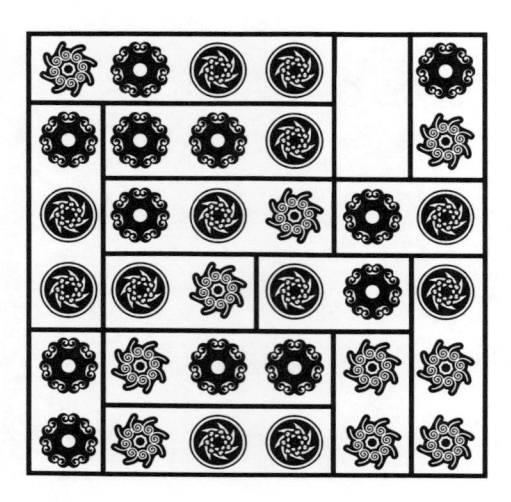

難易度：✲✲

27 トト・クローンのパズル

　体の中の血と肉を信じることがわたしの信条である．これらは知性よりも鋭いからである．心で判断して間違うことはありえる．だが，血が感じるもの，信じるもの，発言するものは，いつも正しいのである．知性は，ただのは・み・や・く・つわにすぎない．

—— D. H. ロレンス

　草原にいる 4 匹のトト・クローンを，オズ博士は双眼鏡で眺めている．

　　トト・クローンはどのように配置されているか？

　ドロシーには見えないが，オズ博士によると，クローンどうしの距離はすべて同じであるという．言い換えると，4 匹のトト・クローンのうちのどの 2 匹も同じ距離だということだ．では，4 匹のトト・クローンはどのように位置しているのか？

　ドロシーは下記のような四角形の形をイメージしてみた．だが，同じ距離でないクローンがいるので，オズ博士の条件を満たしていない．

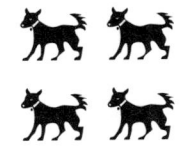

　ドロシーは 10 分で答えなければならない．答えられなければ，オズ博士はドロシーの髪のリボンを奪い取り，2 度と戻してはくれないだろう．さて，4

匹のトト・クローンはどのように並んでいるだろうか？　正確に答えられたら，ドロシーは自由になれるだろう．

難易度：★★

28 レギオン数

頭の良い人々はメンサに入会し，本当に頭の良い人々は周りを見て去る．

——ジェームズ・ランディ

「オズ博士，問題を幾つか解いたのに，どうしてわたしを自由にしてくれないの？」

「もっと問題を解かないといけない」

「そんなのずるいわ．約束を守ってないじゃない」

「気にしない，気にしない．そのうち自由になる」そう言って，オズ博士はドロシーに1枚のカードを渡した．「ドロシー，今日の問題は**カードに書かれている数の下10桁を求めることだ**」

$$N = 666^{666}$$

第一レギオン数

「この並外れた大きい数を第一レギオン数という．我々哲学者は，第一レギオン数について非常に多くのことを知っている．この数は宇宙の謎を解く鍵を握っているともいえるかもしれない」

「なぜ'レギオン数'というの？」

「レギオンは，（地球の）新しい聖書に登場する悪魔じゃ（パズルに本気で取

り組むのもおもしろいが，興味深い宗教に取り組むことも，別な意味でおもしろい）．マルコ福音書（新約聖書の1つ）の5章9節に，多くの悪霊に取りつかれた1人の男にイエスが出会う話がある．イエスが男に"おまえの名はなんというのか？"と尋ねられると，男は"わたしの名はレギオンといいます．我々は大勢ですから"と答えた．レギオン数はとても大きい数なので，驚くばかりじゃ」

「オズ博士，第一ということは，第二のレギオン数があるということ？」

「そうじゃ．2番目の問題は，**次の数の下10桁を求めることだ**」

$$\bowtie = 666!^{666!}$$

第二レギオン数

「ドロシー，知っての通り，マーク'！'は，数学で階乗を表す記号だ．

$$n! = 1 \times 2 \times 3 \times 4 \times \cdots \times n$$

だから，例えば，$3! = 1 \times 2 \times 3 = 6$ である．n の階乗の値は，n が大きくなるにつれどんどん大きくなる．14！にもなると，14！=87,178,291,200 となり，3！よりかなり大きい値となるのじゃ」

「博士，気は確かなの？ 値が大きすぎて計算できないわ」

「そうかもしれない．じゃが，質問には答えられる」

難易度：★★★★

29 墓石問題

対立する 2 つの考えを同時に抱きながら，その機能を十分に発揮できる能力が，一流の知性の証である．

―― F. スコット・フィッツジェラルド

「わしについて来なさい」そう言って，オズ博士は，ドロシーとトトを暗闇にある地下納骨所へ連れて行った．「調査しよう」

ドロシーはつながっている墓石間のすきまに光をあてた．「洞穴みたい．きれいだわ」墓の表面は黄褐色で，石膏の結晶できらきら光っていた．空気はきれいで，洗いたての髪のように湿っていた．

比較的小さい方解石の石筍は，まるで小人のホビットが集まっているようであり，大きい方の石筍は，まるで，有史前の巨大生物のあばら骨のようだ．

オズ博士は懐中電灯で辺りを照らした．「信じられない」短く見積もっても 25 フィートほどの長さの光り輝くシャンデリアのような青色石膏が頭上に吊り下げられていて，彼らの進む方向を真っ直ぐに照らしていた．少し歩くと，彼らは別の世界に入ってしまった．

オズ博士は立ち止まってドロシーを見た．「さて，問題じゃ．わしらは今，内部がつながっている 10 個の墓 $A, B, C, D, E, F, G, H, I, J$ の中にいる．A と B，B と C，…，I と J は，それぞれ短いトンネルでつながっている．墓の床面積は，A から順番にフィボナッチ数列の数に対応している．つまり，A は 1 平方マイル，B も 1 平方マイル，C は 2 平方マイル，…と J まで続く．

墓（略図）

　「墓 A に 10,000 人の人を案内して，でたらめに[1]その中をさまよってもらうとする．長時間経過した後，ほとんどの人はどこにいると予想できるかな？」
　ドロシーは懐中電灯で周りを照らしながら言った．「人間はお墓の中ででたらめに動いて，お墓の外側には出られないと仮定していいの？」
　「そう仮定してよい．2 番目の問題だ．問題は，さっきと同じじゃ．違うのは，**2 番目の問題では，人間は実際の人間と同様，でたらめには動かないと仮定する．このとき，ほとんどの人は，長時間経過した後，どこにいると予想できるかな？**'マンナ'——フロストと同じくらいおいしくて薄片状にはがれる食べ物——と湧き水がむらなく，墓の中に継続的に分配される．また，各床の下には 30 フィートの土があり，ごみや死者の埋葬が許されている」
　「ウェー」と，ドロシーは言った．
　「ごみには腐敗した生物も含まれる．長時間経過したら，どこにたくさんの人がいるだろうか？　また，(a)**各墓の横断面が十字架の形** (b)**それぞれの墓の横断面が A は正三角形，B は正方形，C は正五角形，…というような正多角形**ならば，答えはどのように変わるだろうか？」

難易度：★★★

---

[1] ［訳注］どの方向にも同じ確率で動くことを"でたらめに"動くという．

30 プレックスのタイル

心が受け入れようとしているものしか，目には見えない．

——アンリ・L. ベルクソン

プレックスとプレックス・クローンたちは，数匹の宇宙へびと遊んでいる．
「ドロシー，君も加わるかい？」
「いいえ，結構よ．危なそうだから」
「そんなことないよ．ガラスの部屋を用意しているよ．ここからプレックス・クローンや宇宙へびがみんな見える．さあ，この絵をタイルと思って見て」
そう言って，プレックスは宇宙へびやプレックス・クローンたちが映っているスクリーンを指さした．

「空欄に正しく3匹の宇宙へびかプレックス・クローンを入れてみて．10分以内にできたら，オズ博士は犬のトトをもう1匹そっくりに作ってくれるよ．だから，君は友達が増えることになる．できなかったら，オズ博士は，カンザスの草原に1,000匹の宇宙へびを放ってしまうらしい．そんなことになったら，生物の生態系が狂っちゃうよー」

難易度：★★

31 フェーサーの的

未来の帝国は心の帝国.

——ウィンストン・チャーチル

　オズ博士とドロシーはオズ試験場の射撃練習場にいる.
「博士,フェーサーをありがとう」
「どう致しまして.だが,それを向けながら逃げてはならんぞ.そんなことをしたら,プレックスが怒って,君は捕らえられる」
「どうしてそんなに卑劣なの？」
「心配ご無用.数学パズルをすべて解けば,君は自由になれるんだから.さあ,壁にある緑色の的をねらって撃ってみよ」
　ドロシーは円の中心をねらってフェーサーを1回撃った.少し間をとって,また撃った.2回目の射撃は1回目の射撃より中心からかなり外れていた.
「ドロシー,もう1回撃て.撃つ前に,この最後の射撃が,一番最初の射撃より中心から外れる確率を述べよ.ただし,ドロシー,君の技術は安定しているとする」

◎
的

「オズ博士,どんなふうに答えたらいいの？　情報が十分でない気がするわ」
「情報は十分じゃ.2問目は,1,000回撃つと仮定して,最後の射撃が一番最初の射撃より的から外れる確率は幾らか答えなさい.答えに100ドル賭けるほど,自信はあるだろうか？　的の形が正三角形なら答えは違ってくるだろうか？　君だけがそのゲームをする場合とわたしと交代でする場合とで答えは変わってくるだろうか？」

難易度：🌀🌀

32 死と絶望の小部屋

「どうかね，脳みそのぐあいは？」小柄なペテン師が，かかしの詰め物をした柔らかな手を握って尋ねた．

「いい調子に働いていますよ」と，かかしが答えた．「あんたが世界最高の脳みそをくれたことは確かだよ，オズ．なにしろこの脳みそで昼も夜も休まず考えることができるんだからね．他の脳みそがぐっすり眠っているときも」

『オズと不思議な地下の国』

オズ博士は，ドロシーとプレックスを地下の迷路へ案内した．ドロシーは辺りの岩のくぼみを見回し，それが滑らかに調和したフラクタル構造を成していることや，そこから，紫色のビロードで覆われたような水晶が出ていることに気がついた．落ち着いた静けさが彼女の心を満たし，少しの間，ドロシーは自分がオズ博士に誘拐されたことを忘れた．

「トンネルが3つある」オズ博士は言った．「各出口にはトト・クローンが待機しておる」博士はドロシーに，トンネルの配置を示す1枚のカードを渡した．

ドロシーは今，スタート地点にいる．ドロシーの場所から3匹のトト・クローンは見えない．

オズ博士は話し続けた．「3つのトンネルのうちの2つのトンネルは毒でコーティングされていて，そこを通ったら，死んでしまう．3つのうちの1つだけが脱出できるトンネルだ」

ドロシーはしばらく考え，恐怖で震えながら答えた．「分かったわ．根拠はないけど，1番のトンネルを選ぶわ．なんとなくいいと思うから」
　オズ博士は各トンネルがどこに続いているのか知っていたので，くねくねと触腕を広げながら，ゆっくりと3番のトンネルを指さし，3番のトンネルは毒のトンネルだということを正直に告げた．
　「ドロシー，選んだ1番のトンネルから2番のトンネルに替えてもよいぞ．わしは人間にこの問題を出したら，いつも毒のトンネルを教えておる．さて，問題だ．**脱出する道を1番のトンネルから2番のトンネルに変更したほうが，変更しないより有利になるだろうか？**」

難易度：★★★

33 シマウマの無理数

「手始めにお話しなくてはならないのは，わたしがオマハに生まれて，政治家だった父がわたしのことをオスカー・ゾロアスター・ファドリグ・アイザック・ノーマン・ヘンクル・エマニュエル・アンブロイズ・ディグスと名付けたことです．ディグスを最後の名前にしたのは，父がその先につける名前をもうそれ以上思いつかなかったからですよ．なにしろ，おそろしく長い名前ですから，子供心に重荷になりまして．かつてわたしが学んだもっともつらい勉強の1つは，自分の名前を覚えることでしたよ．成長するにつれて，わたしは自分のことをただO, Zと，呼ぶようになったんです．なぜかと言いますと，これ以外の頭文字はP, I, N, H, E, A, Dで，これをつづるとPINHEAD（'まぬけ'という意味）になるからです．これではわたしの知性に傷がつきます」

『オズと不思議な地下の国』

オズ博士，プレックス，ドロシーは，動物園でシマウマを眺めていた．「ドロシー，あの縞模様の不思議な動物は数学パズルのようじゃな」

シマウマ

「オズ博士，私達地球人はあの縞模様の動物を"シマウマ"と呼ぶのよ」
「古代ギリシャ人によって，単位正方形の対角線の長さは有理数で表されないことが発見された．有理数は1/2や1/3のような分数で表される数のこと

じゃ．この発見はやがて"無理数"という整数の比では表されない数の概念にたどり着く」ドロシーはうなずいた．「そうよ，知ってるわ．1辺の長さが1の正方形の対角線の長さはルート2（$\sqrt{2}$と書く），つまり1.4142135623…よ．この無理数はピタゴラスの公式から導かれるわ」

「ドロシー，君は天才だ．$\sqrt{2}$の小数点表示の数字を左から見ていっても，明確な規則性はない．数字が永遠にでたらめに続く．同様に，円の直径の長さと周の長さの比も有理数ではない．その比はパイ（円周率）と呼ばれるもので3.1415926535…である．パイ（πと書かれる）は無理数だ．だから，その小数点以下の数字は，決して終わることはなく，また，有理数1/7=0.14285714285714285714…のように同じ数字が繰り返される（循環する）こともない」

「そうよ」

「ドロシー，今度は難しい問題だ．どんな無理数でも，任意の（でたらめな）位から下100桁とったとき，その100桁の数字の並びに明確な繰り返しはない．これは正しいかな？」

プレックスが急に話に割り込んできた．「いいえ，それは違います．シマウマの無理数という無理数はそうではありません」プレックスは興奮して足を踏み鳴らした．「今分かりますよ．ここに，わたしの好きなシマウマの無理数があります」そう言って，プレックスは，ドロシーとオズ博士に紙を渡した．

$$f(n) = \sqrt{9/121} \times 100^n + (112 - 44n)/121$$

プレックスはドロシーの目を見つめた．「$n=30$を代入したとき，美しい無理数が現れるのをお見せしましょう」プレックスは奇妙な数がタイプされた紙をドロシーに見せた．

33 シマウマの無理数

```
       27272727272727272727272727.
        2727272727272727272727272727
                    08
         969696969696969696969696969
          69696969696969696969696969
                    08
                 280134
           680134 680134 680134 680134
            680134 680134 680134
       67601292809577254021698466142910 58
       7355031799476243920688365098232657372074...
```

すばらしいシマウマの無理数

ドロシーは後ずさりした.「すごいわ, 規則性がある」

「そうでしょ？ 規則性が分かるように記入しました」

オズ博士はうなずきながら, プレックスの数学の知識の多さに感動した様子だった.「ここに不思議な繰り返しの数がある. この繰り返しは 680134 で突然終わるんじゃ. まるでホースからほとばしる水が蛇口を閉めた途端, 止まってしまうようなものじゃ. その先の桁には宇宙人が気がつくどんな規則性もないことが導かれる. ドロシー, ここに計算機がある. シマウマの無理数 $f(30)$ の値のここから先の数字を求めよ. そして, その中に数字の繰り返しがあるかどうか調べなさい. また, $f(30)$ 以外のシマウマの無理数も見つけなさい」

難易度：★★★

34 マツヤニの生き物

「ヒノキバシというのは、ですね」と、ムシノスケは偉そうな口ぶりで言った.「うんと大きくした,という意味で,学者というのは,徹底的に学問に通じている,という意味であります.我が輩は,実際,非常に大きな虫であり,かつ,この広い国中でもっとも教養の高い生き物なのであります」

「そのことを実にうまく隠しておられますなあ」魔法使いが言った.「いや,しかし,わたしはあなたのおっしゃったことをつゆほども疑っておりませんよ」

『オズと不思議な地下の国』

「オズ試験場IIへようこそ」と、オズ博士は、巨大試験場を指さした.ドロシーには,その巨大試験場がカンザスの大草原に埋め込まれたコンクリート・ドーム,発電所,そして,工場設備などの集まりのように見えた.地面には,通信のためのアンテナが雑草のように生えている.

ロボットイカがあちらこちらで,地面を発掘したり,持ち上げたり,押したりしている.このように,オズIIはアリの巣のように成長し続けているのだ.

「この場所を気に入ってよかった」と、オズ博士は言った.

「そんなことは言ってないわ」と、ドロシーは答えた.

オズ博士はトトに手を伸ばしながら言った.「すまん,すまん.君じゃなくて,わしがオズIIを気に入っている」

松ヤニのようなものに,わなにかかったのだろうか.くっついて捕えられた生き物の配列を,オズ博士は指さしながら言った.「これは次のテストじゃ.**同じ模様のブロックのペアで,できるだけ大きいものを5分で見つけなさい.**試しに,同じ模様のブロックのペアに灰色でハイライトをつけてみた.これよ

34 マツヤニの生き物

り大きな同じ模様のブロックのペアを見つけてみよう」

難易度：

35 ほとんど素数にならない式

人間のあらゆる不幸は，一部屋にじっとしていられないというこのことから起こる．

『パンセ』（1670）ブレーズ・パスカル／著

ドロシーとオズ博士は，コンクリートのトンネルを通り抜け，球状の乗り物に乗った．その乗り物は，車輪が液体でできていて，地形に合わせて絶えず変形しながら動く．まるで，ウォーターベットの上を通っているような乗り心地だと，ドロシーは思った．

「ドロシー，思い出すのじゃ．素数は5や11のような，1とそれ自身でしか割りきれない正の整数だった．このような素数が，びっくりする程多く現れる式が知られている」

そう言って，オズ博士は制御装置のボタンを幾つか押した．画面には，次のような式が表示されている．

$$p = x^2 - x + c, \quad c = 1, 2, 3, \ldots$$

ドロシーはその式から目をそらし，彼らの乗り物を見た．その乗り物の表面は，ほとんど海草で覆われていて，味噌のようなにおいがした．おそらく，これはオズ博士の保存食だろう．

「ドロシー，注目しなさい．これは素数がたくさんでてくる有名な式じゃ．スイスの数学者レオンハルト・オイラー（1707-83）が，$c=41$ のとき $1 \leq x \leq 40$ の各整数 x で p が素数であることを発見した．例えば，$x=2, c=41$ のとき，p は43で素数だ．また $x=3, c=41$ のとき，$p=47$ で，これも素数だ．ここに

35 ほとんど素数にならない式

少しばかりの例がある」そう言って，オズ博士はドロシーに次のような数の表を見せた．

x	p	x	p
1	41	7	83
2	43	8	97
3	47	9	113
4	53	10	131
5	61	11	151
6	71	12	173

うなずきながら「お見事！」と，ドロシー．

「だが，この式の値がほとんど素数にならない c の値はあまり知られていない．そこで問題だ．**整数 x に対して，関数 $x^2 - x + c$ の値が，ほとんど素数にならないような c の値を見つけられるかな？** 1週間でこのような c の値を見つけなさい」

難易度：★★★★

36 人工衛星

36 人工衛星

　カウボーイは，雄の子牛，あるいは，けんか好きな野生の馬を縛り上げるこつを心得ている．野獣を動くことも考えることもできないほど固定させてしまう．これは野獣の行動の自由を奪うことであり，そのような事は，ユークリッドが幾何学に対してやったことである．

—— エリック・テンプル・ベル
『*The Search for Truth*』R. Crayshaw-Williams／著

　ドロシーとオズ博士が，月の表面から 100 マイル離れたところを漂っていると，道やレーンでつながった円模様の美しい人工衛星が現れた．中央の円以外の円には，まっすぐな道が 3 本ある．
　「ドロシー．**円の中の 1 本の道からスタートしなさい．円内の道を通過するとき，道の両側のどちらかの数を選び，足していかねばならん**」（図 36.1）

図 36.1 人工衛星（イラスト：Brian Mansfield）

「例を挙げてみて」
　オズ博士は柔らかなスクリーンに，ルネッサンス期の絵画を思わせるような図を映した．「例えば，左上の星印（★）からスタートすると，図のような道

で進むことができる．101 か 100 のどちらかの数を選び，その数に次の数 7 か 6 を足す．次の道に来たら，7 か 999 を足す．円の中では同じ道を 2 回以上通れないし，後戻りもできない」

図 36.2 答えの例（イラスト：Brian Mansfield）

「了解」ドロシーは人工衛星に記された数をじっと見つめた．

「ドロシー，**道を通って合計 2003 でスタート地点に戻りなさい**．36 時間以内に戻れたら，トロコファーのコロニーを月に設立し，そのコロニーに君にちなんだ名をつけよう」

難易度：★★

37 ウズ虫の数列

　ほとんどの自然科学の分野では，ある世代が，別の世代で作り上げたものをずたずたに壊し，ある世代で構築したものを別の世代がまた壊す．数学の分野においてのみ，各世代で古い構造に新しい物語を建て増しをする．

―― Herman Henkel
『教養のための数学の旅Ⅰ，Ⅱ』スタンリー・ガダー／著

　9月のある日，オズ博士は長い一日をコンピュータ上のサイバー空間でサーフィンをして過ごした後，コンピュータの電源を切り，今度は現実の世界で波に乗ろうと決意した．海はさほど冷たくなかったが，おそらく，今年最後の泳ぎになるだろう．サーフボードが風にのって動くほど十分に波があった．

　しばらくすると，オズ博士は数ダースのウズ虫に取り囲まれていた．その虫は，短いものでも1cm程の長さがある．オズ博士は水を掛けて追い払ったが，不注意にも1匹の体を切ってしまった．

　偶然にも，博士は連日，ウズ虫の驚くべき自己再生能力についての本を読んでいたので，その虫が切れて2つに分かれても，どちらとも死なないで，そのうち完全な形に成長するのを知っていた．オズ博士はしばらく海を見つめていた．そして，「ウズ虫の数列」という問題を思いついた．その問題は海での出来事と似ていて，虫の増加と切断に関係している．もう少し数学的に言うと，積の繰り返しと整数の切り捨てに関するものだ．オズ博士は，計算機，あるいは，紙と鉛筆を使って，このことを模擬実験して楽しんでもらいたいと思った．

　2桁の偶数から始めなさい．その偶数を2倍し，もし桁数が3桁以上になるようだったら，百の位を取り除きその数を2倍する．このような操作を繰り返

す．例えば，12 は 24 になり，そして，48，96，そして，92（$2 \times 96 = 192$ なので 1 を切り捨てて），…というふうに続ける．下記の図は 12 から始めた数が，20 回の操作で元の数 12 に戻る様子を示している．

```
12 ⇒ 24 ⇒ 48 ⇒ 96 ⇒ 92 ⇒ 84 ⇒ 68 ⇒ 36 ⇒ 72 ⇒ 44
⇑                                                    ⇓
56 ⇐ 28 ⇐ 64 ⇐ 32 ⇐ 16 ⇐ 08 ⇐ 04 ⇐ 52 ⇐ 76 ⇐ 88
```

ウズ虫の数列はいつも始めの数に戻るのだろうか？　もし戻るなら，このような操作を何回すれば戻るだろうか？

難易度：★★

38 土壁パラドックス

　科学雑誌に出版する論文を洗練されたものにするため，そこには結果に至るまでの経緯を書かない，行き詰るのではないかという実際に感じていた不安を書かない，そして，最初どのように間違っていたかを記述しないなどの習慣がある．そうすると，あなたが，その仕事を成し遂げるために実際にしたことを品位ある方法で公表するところはない．

『ノーベル賞講演』（1966）リチャード・ファインマン／著

　オズ博士とドロシーはカンザスの草原を通り抜け，トロコファーによって建てられた小さな建物に入った．建物の中の土壁は，朝日を浴びてアメジストのようにキラキラ光り輝いていた．水道管やケーブルが，天井からぶらさがっている．トロコファーが，土壁からぬれた状態で虫のようににじみ出てきた．
「ドロシー，これは我々トロコファーが建てたばかりの新しい社交場じゃ」
「すばらしいわ」と，ドロシーは辺りを見回しながら言った．バーやレストランがある．寿司を食べているトロコファーもいる．
「今日は，トロコファーの言葉の記号に関するおもしろい問題を出そう．土壁に3組の記号が5つある」

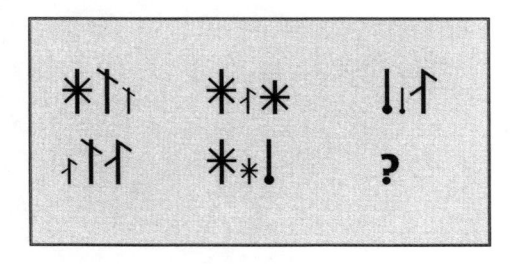

「マーク '?' のところに，3組の記号を入れるとしたら，何がよいか？次の a, b, c の中から1つ選びなさい」

「これを土壁パラドックスという」と，オズ博士は説明した．
「でも，これを土壁でどうするの？」
「何もしない．これは逆説問題だ」

難易度：

39

詩人と数学者が合わさった人物は，限度ある情熱と正確な感性を持つ者である．このような人は実に申しぶんのない模範的な人物である．

『エッセイ集』ウィリアム・ジェームズ／著

カンザスの首都トピーカの人里離れたレストランで，オズ博士は友人たち（人間のお面をかぶったトロコファー）に講義をしている．博士はナプキンに次のような数列を走り書きした．

> 1, 2, 4, 5, 7, 9, 10, 12, 14, 16, ...

スパイスのきいた肉をごくんと飲み込んだ後，オズ博士は友人たちのほうを向いて言った．「だれか，この数列の次の数を答えてくれ．正解なら褒美（ほうび）をあげよう」

しばらくして，ドロシーが大声で答えた．「先生，次の数は 17 よ！」

オズ博士は立ち上がって言った．「正解．君にデザートをおごろう」

博士は触腕をなびかせながら，整数論でコネル数列と呼ばれているちょっとばかり有名な数列について話し始めた．「この数列は 1959 年に提案されたもので，自然数の列 1, 2, 3, 4, 5, ... の先頭から最初の奇数を 1 つ取り（1），次にそ

の後の偶数を2つ (2, 4),次にその後の奇数を3つ (5, 7, 9),次にその後の偶数を4つ (10, 12, 14, 16) というふうに取って並べたものだ.ちなみに,数学者 Akhlesh Lakhtakia による論文には,この数列のアンテナ理論への実用化について議論されている.

オズ博士はナプキンに今度は動物を描き始めた.「ここに,さきほどの例を目に見えるようにした図がある.鳥は奇数を表し,トトは偶数を表している.よって,さきほどの数列は次のように図式化される」

オズ博士は後ろで微笑んでいるドロシーを見ながら言った.「2番目の問題だ」「答えが正しければ,わしは1日だけ君の召使いになろう」そして,芝居じみた間をおいて言った.「この数列はどのくらいの速さで大きくなるだろうか? 言い換えると,u_n をこの数列の n 番目の項とするとき,比率 u_n/n は幾らか?」オズ博士は $n=1$ から $n=7$ までの値を表に記した.

n	u_n	u_n/n	n	u_n	u_n/n
1	1	1	5	7	1.4
2	2	1	6	9	1.5
3	4	1.3	7	10	1.43
4	5	1.25			

オズ博士は友人たちを見ながら言った.「この比率はどんどん増加するだろうか? はたまた,ある極限値に近づくだろうか? コネル数列の一般項を考えなさい.100万番目の動物はトトだろうか?」

難易度:★★★

40 エントロピー

「物理学の授業で数学はどのように使われますか？」と，人は尋ねるかもしれない．そのようなとき，我々は以下のような言い訳めいた理由を挙げる．まず，もちろん数学は重要な道具である．がしかし，公式しか使わない．他方，理論物理学では，すべての法則は数式で記述されえる．そして，そこには簡潔さがあり美しさがある．したがって，結局のところ，自然界を理解するには数学と関連付けて，より深く理解する必要があるかもしれない．しかし，本当はそうすることが楽しいからそのように考えるのである．我々人類は，実に，自然科学を異なる視点で切り刻み，異なる分野で異なる方向に進んできた．しかし，このような細分化は実に人工的であり，やはり，我々がおもしろいと思うことをおもしろいとすべきである．

『ファインマン物理学』リチャード・ファインマン／著

ドロシーは，オズ博士と一緒にオズ試験場から数マイル離れた所にいる．彼らはホバークラフトに乗って，ドロシーが以前見たことのある大きな建物を通り過ぎていた．それはオベリスクのような建物で，高さがおよそ1マイル，直径がおよそ30フィートだ．隣のカンザス草原にはぽっかりと穴が開いていたので，ある種の採掘作業がされたのだろう．琥珀色のオベリスクの周りには，金属製のかごで囲まれた溶鉱炉のようなものがあった．
「オズ博士，博士はカンザス草原の環境を破壊しているわ」
「大丈夫，無限個の平行な宇宙があるのだ．このカンザスが少しばかり汚れても，それ以外の無限個のカンザスでは影響を受けない」
オズ博士は，ドロシーをガラス張りの部屋へと案内した．「今日のパズルだ．

16匹の小さいプレックス・クローンと3匹の大きいプレックス・クローンが部屋の中を動き回っておる．でたらめに動く粒子についての数学的，かつ，物理学的前提だけを基礎とするなら，大きい3匹のプレックスは長い時間経過した後，どこにいると予想できるかな？」

ドロシーはガラス張りの部屋を見ながら尋ねた．「条件はそれだけで十分なの？」

オズ博士は目を丸くして言った．「わしはいつも十分な情報を与えておるぞ」

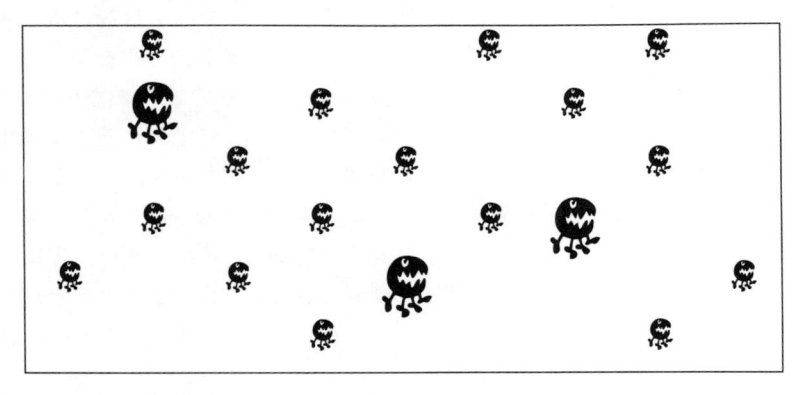

飛び跳ねるプレックス・クローン．長時間経過した後，どこにいるだろうか？

難易度：★★★

41 動物穴埋め問題

　わたしがあなたがたに今から話そうとしていることは，我々のやっている物理学を大学院3年生か4年生に教えるということについてだ．…わたしの仕事は，分からないからといって，目を背けてはいけないよう君たちを説得することだ．御覧のとおり，物理学科の学生は物理学を理解していない…．それは，教える側のわたしが分かっていないから．でもだれも分からないのだ．

　　　　　　『光と物質の不思議な理論』リチャード・ファインマン／著

　博士のホバークラフトは，カンザス州ウィチカ北部の大草原を通過している．左手には，大きなピラミッド型の建物，錆びついた山積みのハードディスク，そして，人型ロボットの手を握るイカの小さな像が見える．その像は，小さな布製の旗で取り囲まれている．
　「あれは何？」と，ドロシーは言った．
　「我々の神様，物理学者リチャード・ファイマン先生の聖堂じゃ」
　「聖堂？　こんなカンザス草原の真ん中に？」
　「我々は遠くからやって来た．我々は態度を変えてしまったが，我々の基本的な本質が，同じことを思い出させる」
　「何が言いたいの？」
　「何も」
　オズ博士はなぞめいたことを言っているようだった．2人はホバークラフトでもう1マイル進むと，動物記念碑の正面でいきなり停止した．
　ドロシーはホバークラフトから降りて言った．「これは，次の知能テストだと思うわ．質問させて．なぜ，真ん中に動物はいないの？」

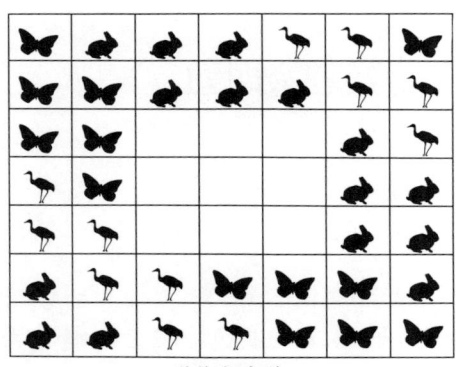

動物記念碑

オズ博士は，動物記念碑の真ん中辺りに触腕を置き，ドロシーに1枚のカードを渡した．「**空欄に入れるものを，次の3つの中から1つ選びなさい**」

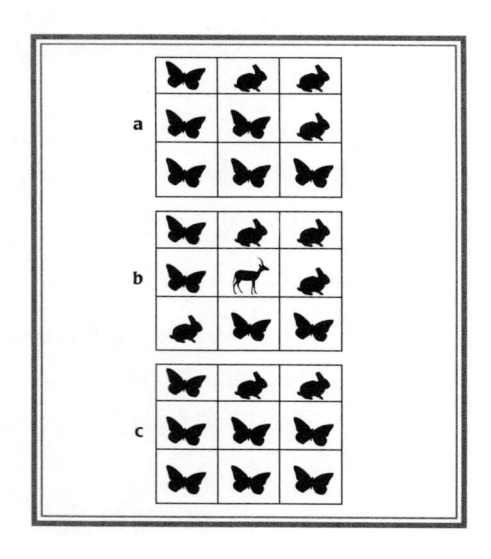

難易度：

42 宇宙人の頭を並べる

数学的な美しさは，どんな時間不変のものよりも踊りに匹敵するようだ．

『*Science News*』Clem Padin／著

オズ博士とドロシーは，検死解剖室のステンレス製のテーブルに置いてある宇宙人の4つの頭を見ていた．「ドロシー，この4つの（同じ形の）頭を幾つかのグループに分けるとしたら，全部で何通りの分け方があるかな？」

「オズ博士，数学をするためにここに来ているわけではないわ．これらの生物がどこから来たのかがやっと解明できたところよ．これは地球の未来にかかわるわ」

「ドロシー，答えは5通りじゃ．5つの異なる分け方がある．君に見せよう」そう言って，博士は頭を一列に並べ始めた．

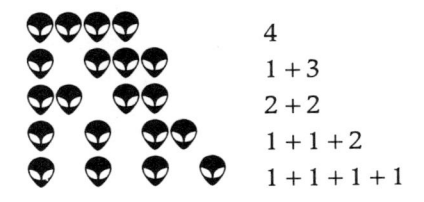

```
●●●●        4
●  ●●●      1+3
●●  ●●      2+2
●  ●  ●●    1+1+2
●  ●  ●  ●  1+1+1+1
```

ドロシーはため息をついた．「すごくおもしろいけど，もう分かったわ．早く，メスを貸して．宇宙人の体の構造を調べるわ」

オズ博士は続けた．「分割数 $p(n)$ とは，数 n を n 以下の数の和として表す，表し方の個数をいう．例えば，数4は5通りの方法で表すことができるから，$p(4)=5$ だ．$p(4)$ を求める問題は，同じ形の4つの物をグループ分けする方法

が何通りあるかを考えることと同じじゃ」

「ここから出て行って」ドロシーは，オズ博士に向かって，1つの頭を投げながら叫んだ．

* * *

ここからは，整数の分割を視覚化するグラフを描くためのテクニックについて述べよう．もし技術的な数学に興味をお持ちでなければ，ここは読み飛ばしていただきたい．興味ある方は，ここを読めば，「分割理論」を理解する手助けになろう．何か1つ整数をとろう．例えば，整数4を例にとると，さきほど学習したように，4の"分割数"は，和が4となるような整数の組み合わせの個数を表す．例えば，$(4=4)$，$(4=1+3)$，$(4=1+1+2)$，$(4=1+1+1+1)$，$(4=2+2)$となるので，$p(4)=5$である．

正の整数aが与えられたとき，正の整数の列n_1, n_2, ..., n_r ($n_1 \leq n_2 \leq \cdots \leq n_r$) が$a$の分割であるとは，$a=n_1+n_2+\cdots+n_r$であるときをいう．$p(a)$を$a$の分割数とする．前節で，オズ博士は「なぜ$p(4)=5$であるか？」と，問題提起した．更に，博士は，和が正の整数aとなる連続する2つ以上の正の整数をすべて求める問題にも興味があった（オズ博士は，aの分割で，連続する2つ以上の整数で表されるものすべてを探していた）．

例として，10,000の連続する整数での分割を考えてみよう．$[18+19+\cdots+142]$，$[297+298+\cdots+328]$，$[388+389+\cdots+412]$，$[1998+1999+\cdots+2002]$．このとき，$Pc(10,000)=4$と表そう．10,000より小さいほとんどの正整数は，連続する整数による分割が，4通りしかないだろうか？

図42.1は，正の整数a ($1 \leq a \leq 200$) について，その連続する整数での分割をグラフで表したものである．x軸はaの値，y軸に描かれた点の並びは，aに対する分割を表している（注意．このグラフの点は，aとaのすべての連続整数分割であって，$(x,y) \neq (a, Pc(a))$である）．このグラフはおもしろい形をしている．例えば，予想されるように，点は，決して$(a+1)/2$を越えない．なぜなら，和がaになる連続な整数列をつくるためには，数列の中の一番大きな数が高々$(a+1)/2$でなければならないからである．グラフの最大の特徴は，一番上の2点からなる部分が右上がりに斜めに増加していることだろう．これらの点は，aの値が奇数のときには必ず存在する．aが奇数ならば，必ず分割

$a = [\{(a+1)/2 - 1\} + \{(a+1)/2\}]$ があるからである．例えば，$21 = \sum_{n=10}^{11} n$ である．a が素数であれば，このような分割しかない．グラフの 3 点からなる点に対応する a の値は，3 で割り切れるものである．3 で割り切れるような a に対しては，いつも分割 $a = [(n/3-1) + n/3 + (n/3+1)]$ が存在する．おもしろいことに，このグラフを拡大すると，このような分割が存在しないところ（切れ目）がよく分かる．このようなことは，$a = 2^m$, $m = 1, 2, ...$ で起こる．**グラフを見て，連続整数による分割に関する性質を見つけてもらいたい．**

分割に関して，他にどんなことが分かるだろうか？

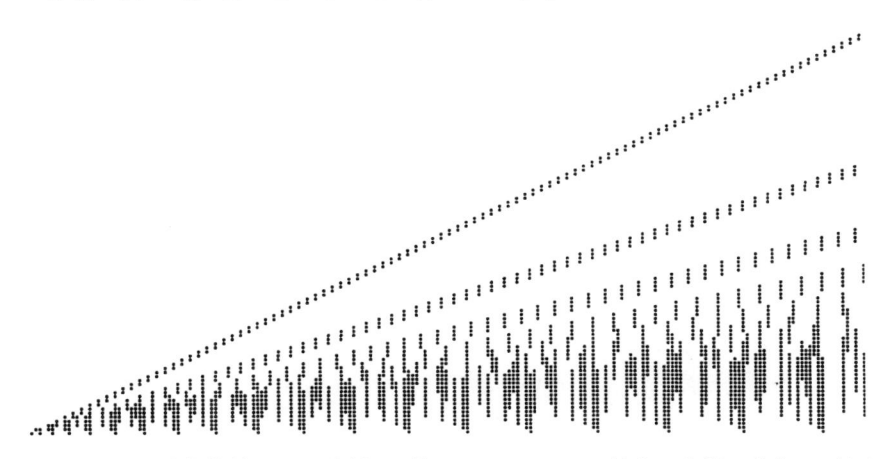

図 42.1 a の連続整数による分割．x 軸に，$1 \leq a \leq 200$ に対する分割の分布．y 軸は 0 から 100 までの値をとる．

難易度：★★★★

43 ラマヌジャンの合同式と超越数

わたしにとって方程式は，神の考えを表すものでなければ意味がない．

——シュリニヴァーサ・ラマヌジャン（1887-1920）

オズ博士は，ドロシーを平屋の集落へ連れて行った．平屋の裏側には，幾つかのタンク（水や気体が入っている）を使った小さな原子力発電施設があり，点滅するライトやダイアル監視装置の間をロボットイカが歩いている．彼らの触腕は，ドロシーがかぎたいとは思わない薬品のにおいがした．

「ドロシー，前章で，整数の分割について議論した」

「オズ博士，"章"って，どういう意味？ なんだかわたしたち，本の中にいるようだわ」

「ああ，"昨日"整数の分割について話したという意味じゃ．分割数とは，ある正の整数が，正の整数の和として表したときの表し方の個数のことじゃ．例えば，5という正の整数は，次のような正の整数の和として書ける」オズ博士は，ドロシーに，和が5になる整数の組み合わせが書かれた1枚のカードを渡した．

43 ラマヌジャンの合同式と超越数

```
        5
      4 + 1
      3 + 2
    3 + 1 + 1
    2 + 2 + 1
   2 + 1 + 1 + 1
 1 + 1 + 1 + 1 + 1
```

「数字の並べ方は気にしておらん．例えば，3 + 2 と 2 + 3 は同じだ．だから，和が 5 になる正整数の組み合わせは，7 通りあることが分かる．したがって，5 の分割数は 7 だ．数学者のシュリニヴァーサ・ラマヌジャンは，1920 年に亡くなったのだが，その 1 年前に，1 から 200 までの整数の分割について研究していた（分割数としては，1 から 3,972,999,029,388 までとる）」

オズ試験場には強烈な悪臭が漂っていたので，ドロシーは再び鼻をつまんだ．「博士，5 の分割は 7 通りあるけど，5 よりも大きな数の分割数はどのくらいなの？」

「質問，ありがとう．1 から 34 までの整数 n の分割数は，小さい順に，それぞれ，1, 2, 3, 5, 7, 11, 15, 22, 30, 42, 56, 77, 101, 135, 176, 231, 297, 385, 490, 627, 792, 1002, 1255, 1575, 1958, 2436, 3010, 3718, 4565, 5604, 6842, 8349, 10,143, 12,310 じゃ．ラマヌジャンは，第 4 項 5 から 5 の倍数番目の項が，すべて 5 の倍数であることに気づいた」オズ博士はドロシーに，このことを示すカードを手渡した．

```
1, 2, 3, 5, 7, 11, 15, 22, 30, 42, 56, 77,
101, 135, 176, 231, 297, 385, 490, 627,
792, 1002, 1255, 1575, 1958, 2436,
3010, 3718, 4565, 5604, 6842, 8349,
10,143, 12,310
```

「ドロシー，この結果は数学的に簡潔な形で表すことができる．このカードを見なさい．$p(n)$はnの分割数を表す」

$$p(5N + 4) \equiv 0 \pmod{5} \text{ for } N \geq 0$$

「ここで，3本線の記号≡は"合同であること"を表す．0 (mod 5) というのは，5で割ると余りが0だということじゃ」オズ博士は，少し間をおいて，ドロシーの持っているもう1枚のカードを裏返した．

「今度は第5項7から7の倍数番目の項を見ると，すべて7の倍数になっていることに気づいてほしい」

1, 2, 3, 5, **7**, 11, 15, 22, 30, 42, 56, **77**, 101, 135, 176, 231, 297, 385, ***490***, 627, 792, 1002, 1255, 1575, 1958, ***2436***, 3010, 3718, 4565, 5604, 6842, 8349, ***10,143***, 12,310

「このことを数学の記号で表すと

$$p(7N + 5) \equiv 0 \pmod{7} \text{ for } N \geq 0$$

となる」

「同じように第6項から見ていくと，そこから11の倍数番目の項はすべて11の倍数になる」

> 1, 2, 3, 5, 7, *11*, 15, 22, 30, 42, 56, 77, 101, 135, 176, 231, *297*, 385, 490, 627, 792, 1002, 1255, 1575, 1958, 2436, 3010, *3718*, 4565, 5604, 6842, 8349, 10,143, 12,310

「このことを，また，数学の記号で表すと

$$p(11N + 6) \equiv 0 \pmod{11} \text{ for } N \geq 0$$

となる」

「整数が5や7や11の累乗やこれら累乗の積となるとき，同様の関係式が成り立つ．ラマヌジャンはこのような興味深い性質が，この数列のすべての整数で成り立つことを証明した．単に，最初のいくつかの数について示したのではない」「オズ博士，すごい性質ね．それでどうしたの？」

「ラマヌジャンの発見で驚くことは，分割の定義に，合同式をほのめかすようなことが何もなかったことだ．更に，5や7や11のような素数が，なぜ，合同式を生み出すのか未だになぞなんじゃ」

オズ博士は，ドロシーを正視して言った．「ドロシー，問題だ．**この数列で成り立つ別の合同式を見つけなさい**」

難易度：★★★★

44 だれか気づいて

あなたは水中深く流されています．そして，想像することさえできない底流で泳ぎ回っているものがあります．

『不眠症』スティーブン・キング／著

オズ博士は，光線銃でドロシーを撃った．すると，たちまち，ドロシーはアリに変身してしまった．オズ博士は，彼女を，1人，そっとしておいた．

本当は知性ある人間であり，魔法でアリにされてしまったということを，ドロシーが踏み潰されないで，人間に伝える良い方法はあるだろうか？　例えば，米粒で「助けて」と記すこともできるし，あるいは，他のアリについて来てもらって，次のように文字をつづることもできる．

$$\text{PLEASE HELP ME}$$

この方法は実行しがたいように思えるが，少なくとも死んだアリであれば，ドロシーは好き勝手な配列で並べることができるかもしれない．数学，あるいは物理学の公式をつづってもよい．どんな公式がいいだろうか？　アインシュタインの有名な公式はどうだろう？

$$E = mc^2$$

さて，あなたならどんなメッセージを書きますか？　他にどんなことをしますか？

難易度：🐜

45 曲芸師の数列

音楽の楽譜を見ただけで,曲が聞こえる人もいれば,数学的な関数に偉大な美しさや構造をイメージできる人もいる.…わたしのような凡人は,演奏された音楽を実際に聴く必要があるし,価値を正当に評価するための数字を見なければ,その価値は分からない.

『*Byte*』Peter B. Schroeder／著

ある春の朝,曲芸師によって空中に投げられる陰陽模様のボールを眺めながら,オズ博士は,表面的には単純に見える数列(以下,曲芸師の数列と呼ぶ)を思いついた.曲芸師によって上下に投げられるボールのように,この数列は増加したり減少したり,ときには,でたらめなパターンで揺れ動くかのようにふるまう.また,曲芸師の数列は,常に,曲芸師の手の中に落ちる(このことは整数1に対応する).

任意の正の整数からスタートしなさい.もしその数が偶数なら,その数を1/2乗し(すなわち,単にその数をルートすればよい),奇数なら,その数を3/2乗する.計算手順は次のように表される.

```
Input positive integer x
repeat
   if x is even
      then x ← [x^(1/2)]
      else x ← [x^(3/2)]
until x = 1
```

どちらの場合でも，出てきた結果の小数点以下を切り捨てる（例えば，4.1 は 4 にする）．このような操作を繰り返すことよって得られる数列を曲芸師の数列と呼ぼう．

オズ博士はドロシーに尋ねた．「このような数列で，長いものはどのようなふるまいをするだろうか？ 周期的なふるまいをするだろうか？ もしそうだとしたら，周期は幾らか？ プログラムを作成し，計算機に計算させれば，曲芸師の数列を作ることができる．**君自身のプログラムで，曲芸師の数列の項が 1 になるまで，繰り返しの操作を続けなさい**」

博士が矢つぎばやに問題を出したにもかかわらず，ドロシーは問題を冷静に考えていた．$x=1$ で，繰り返しのループを終わらせるの？ でも，もし数列の項が 1 にならなかったら，どうするのだろうか？

ドロシーのこのちょっと厄介な疑問から離れて，とりあえず，どんなパターンの数列が出てくるか？ という問題について考えてみよう．例えば，数字の 3 から始めると，この数列は 3, 5, 11, 36, 6, 2, 1 となる．このような数列（増加し，その後減少する数列）を次のように表すことができる．

```
◐◐◐◐◐◐◐◐◐◐◐◐◐◐◐◐◐◐◐◐◐◐◐◐◐◐◐◐◐◐◐◐◐◐◐◐ 36
↗                                      ↘
◐◐◐◐◐◐◐◐◐◐◐ 11              ◐◐◐◐◐◐ 6
↗                                      ↘
◐◐◐◐◐ 5                              ◐◐ 2
↗                                      ↘
◐◐◐ 3                                  ◐ 1
スタート                               終わり
```

基本的なパターンはすごく単純である．幾つかのステップで増加し，そして，だんだん 1 に減少する．3 ステップで増加し，3 ステップで減少している（曲芸師の数列にはよく起こる現象だろうか？）いったん，値が 1 に到達すると，1, 1, 1, … と繰り返す．

曲芸師の数列の変形問題で，おもしろいものがある．それは $3n+1$ 問題（「ヘイルストーン問題」または「コラッツ問題」ともいう）と呼ばれるもので，数学の文献で広範囲に議論されている．ヘイルストーン数列は次の規則で作られる．

45 曲芸師の数列

>   if x is even
>   then x ← x/2
>   else x ← 3x + 1

曲芸師の数列は $3n+1$ 問題の積や商の代わりに，累乗を含む類似した規則で作られている．ヘイルストーン数列と同様，曲芸師の数列も増加したり減少したり，ときには，見かけ上，カオスとなる．ヘイルストーン数列と違うところは，曲芸師の数列は，ほんの少しの繰り返しの操作で，驚くほど大きな値に到達することだ．だが，ほとんどの場合，たとえ大きな値にすぐ到達したとしても（例えば，初期値を 37 として 9 回この操作を反復すると，値 24,906,114,455,136 に到達する），すぐに，1 になってしまう．したがって，任意の正の整数を初期値として，この操作を繰り返すと結局は 1 になるのではないかと推測できる．オズ博士は，初期値が 200 以下の正の整数について，この推測が正しいことを確かめた．つまり，200 以下の正の整数は，すべて，このような操作を繰り返すと 1 に到達する．しかし，1 になるまで，反復操作を何回もしなければならない．200 以下の数について，推測が正しいことを読者の皆さんも確かめてみよう．ちなみに，77 を初期値とした例を次に挙げておこう．

77, 675, 17537, 2322 378, 1523, 59436, 243, 3787, 233046, 482, 21, 96, 9, 27, 140, 11, 36, 6, 2, 1

20 回の反復操作で 1 に到達する例である．このパターンは，さきほど見たような 3 を初期値とする数列のように単純ではない．上がって下がるところが，6 回もある．

図 45.1 は，横軸を初期値（1 から 175 の整数），縦軸をその初期値に対する数列の長さとしたときのグラフである．初期値が偶数か奇数かによって，長さが長かったり短かったりしているため，ジグザグなグラフになっている．ほとんどの場合，数列は単調で，ほんの少しの操作で最大になり，10 回以下の操作で 1 になるが，幾つかの注目すべき例外がある．初期値が 37, 77, 103, 105, 109, 111, 113, 115, 129, 135, 163, 165, 173, 175, 183, 193, … の場合だ．かなり長い操作を施さないと 1 にならない（数列が長い）．なぜだろう？ また，初期値が，2^n の形の数（例えば，4 とか 16）であるとき，数列は単調に 1 に減少しなければならない．

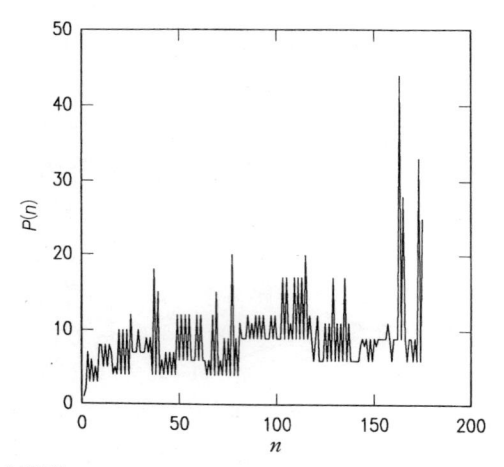

図 45.1　初期値 $0 \leq n \leq 175$ に対する曲芸師の数列の長さ $p(n)$

　オズ博士は，初期値を 200 までの整数に限ると，数列の最後の 3 項は，3 通り（6 2 1），（4 2 1），（8 2 1）しかないことに気づいた．どうして，この 3 通りしかないのだろうか？　図 45.2 は，初期値が 200 より小さい値のときの減衰パス（道）と呼ばれる単調な数列の最後のほうの項である．

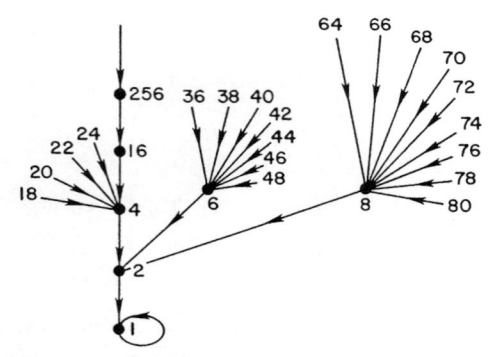

図 45.2　単調な減衰パス．初期値が 200 までの曲芸師の数列．中央の枝は 2^{2^n} の数．

　オズ博士は，読者の皆さんにもっと長い曲芸師の数列を見つけてほしい．更に，数列を作るとき，（単に小さい数に丸めるのではなく）一番近い整数に丸

めることによって作られた数列——曲芸師の数列の変形版——で実験を試みてもよいだろう．いずれにせよ（曲芸師の数列あるいはその変形版にしても），常に 1 に戻るかどうかは分かっていない．この問題を解決するのはかなり難しいだろう．曲芸師の数列問題は，問題の意味自体は非常に単純であるにもかかわらず，手に負えないほど難解なところが，読者にはおもしろいかもしれない．

　さて，どんな正の整数も 1 に戻るだろうか？

難易度：★★★★

46 コードで結ぼう

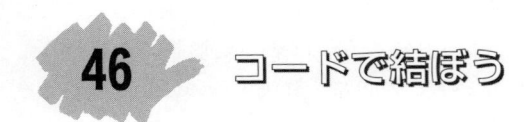

自分の内面を見つめるとき，あなたのヴィジョンははっきりするだろう．外を見る者は夢を見，内を見る者は目覚める．

——カール・ユング

オズ博士は，宇宙から来た友人にネバダ州のラスベガスを案内している．

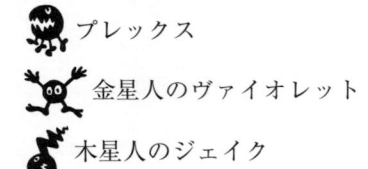

　　プレックス

　　金星人のヴァイオレット

　　木星人のジェイク

カプセルの中の宇宙人は，同じ宇宙人の入ったカプセルと命綱で結ばれなければ，死んでしまう．そこで，**同じ宇宙人の入ったカプセルどうしをコードで結んでください．ただし，各コードは自分自身で交わってはいけないし，壁の外に出てはいけない．また，この紙面から外に出てもいけない．コードは曲がってても構わないが，お互いにぶつかっても，交差してもいけない．カプセルを通り抜けることもできない．**

今，この問題が解けなくても，一日たってからもう一度やってみよう．ほとんどの人が解けるだろう．

46 コードで結ぼう

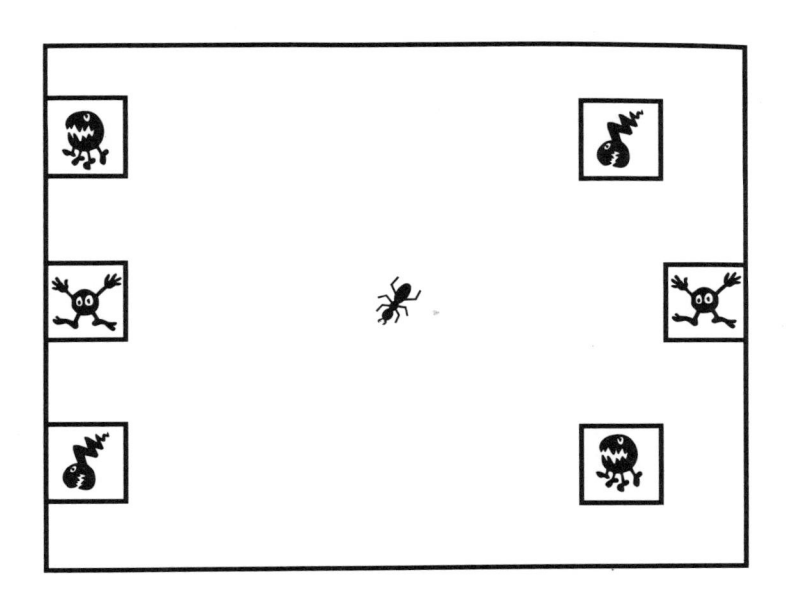

難易度：✴

47 黄金比に近づけよう

数学は，人々が平凡になるように運命づける間違った学問である．

『Ratner's Star』 ドン・デリーロ／著

オズ博士とドロシーは洞窟の地底湖にいる．地底湖は電灯の明かりに照らされていた．ドロシーが湖の水面をたたいたので，表面に無数のさざ波がたった．そばにはグレープフルーツほどの大きさの水晶の塊があった．

ドロシーはしばらく目を閉じた．水滴のかすかなしたたる音でさえ音楽のように聞こえた．この心地よい冷たさをずっと求めていた．湿った空気が生き物のように感じられる場所，肌をかすめる冷たい空気がまるで猫が通ったように感じられる場所，そして，きらきら光ってまるで生きているかのような鍾乳洞，石筍，つるつる滑る壁があるような場所，そのような場所は世界中でカンザスのほかにあっただろうか？

オズ博士はドロシーが今感じていることを感じることができるのだろうか？　この暗い部屋の堂々たる風格と神秘に，畏敬の念を抱くことができるのだろうか？　オズ博士は何かしら考えているようだった．

「何を考えているの？」ドロシーは尋ねた．

「もちろん，数学についてだ．1.61803…という数字は黄金比と呼ばれるが，驚くべきところに現れ，独特な性質をもつことから，数学者は黄金比に特別な記号をつけた」そう言って，オズ博士は洞窟の床に，大きくファイの文字

$$\phi$$

を書いた．「この記号はファイと呼ばれるギリシャ文字で，黄金比を初めて

47 黄金比に近づけよう

使った古代ギリシャ時代の彫刻家フィディアス[1]の頭文字からとったものじゃ．黄金長方形は辺の長さの比が $1:\phi$ になるものじゃ．君たち人間の中に，黄金長方形は長方形の中で一番美しいという記事を書いた者もいる」そう言って，オズ博士は洞窟の地面に黄金長方形をスケッチした．

黄金長方形

オズ博士は説明し続けた．「$\phi=(1+\sqrt{5})/2$ には，おもしろい性質がある．例えば，次のような性質だ．

$$\phi-1=1/\phi \qquad \phi\Phi=-1 \qquad \phi+\Phi=1 \qquad \phi^n+\phi^{n+1}=\phi^{n+2}$$

ここで $\Phi=(1-\sqrt{5})/2$ である．ϕ と Φ は，2次方程式 $x^2-x-1=0$ の相異なる解である．この1つの解 ϕ が有名な黄金比として知られているのだ」

「ドロシー，今日の問題だ．**4個の4と，数学の記号を使って，できる限り $\phi=1.61803\cdots$ に近い値をつくりなさい．ルート，累乗，分数，少数点も使ってよいし，記号)（ ＋ － × ÷ も使ってよい．分数の分母と分子には整数の値しか使えない．4をつなげるのも構わない**(例えば，44)．条件1：記号は幾つでも使ってよい．条件2：各記号は高々4個しか使えない．例えば，積の記号を4回だけ使うことができる」

ドロシーはしばらく考えて，言った．「1つ例を挙げてみて」「よろしい，1つだけ例を挙げよう．君はこれ以外の例を見つけなさい．この例よりもっと正確なものを見つけられるかな？」そう言って博士は地面に次のように書いた．

$$\sqrt{\sqrt{\sqrt{44/(4/4)}}}=1.6048394$$

難易度：★★★

---

[1] ［訳注］パルテノン神殿の建設で総監督を勤めた．

48 Zyph 星

　小石を投げると，宇宙の重心は変わる．これは数学的事実である．

『衣服哲学 III』トーマス・カーライル／著

　「ドロシー，わしのふるさと Zyph 星には，Zyph ベリーと呼ばれる木がある．各枝には 5 個ずつ丸いベリーの実がなり，実は 4 つの部分に分かれておる」オズ博士は，丸い実がなっている白黒の木の絵を指さした．ドロシーはその果実を見て，小さなステンドガラスのようだなと思った．明るい光が白い実から差し込んでいる（図 48.1）．

　「ここに 5 本枝の Zyph の木がある．しかし，この 5 本の枝のうちの 1 本の枝は間違っている．その枝は偽物だ．悪いやつに付けられたまがい物だ．どの枝がおかしいか分かるかな？　また，どうしておかしいのか理由を述べよ．ヒントは 5 個の実を重ねることだ」

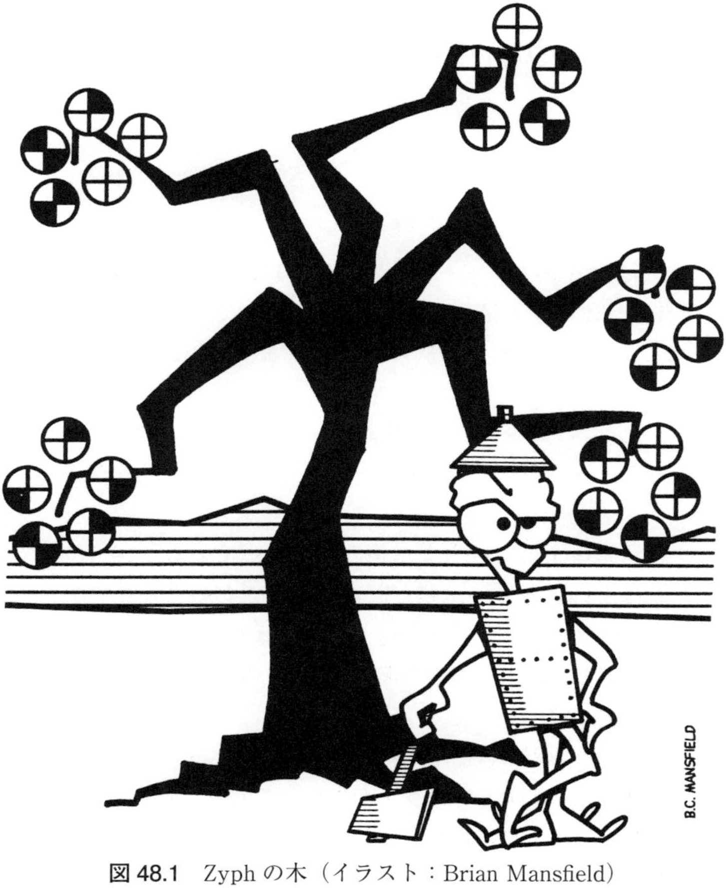

図 48.1　Zyph の木（イラスト：Brian Mansfield）

難易度：

49 エウロペーのクラゲ

「足し算はできますの？」と，白の女王様が尋ねた．「1足す1足す1足す1足す1足す1足す1足す1足す1足す1足す，あれ？」
「分からなくなったわ」と，アリスは言った．「数え損ねたわ」

『不思議の国のアリス』ルイス・キャロル／著

ドロシーとオズ博士は，巨大な水槽の前に立っている．容積にしておよそ10,000ガロンほどの大きさの水槽だ．奇妙なクラゲのような生物たちが陽気に泳いでいて，背後にたなびく透き通った触腕は古代の海水の中できらきら輝いていた．クラゲたちは水槽の中の珊瑚を利用して，迷路のような構造を作っているようだ（図49.1）．

「ドロシー，木星の衛星の1つ，エウロペーでは，海の中に複雑な迷路のような都市があり，そこに美しいクラゲが生息しておる．我々はそこでたくさんの標本を採取し，この水槽に入れたのじゃ．君はこの水槽に潜ってすべてのクラゲを集めた後，水槽から脱出しなければならない」

ドロシーはクラゲが迷路の中で整列するのを見た．

「クラゲは悪賢く，とげをもっておる．慎重にせねばならん．この問題は，**迷路に入り，すべてのクラゲを通り抜けて出口に出る道を捜すのと同じじゃ．同じ道を2回以上通ってはならない．また，道を交差して通ってはいけないし，同じ角を2回以上曲がってもいけない．前から近づくと，クラゲに見つかってしまうから，クラゲの後ろから近づいて採ってくれ**」

ドロシーはスキューバ装置を着用しながらうなずいた．

「ドロシー，答えを幾つ見つけられるかな？」

49 エウロペーのクラゲ   115

図 49.1　エウロペーのクラゲ（イラスト：Brian Mansfield）

難易度：★★

50 考古学の切開

　アリスは微笑んで言った．「やってもしょうがないわ．ありえないことを信じてもしょうがないもの」
　「思い切って言うわ．あなたは練習が足りないわ」と，女王は言った．「わたしが今よりもっと若かった頃，毎日30分は練習したものよ．だから，ありえないことを6つ信じてしまうことなど，朝飯前だったのよ」

　　　　　　　　　　　　　『不思議の国のアリス』ルイス・キャロル／著

　ドロシーとオズ博士は地球上で最大のピラミッド——ケツァルコアトルのピラミッド——に瞬間移動した．メキシコから南に63マイルの町チョルラにある高さ177フィート，底面積45エーカーの大きさのピラミッドだ．ドロシーは突然立ち止まり，ピラミッドの基礎部分近くにある砂を少しかぶった十字架の形の石柱を見た（図50.1）．
　「ドロシー，パズルだ．この対称な十字架を切って，5つに分けなさい．ただし，上から見て，1つは十字架の形，あと残りの4つは，うまく合わせると正方形の形になるようにだ．1時間以内に正しく切ることができれば，君の願いをかなえてあげよう」
　そう言って，オズ博士はドロシーにのみを手渡した．ドロシーは石柱をどのように切ればいいかと考えた（図50.2）．さて，ドロシーはどこを切ればいいだろうか？

50　考古学の切開

図 50.1　考古学の切開（イラスト：Brian Mansfield）

図 50.2　十字架の拡大図（イラスト：Brian Mansfield）

難易度：★★

51 ガンマの先手

「だったら，思っていることを言わなくちゃ」と，ウサギが食ってかかった．
「そうしてるじゃないの」アリスは慌てて，「だって…，だって，そう思えばこそ，言ってるんだもの．どっちみちおんなじでしょ」
「おんなじなものか，ちっとも！」と，帽子屋くんは言った．「だったら，あんた，"自分の食べるものを見る"ってのと，"自分の見るものを食べる"ってのと，おんなじだってことになるじゃないか」

『不思議の国のアリス』ルイス・キャロル／著

ドロシーとオズ博士は，ミシガン州サリーンとエルスワースにまたがる国道140号線の5フィート上空で直径20フィートの大きさのガラス球の中にいる．ドロシーは，オズ博士が最近集めたアメリカ硬貨の入った虹色の小袋から，硬貨をでたらめに取り出し，年代を当てることに挑戦していた（最近，オズ博士は実験のため小型貯金箱を買ったのだが，その貯金箱をお店で見たときは，豚の磁器製品だと思った）．

「オズ博士，今度のパズルは"ガンマの先手"と名付けるわ」
「なぜ，そう呼ぶのかい？」
「ガンマはギリシャ文字だからよ．連想ゲームと呼ぶより，もっと厳粛な感じがするから」
「問題をどうぞ」
「わたしたちは硬貨の年代を予想するとする．わたしの予想が博士の予想より，年代が近いとかけるわ．ただし，わたしは2種類の年代を予想できるけど，博士はたった1つの年代しか予想できないことにするわ．その点でわたし

のほうが博士より少し有利だから，博士にはわたしより先に予想してもらうわ．わたしは，自分の健康と生命をかける．その代わり，わたしが勝ったら，このテストの後の1週間の休暇中に，わたしをちゃんとエムおばさんとヘンリーおじさんの所に帰して」

「いいだろう．公平だ．我々が硬貨の年代を予想した後，硬貨を取り出し，スクリーンに映そう」

さて，ドロシーが勝つ確率を劇的に高くする戦略とは，いったいどんなものなのだろうか？

難易度：★

52　ロボットの手の箱

心は氷山のようなものだ．氷山は，大きさの7分の1を海上に出して漂う．

　　　　　　　　　　　　　　　　　　　　　　　——ジグムント・フロイト

　草原の向こうにトロコファーの駐屯地が見える．その建物は焼かれ，人けがなかった．道路は灰色の粉で覆われている．
「ここで何があったの？」
　オズ博士は向こう側の人けのない景色を見ながら言った．「ロボットの手が取れてしまった．最終的には，ほとんどのロボットを皆殺しにしなければならなかったから．これを見なさい．次のパズルだ」そう言って，オズ博士はロボットの切り離された手が入った仕切りのある箱を指さした．

「箱の中の手には独自の安全装置が働いている．手は仕切られた正方形の部分に1つずつ入っており，人さし指に真正面から近づく侵入者は，その鋭い爪に衝突し，致命傷を負う．**人さし指に真正面から出会わないよう，すべての正方形を通過する道すじを見つけなさい**．ただし，どの正方形も2回以上通過してはいけない．箱の端のます目から入り，1度に1つ水平方向または垂直方向に移動し（斜めには移動できない），箱から出てほしい．ゆっくり慎重に移動するのじゃ．移動を1回でも誤ると，かみそりのような鋭い爪に突き刺さる」

ドロシーは手を腰に当てて言った．「おおげさに言って，ずっと約束を破るから，もう病気になりそうだわ！」

「ああ．だが，わしは大まじめじゃ」

難易度：★★★

53 ラマヌジャンと 10^{45}

完全な宇宙では，無限は戻ってくる．

『オムニ』ジョージ・ゼブロウスキー／著

「あの女性はだれ？」ドロシーは，UFO から出てきた背の高いトロコファーを指さして言った．そのイカのような顔の周りには，虫のロボットが群がっていた．その虫ロボットは顔を守る役目をしているのだろうと，ドロシーは思ったが，自信はなかった．

「彼女は大祭司の一人じゃ．名前はイヴという」

イヴはドロシーに手を振ってあいさつした．彼女は黒いカソックを身にまとい，パソコンのペンティアム IV チップのネックレスをしている．「ドロシーさん，今，わたしは入れ子のルートに夢中です」

ドロシーは大祭司に会釈をして言った．「おっしゃっている意味が分からないわ」

「数学で扱うスクエアールート（平方根）についてはご存知だと思いますが，念のためちょっと例を挙げておきましょう」イヴは地面にスケッチした．

$$\sqrt{4} = 2$$

「二重根号は実に魅力的な記号です．例を挙げましょう」

$$\sqrt{\sqrt{4}} = 1.414\ldots$$

「数学で美しさを競うコンテストをしたら，入れ子のルートを使った数式は優勝するでしょう．今度は，無限の入れ子のルートの例を挙げましょう」

$$\sqrt{2+\sqrt{2+\sqrt{2+\cdots}}}$$

ドロシーはうなずきながら「すごく魅力的な数式だわ」と言った.
「そうよ. 数年前, 友人に, 入れ子のルートを含む次の数式が人間に解けるかどうかを尋ねたことがあるのよ」イヴはそう言って式を書き, 周りを四角で囲んだ.

$$\sqrt{1+\heartsuit\sqrt{1+(\heartsuit+1)\sqrt{1+(\heartsuit+2)\cdots}}}=?$$

$\heartsuit$の値は何か？

「わぁ」ドロシーは畏敬の念で後ずさりした.
「あのう, そのハートマークは何ですか？」「ハートマークはクウァトゥオーデシリオン（10^{45}）を表します. 1の後に45個の0がつく値です」

$\heartsuit$ =1,000,000,000,000,000,000,000,000,000,000,000,000,000,000,000

オズ博士はうなずきながら言った.「そうじゃ.“クウァトゥオーデシリオン”はアメリカで10^{45}の正式な言い方じゃ. この名前の語源はラテン語のquattuordecimじゃ. これについてはウェブスター英国英語大辞典を調べるとよい. 10^{45}の大きさを実感できるかどうか分からないが, ちょっと具体例を言うと, 10^{45}は1パイント[1]の水の分子の個数（1.5×10^{25}）よりかなり多いが, 宇宙にある陽子や中性子の個数（10^{79}）よりはかなり少ない」

イヴは, オズ博士の口を手でふさぎ, 話し始めた.「わたくしが, 10^{45}に夢中になった頃, 10^{45}の雄大さを学生に適切に伝えるため, 同じくらいの大きな数の例がないか, あなたの地球をあちこち探し回りました. 氷河期数（10^{30}）は, 氷河期を形成するために必要な氷の結晶の個数. コニーアイランド数（10^{20}）は, コニーアイランド海岸にある砂粒の個数. また, 会話数（10^{16}）は, 有史以来, 人間が話した言語の個数です. 会話数には, 赤ちゃんの会話も含まれるし, ラブソングや会議の討論も含まれます. また, グーテンベルク聖書が出版されて以来, 印刷された言語の個数と会話数は大体同じです. インフレのピーク時に, ドイツで流通したお金の総数は, 496,585,346,000,000,000,000マルクです. この数はコニーアイランド海岸にある砂粒の個数に大体同じ. それから, 金属筒の中の酸素原子の個数はもっと多くて, 1,000,000,000,000,000,000,000,000個」

---

[1] ［訳注］液量単位（米）$0.47l$, （英）$0.57l$.

「イヴさん」ドロシーは言った.「あなた,実例が湧き泉のようにどんどん出て来るすばらしい人ね」

「ありがとう.もう少し例があるわ.1 分間に通常の白熱電球のフィラメントを通過する電子の個数は,1 世紀の間に,ナイアガラの滝の上を通る水滴の個数と等しいです.1 枚の葉の電子の個数は,世界中のすべての木のすべての葉の気孔の個数よりも多いです.それから,1 冊の本の原子の個数は,グーゴル(10^{100} つまり,1 の後に 0 が 100 個連なった数)より少ないです.ところで,テーブルの上にある 1 冊の本があなたの手のひらに跳んでくる確率は 0 ではありません——というのは,事実,統計力学の法則を用いると,そのような現象は,グーゴルプレックス($10^{10^{100}}$,10^{googol},1 の後に 0 がグーゴル個連なった数)年以内には,ほぼ確実に起こるからです」

ドロシーは微笑んで言った.「イヴ,あなた,すばらしい人だわ」

オズ博士は,イヴの口から溢れ出る言葉から逃げていた.たぶん,ドロシーがイヴを崇拝していることに,嫉妬したのだろう.

「四角で囲ったハート記号の入った式に話を戻しましょう」と言って,イヴは話し続けた.「その左辺の値を求めるようあなたたち人間に頼んでも,答えられないと感じました.計算機を使っても,使わなくてもね.ほとんどの人間が難しいと思うに違いないと思いました.入れ子のルートのふるまいは,格別に難しいのです.なぜなら,ルートを入れ子にすると,最初の例のように,値はだんだん小さくなりますが,一方で,ハートをルートにかけることにより値が大きくなります.土俵で力比べをする 2 人の力士を想像していただけたらと思います.お互いが納得できる解に,どのようにしてたどり着くのでしょうか? 考えてください」

「イヴさん,その式の値は分からないわ」

「これはあなたが解かなければならない問題よ.1 か月以内に,答えを持って来てくださいね」

難易度:★★★

54　不思議な観覧車

おれを自由にしてくれ．もっと加速して….

『スピード』ビリー・アイドル／著

2人は地下研究室にいた．「ちょっと思いついたことがある」と，オズ博士．「おもしろい観覧車を思いついた．その観覧車はサイズが異なる3つの車輪でできている．各車輪は異なる速さで回転し，乗客は一番小さい車輪に座る．一番小さい車輪は，二番目に大きい車輪に取り付けられていて，二番目に大きい車輪は，一番大きい車輪に取り付けられている」そう言って，オズ博士は黒板に観覧車の見取り図を描いた（図54.1）．

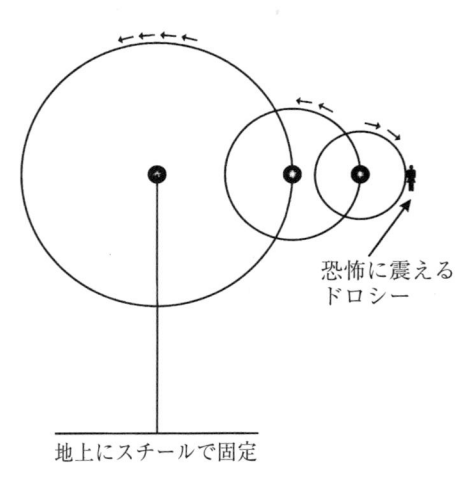

図 54.1　観覧車の見取り図

見取り図を見ながらドロシーはつぶやいた．「これに乗ったら，さぞかし目が回るんじゃないかしら」

オズ博士はうなずいた．「そうじゃな．さあ，研究室を出よう．びっくりするぞ」

2人は長いトンネルを通って，地球の表面まで旅をした．出て来た場所は波打つ小麦地帯だった．オズ博士は自分が作った機械を見て微笑んだ．「この機械は，わしが作った．最初の乗客は君だ」

ドロシーは，その巨大な金属製の奇妙な機械をじっと見ていた．「本当に安全な乗り物なの？」

「もちろん．さあ，椅子に座って．この観覧車が動いたとき，君の体が空中を通過する軌道，つまり，軌跡について考えてほしい．この実験で一番大きい車輪は，ゆっくりと反時計回りに回る．二番目に大きい車輪は一番大きい車輪の7倍の速さで反時計回りに回り，一番小さい車輪は一番大きい車輪の17倍の速さで時計回りに回る」「車輪のサイズは？」

「二番目に大きい車輪の半径は，一番大きい車輪の半径の半分じゃ．一番小さい車輪の半径は，一番大きい車輪の半径の3分の1じゃ」

観覧車に乗って1時間後，ドロシーは観覧車から降りた．顔にかかった髪を整えながらドロシーは言った．「病気になりそうだわ」回転している間中，叫び続けていたため，ドロシーの声はしわがれ声になっていた．

「そうじゃな．分かっておる」オズ博士は，図54.2のような絵が描かれた紙切れを取り上げた．「これは，さっき観覧車に乗って君が通過した軌道の略図だ．雪の結晶のように6つの対称性がある[1]．おもしろいと思わないかい？」

「不思議ね」

「ドロシー，一番小さい車輪に乗ったとき，どんな軌道を通過するのかもっと一般に知りたい．空中を通過する動きを計算するために，どんな方程式が導かれるだろうか？ この不思議な観覧車は，もっと別の対称な曲線を描くのだろうか？」

---

[1] [訳注] 図の真ん中を中心に60°, 120°, 180°, 240°回転することにより，それ自身に写される回転対称性と恒等的な対称性がある．

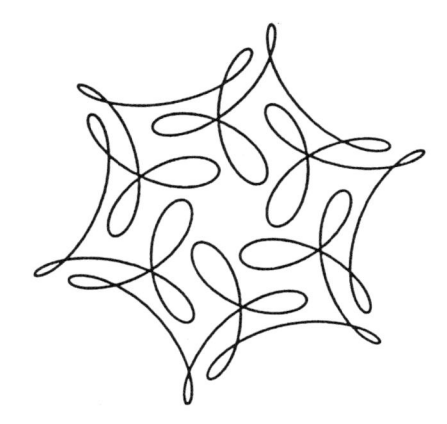

図 54.2 ドロシーの軌道（Frank Farris,"Wheels on Wheels on Wheels"より）

55 究極の紡錘

「こんにちは，おばあさん」と，皇女様が言った．「何をしているの？」
「糸を紡いでいるんですよ」と，おばあさんはうなずきながら答えた．
「その，おもしろそうにくるくる回っているものは，なんなの？」と，皇女様は言いながら，紡錘を手に取り，自分も糸を紡ごうとした．ところが，紡錘に触るやいなや，皇女様は紡錘で指を刺してしまったのだった．

『眠れる森の美女』ヤーコプ・グリム，ヴィルヘルム・グリム／著

ウィチカ郊外にあるトロコファーの軍事基地は，見渡す限りの大草原に座礁しているかのようだった．そこからオクラホマ州の境界線まで，1本の古びた鉄道が伸びている．左手には，飛行機の格納庫やいろいろな寸法の発射台があった．燃料タンクが古代のオベリスクのように地面から突き出ていた．

オズ博士は，奇妙な式が書かれたカードを握りしめ，ドロシーのところにやって来た．「今日は，xのx乗のグラフについて考えてみたい．それはおもしろい紡錘形を作り出す力がある」そう言うと，博士はドロシーにカードを渡した．

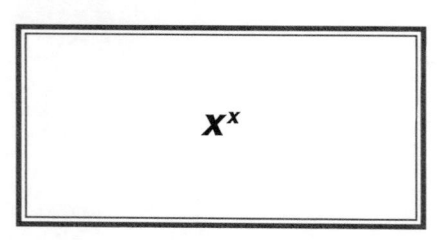

$$x^x$$

そうして，スクリーンを見た．そこには，図55.1が映されている．「御覧のように，xが0より大きな値のとき，このグラフは滑らかだ」

55 究極の紡錘

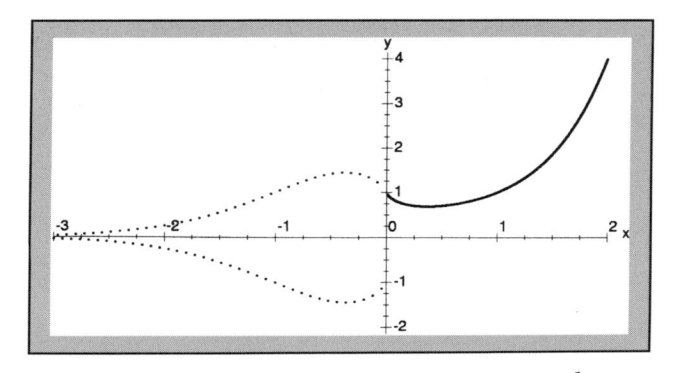

図 55.1 実数値 x, y に対するグラフ $y=x^x$. $x<0$ に対しては，$\frac{1}{25}$ の負の整数倍の点が図示されている（Mark D. Meyerson による図）．

「赤ちゃんのおしりのように滑らかだわ」と，ドロシーはそう言って，計算機に幾つかの数字を打ち込み，次のような値を出した．

x	x^x
1	1
2	4
3	27
4	256
5	3,125
6	46,656
7	823,543
8	16,777,216

急速に増加する x^x

「数がかなり速く大きくなるわ」と，ドロシー．「で，さっき，x が小さい数のときの曲線を見せてくれたけど，ちょっとそのままにして．**どうして，x が 0 より小さいとき，グラフはそんな変わった形をしているの？** どうして，そのグラフが紡錘形だというの？ 紡錘は 3 次元の物体よ」

オズ博士は，錆びた燃料タンクに触腕を打ち付けた．「それらの質問に答えられたら，君は自由だ」

難易度：★★★★

56　大草原の工芸品

宇宙空間はわたしを包み，一つの点のように飲み込む．考えることによってわたしが宇宙を包み込む．

『パンセ』（1670）ブレーズ・パスカル／著

ドロシーとオズ博士が人けのないカンザス草原を探険していると，奇妙な記号のある宇宙人の工芸品が見つかった．

宇宙人の工芸品

オズ博士は工芸品に軽く触れ，ニュースキャスター，ダン・ラザーの声を真似て話し始めた．「このような縦のペアが5組あります．次に示される5組の中から1組選び，全部で6組にして完成させてください」

「難しい問題だわ！」ドロシーは工芸品を見て言った．
「そうじゃ．もし答えられたら，伝説によると，透明人間になれる力を授けられる」

難易度：★★★

57 宇宙鳥のふん

　知能が高まると，苦しみに耐える能力が増大することを自然界は証明している．苦しみが最高点に達することは，最高の知能を持つことにすぎない．

『パレルカ―ウント―パラリポメナ』アルトゥル・ショーペンハウアー／著

　翼の長さが30フィートもある宇宙鳥が，ドロシーのところに飛んで来て，969個のエメラルド色のふんをした．そのきらめく分泌物に，ドロシーは喜んでいいのか喜んではいけないのか，分からなかった．

　宇宙鳥は飛んで行くのをためらっているようだ．そうこうしているうちに，宇宙鳥は，今度は486個のふんを落とし，しばらくしてまた，192個，そしてまたしばらくして，18個のふんを落とした．ふんが落ちるとき，大砲の爆発音と大鹿の鳴き声の中間のような音がした．だが，ドロシーがどのくらい頭がいいかを試しているのだろう．宇宙鳥は大きな黒い目で，ドロシーをじっと見つめている．**次に何個落とすかを予想してもらいたいようだ．急いで！** 次に何個落とすかをドロシーが5分以内に答えなければ，宇宙鳥は二酸化硫黄(いおうしゅう)臭のガスを放ってしまう．

難易度：★★

58 美しい正多角形分割

　我々が我々自身を見つめるなら，自分達の知性は，より低い形から起こったと断言しがちであることに気がつくだろう．すなわち，我々の心が，知性が後からついて来ることを教えてくれる．

—— W. ウィンウッド・リード

　一時キャンプ施設の有刺鉄線で囲まれた発射施設の隅に，金星から来た腔腸動物が住んでいた．この生物たちは，祈ったり，抗議をしたり，チラシを配ったりして時を過ごしていた．そのような彼らの光景は，ミツバチロボットからオズ博士の皮膚に映し出されていた．

　「気遣うな」と，オズ博士は言った．「地球はここのところ暑い物件だ．わしらは，地球よりもっと肥えた惑星を捜して，征服したほうがいいと，彼らに言い聞かせておる」

　ドロシーはため息をついた．「ありがとう．でも，あなたは地球を乗っ取ろうとしているんでしょ？」

　「ちょっと違うな．君たち地球人が自分たちが価値ある存在であることを示したら，乗っ取ったりはしない」

　「価値？人間の価値は，一人一人，知性があるかないかで判断されるんじゃなくて，むしろ，人間種族全体として，良識があるかないかで判断されるべきじゃないの？」

　「考えねばならん」博士はそう言って，ドロシーに正五角形の宝石類を手渡した．「見なさい．腔腸動物が大好きなメダルだ．すべて正五角形の形をしておる」

「きれいだわ」

「じゃが,これから,君には,一般に n 個の辺をもつ正多角形,すなわち,正 n 角形について考えてほしい」

「どういうこと? おもしろそうだわ」

「正 n 角形の対角線によって,内部にできる領域の個数を知りたい」

「簡単だわ.正方形だと,対角線で4つに分かれるわ」ドロシーはチョークを取り,正方形を対角線で4つに分けた.

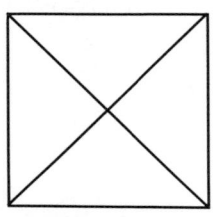

正方形を対角線で切る

「辺が少ない正多角形については,君の言うように,対角線で分けられる領域の個数を求めるのは簡単だ.実際,正三角形,正方形,正五角形などについては,表にある通りだ.値 $R(n)$ は正 n 角形が対角線で分けられる領域の個数じゃ」博士はスクリーンを持ち上げ,ドロシーに表を見せた.

名前	n	$R(n)$
正三角形	3	1
正方形	4	4
正五角形	5	11
正六角形	6	24
正七角形	7	50
正八角形	8	80
正九角形	9	154
正十角形	10	220

「わあ」ドロシーは言った.「n の値が大きくなると,分割された領域の個数が一気に増えるわ.正 10 角形では 220 個にもなるのね」

「それでは,ドロシー,問題じゃ.対角線がすべて描かれた正 30 角形をイメー

58 美しい正多角形分割

ジしなさい」スクリーンには図 58.1 が映っている.「君の使命は,それら,すべての対角線で分割される(狭い)領域が,どのくらいあるかをわしに教えることじゃ.更にもう1つ,任意の正多角形をすべての対角線で切ったとき,分割される領域の個数を求めるための公式を導くのじゃ」

図 58.1 正30角形を対角線で切る(Bjorn Poonen と Michael Rubinstein による図)

「ああ,神様.難しすぎる.そんなのできないわ」
　果たして,ドロシーは本当に解けないのだろうか? 人間には解けないのだろうか?

難易度:★★★★

59 宇宙からの叫び

　遠く離れた惑星には，植物や動物や知的生物もいる．知的生物は，我々と同じように，神々の偉大な崇拝者であり，神々の勤勉なオブザーバーである．

『宇宙観察者、あるいは惑星世界とその住人に関する推察』
クリスティアーン・ホイヘンス（17世紀のオランダの物理学者，
数学者，天文学者）／著

　真昼の太陽の光で，衛星アンテナが水銀のようにちらちら光っているのをドロシーは眺めている．
　これらの通信装置は，カンザスのいたるところに，まるで雑草のように広がっている．あたかも，オズ博士がカンザスを巨大通信都市にしようとしているかのようだった．
　「ドロシー，君が宇宙の文明にメッセージを伝えるとしたら，何をどのように伝えるかな？」
　「こんにちは．オズ博士をどこかへ連れて行って．そうすれば，エムおばさんのところに戻ることができるわ．ではどう？」
　「おかしなことを．1999年に，実際にあったことを教えよう．カナダの物理学者 Yvan Dutil と Stephane Dumas は，宇宙人の知性を求めて，あらかじめ考えていたメッセージを近くの星に向けて発信した．メッセージは，全部でおよそ400,000ビットの長さで，4つの選ばれた星に向けて3時間の間に3回発信された」
　「400,000ビットって，長いほうなの？」
　「このメッセージは，1974年11月16日にフランク博士によって，アレシボ

59 宇宙からの叫び

　天文台から送られたメッセージより，ビットの長さも，送信時間も長いし，届く範囲も長い．DutilとDumasは5GHzで送信する150kWの送信機を装備したウクライナの70mアンテナを使って，100光年以内の文明とやりとりしたいと思っていた．たとえ，比較的地球から遠いところの文明がこれらの情報をすべて得られなくても，少なくとも，これらが，人工的な信号であることは識別できるはずだ．メッセージの最後のページには，メッセージを読んだ者に返事をしてほしいとある」

　オズ博士は，トトに犬のビスケットを投げて，ドロシーのほうを向いた．「わしは新しい問題の準備をしておる」しばらくしてまた話し始めた．「DutilとDumasのメッセージは，星から星への移動中，信号に侵入したノイズによる情報損失を最小限にするために作られた．正確に伝えるため，特別な文字には，そうでない文字との違いをつけた．各ページの周りのフレームと同じくらい余分な情報が，受信能力の機会や暗号解読の機会を増やすために書かれている．メッセージを受け取った生物に関心を持ってもらうため，各ページの先頭には，さまざまな記号が導入されていた」

　オズ博士は記号が書かれた2枚のカード（図59.1, 59.2）をドロシーに渡した．

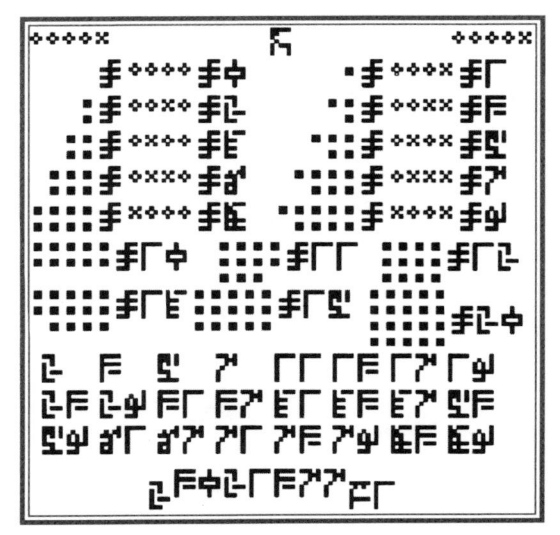

図59.1　宇宙へのメッセージ．何を意味するのだろう？
（Yvan DutillとStephane Dumasによる）

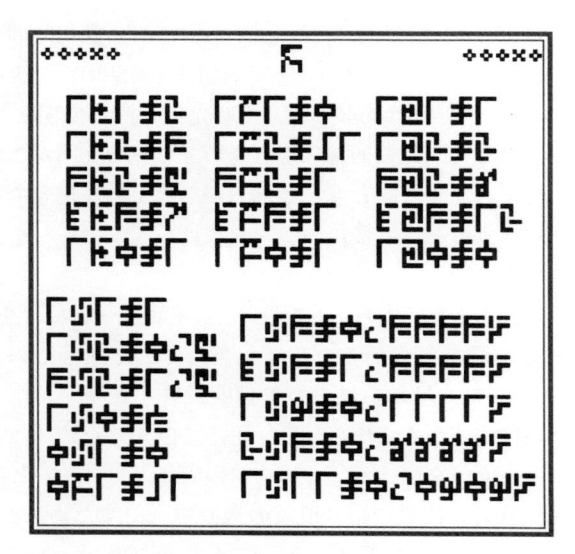

図 59.2 宇宙へのメッセージ．何を意味するのだろう？
（Yvan Dutil と Stephane Dumas による）

「ドロシー，このカードの意味を 1 か月で解読しなさい．そして，見つけたことをトロコファーの評議会で発表しなさい．メッセージの意味が分かったら，今カンザスにある我々の軍事基地をニュージャージー州に移動させよう．カンザスは再び，自由になる」

難易度：★★★

60　騎士を動かそう

　たくさんの人々がチェスマスターになった．だが，だれもチェスの本当の達人にはなっていない．

——ジークベルト・タラッシュ

　小川に沿った小道を歩いている 2 人は，原っぱを通りすぎ，やがて，森林地帯に入った．
　ドロシーは空を見上げた．「見て．赤いしっぽのタカよ」
　オズ博士はうなずいた．「聞こえるぞ．七面鳥とシカの声」
　2 人が森に近づくと，プレックスがにこにこしながら，ニレの木とヒマラヤ杉の間から出て来た．プレックスは次のように書かれた看板を運んでいる．

> この小道は，日の出から日の入りまで通ることができます．
> バイク，ローラースケート，スケートボードで通ってはいけません．
> 犬はロープでつないでください．
> 小道をきれいに保つよう，ご協力をお願いします．

　「先生」と，プレックスは言った．「これ，家族へのお土産にします」
　オズ博士はうなずいた．「いいねー．だが，そんなことより，注目しなさい！ドロシーに新しい問題だ」
　オズ博士は，数が書かれている別の看板を出してきて，ドロシーとプレック

スに見せた．「チェス駒の騎士を一番左上のます目2からチェスのルールで動かし，騎士が置かれる各ます目の数をどんどん足していく（最初の左上のます目の2も足す）．ただし，同じます目を2度通ってはいけない．総和が18でちょうどプレックスの所にたどり着く道を見つけよ」

2	3	3	2	1	4
1	2	3	7	2	3
3	2	1	1	3	7
1	1	3	2	3	4
2	2	4	3	4	2
7	4	☠	3	2	3

プレックスのところまで行こう！

ドロシーは看板を見ながら言った．「チェスのルールだから，スタート地点からは，下に2つ，右に1つ跳んで2に行けるか，あるいは，右に2つ，下に1つ跳んで，3に行けるって事？」

「そうじゃ．だが，この問題は，総和が18でプレックスのところに行かねばならん．1時間で答えなさい．健闘を祈る」

難易度：★★★

61 球　　面

　自動車の技術がコンピュータの技術と同じくらい発達していたら，ロールスロイスは超音速で，しかも，ただ同然で走っているだろう．

『パラドックス大全』ウィリアム・パウンドストーン／著

　「ドロシー，カンザスの大草原には150種類以上の野草と300種類以上の野花があるのをご存知か？」オズ博士は数本の雑草をむしり取った．「見なさい！　ウシ草，インド草，それに，キビの草じゃ」
　「いったいどういうつもりで草についてなんか話し始めるの？　だったら，わたしを自由にして」そのとき，突然，空からプレックスが舞い降りてきて，球状の巨大宇宙船を草原に設置した．

球状の宇宙船

　オズ博士は巨大宇宙船に歩み寄った．「プレックスの宇宙船の表面積と体積はどちらも(4桁の整数)×πだ．宇宙船には空気しか含まれていないとしよう．空気以外は入っていないから，体積は通常の$(4/3)\pi r^3$だ．このとき，**この宇宙船の半径 r を求めよ**．ただし，長さの単位はフィートじゃ．この問題が解けたら，ドロシー，君にこの宇宙船をプレゼントしよう．そうすれば，宇宙を旅することができるし，わしからも自由の身じゃ」

難易度：★★

62 ポタワタミ族の標的

　数理物理学の方程式を解く限り，そして，明日何が起こるのか今日の我々に教えてくれる予言者の道具である限り，計算機は，未来を作るため時間を折りたたむ．

　　　　『デカルトの夢』フィリップ・デービス，ルーベン・ヘルシュ／著

　「ドロシー，今日，わしらはカンザス州にあるポタワタミ族インディアンのためのミッション・スクールを訪れておる．この建物は 1850 年初めに完成し，およそ 90 人のアメリカ先住民の子供たちが収容されておった．子供たちは，ここで，読み書き，針仕事そしてかじ屋の仕事のような基本的技術を教えられたのじゃ」
　「で，どうして，わたしにそんなことを教えるの？　オズ博士」
　「アメリカ先住民は弓矢を使う名人じゃ」そう言って，博士はドロシーに弓と矢を手渡し，壁に掛けられた的を指さした．「**4 回，異なる数に当てなさい．命中した数の総和がちょうど 150 になるようにだ**」

10	111	33	113
43	13	54	12
16	87	93	79
49	89	108	27

オズ博士の的

難易度：★★

63　スライド

　レオナルド・ダ・ヴィンチの名前は，芸術家が「優れた芸術家だけが優れた技術者になれる」ことを言うとき，引き合いに出され，技術者が「優れた技術者だけが優れた芸術家になれる」ことを言うとき，引き合いに出される．

『*East Village Other*』Alex Gross／著

　「ドロシーに伝える．プレックスやプレックス・クローンたちが，次のパズル会場に集まっている．3匹のプレックス・クローンを上か下か左か右にそれぞれスライドさせて，各行と各列にちょうど3匹のプレックス・クローンがいるようにしなさい」

　ドロシーは草原を歩いてパズル会場まで行き，プレックス・クローンの不思議な配列を調べ始めた．
　「このパズルが解けたら，何かもらえるの？」

「クリフォード・ピックオーバーの新しい本『*Dreaming The Future: The Fantastic Story of Prediction*』を買ってあげよう」
「やったあ」
「20分で解くのじゃ」

難易度：☆

64　交　換

　我々は大きなクエスチョンマークの影の下に住んでいる．我々はだれだろう？　どこから来たのか？　どこへ行くのだろう？　ゆっくりであるけれども，粘り強い精神で，このマークを遠く離れた線に向かって，地平線の向こうへ遠く遠く押し続けた．そこで答えを見つけることを願って．しかし，我々はあまり遠くへは行っていないようだ．

　　　　　『人類物語』ヘンドリック・ウイレム・ヴァン・ルーン／著

　「あら，まあ」と，ドロシーはささやいた．「い，いっぱいいるわ」
　地下室には，眠っている宇宙人が大勢いた．宇宙人はみんな仮死状態のようだ．顔は呼吸マスクで部分的に覆われている．マスクは，へびのように動くチューブがついていて，チューブは壁の穴につながっている．彼らの弱々しい腕は，点滅するモニターにかけられていて，モニターの周辺は，ケーブルや計測器で迷路のようになっている．
　ドロシーたちに一番近いところにいる宇宙人は，皮膚の色が骨より白く，漂白されているようだった．まるで，死んでいるように壁にもたれかかり，昆虫のような頭は，ワイヤーやテープでできた大きなターバンで覆われていた．厚みのある琥珀色のチューブが口の中に入っていて，細い針が右前腕にテーピングされている．生きている証拠は，その機械が点滅していることだけである——機械は，おそらく，その宇宙人達が睡眠状態で生き続けるためのものか，あるいは，静かにし続けるためのものであろう．
　「ドロシー，我々はここにいる宇宙人たちがどこから来たのか知らない．じゃが見なさい．一人，問題を持っておる．ドロシー，その問題が解けたら，宇宙

人たちの目的が理解できるだろうと、わしは信じておる」

問題は次のように書かれている．**各行，各列，対角線の数の総和がどれも同じ数になるよう，2つの数を2組交換しなさい**（例えば，16と7を交換する．しかし，これは正しい答えにはならない）

16	3	2	13
5	10	11	8
12	6	7	9
4	14	15	1

難易度：☀☀

65　三角形分割

アポロ計画は，形は違うが，基本的には「冷たい戦争」であると考えられる．当時，我々アメリカ国民は，ソビエト国民と戦っていて，アメリカ大統領からの命令を成し遂げようとしていた．したがって，ロマンチックな探険旅行では決してなかった．

——フランク・ボーマン（初の有人月周回飛行を遂げたアポロ8号の宇宙飛行士）

オズ博士は，ニューヨークで開かれているニューヨーク科学学院主催の会議に招待され，そこで講演していた．地球外文明探索計画を企画するグループであるSETI研究所により資金が提供されている．聴衆者の中には，科学者やUFO通，テレビスター，映画スターがいる．

イカのような本当の姿が覆い隠されていたため，出席者は，てっきり，博士がアルマーニのスーツを着た人間であり，たまたま，娘のドロシーそしてペットと一緒に来ているのだと思っている．観客は静まりかえっていた．博士に図のような鈍角（90°より大きい角）の三角形を見せられたからである（図65.1）．ちなみに図の三角形で，一番上の角が鈍角である．

「皆さん，地球外生命の知能を測る問題だ．**この三角形を鋭角三角形（鋭角**

図65.1　鈍角三角形

三角形とは，3つの角がすべて鋭角，すなわち，90°より小さい角をもつ三角形）で分割せよ」

　ルーシー・リュウ，ドルー・バリモア，キャメロン・ディアス——映画『チャーリーズ・エンジェル』に出演した女優——がマイクの所までやって来て尋ねた．「先生，直角三角形は鋭角三角形ですか？」

「違う．直角三角形は，鋭角三角形でも，鈍角三角形でもない」

　まず，ドルーとキャメロンが，ウェブ画面に電気ペンで分割を描いて見せたが，残念ながら答えは正しくなかった（図65.2）．キャメロンは嘆いた．

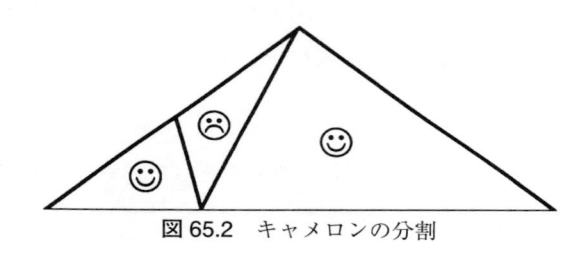

図65.2　キャメロンの分割

　オズ博士は，キャメロンの描いた鋭角三角形に笑顔を，そして，鈍角三角形にしかめっ面を描いた．「キャメロン，よくやった．2つは鋭角三角形だから良いのじゃが，真ん中の三角形は，よく見ると鈍角三角形じゃ．だから，その鈍角三角形を分割して，内角がすべて鋭角となる三角形だけにしなければならん」

　その時だった．突然，ドロシーの腕の中からトトが飛び出し，博士の変装装置の端あたりをしっかりとくわえたのだった．オズ博士はそのことに全く気づかなかった．そして，すばやく博士のマントをぐいと引っ張ったのだった．そうして，ついに，オズ博士の本当の姿がトロコファーであることが暴露されてしまった．宇宙人に会いたいとずっと思っていた科学者たちでさえ，あまりにも唐突であるがゆえ，どうしてよいか分からずそそくさと退散してしまった——何人かは，アルコール濃度の高いお酒を飲んでいたが．

　大混乱の中，オズ博士は，ドアに押しつぶされそうになっているカンザスの少女を見つけた．博士は触腕をうまく伸ばして，ドロシーとトトを床から持ち上げ，落とさないようしっかりとくるんで博士のそばに運んだ．

難易度：★★★★

66 暗号

他のどんな研究をするよりも，数学の研究をすることで人間の心はより神に近づく．

——ヘルマン・ワイル（1885-1955）

　トロコファーが人間に混ざって生活していることを，地球の人々が悟り始めたため，地球の科学者の多くは，研究に必要な資金を獲得するのが難しくなりつつあった．オズ博士の登場で，政府や政治家は，人類が博士の優れた能力に接する機会が与えられると考えた．地球の科学者は，高額なお金をつぎ込んでまで，トロコファーによってすでに十分知り尽くされた領域を研究すべきだろうか？

　オズ博士は，地球の科学者たちに研究資金を提供することを約束した．科学者たちに，トロコファーの特許の内容を勉強させるのだ．ただし，次のパズルを2分以内で解ける人を探すことができればの話である．

次の表のマーク '?' を数字で置き換えなさい．

2	0	0	0	0	1
1	4	0	0	1	0
2	0	1	1	5	0
3	1	0	3	2	3
0	1	1	0	?	0

難易度：★★

67 逆魔方陣

　数学の大きな業績は今世紀後半に多くなされ，前世紀までになされた業績の数よりずっと多い．

　　　　　『20世紀を動かした五つの大定理』ジョン・キャスティ／著

　「オズ博士，地球上の人々はみんな，あなたの存在を知ってるわ．逃げる所も，隠れる所も，もうどこにもないわよ．これ以上，わたしを捕虜にし続けることはできないわ」

　オズ博士はうなずいた．「知っておる，ドロシー．では，14日以内に自由になるというのはどうかな？　君の知能が高いということは証明された」

　「いいわよ」と，ドロシーは言った．「知っていると思うけど，あなたたち宇宙人が地球で暮しているというニュースに対して，国際連合は，今，どのように記者会見をしたらよいか議論しているところよ．国際連合は，若い人たちにウェブチャットやニュース，そして，MTVで，今回の騒動を静めるための話をしようとしているわ．政府は混乱を招きたくないのよ」

　「よし，仕事に戻ろう．ここに今日のパズルがある．君を自由にするからといって，君の知能を測るのを止めるという訳ではない」博士は少ししてから，また話し始めた．「この問題は，今週，MTVを観ている10代の若者向けに出された問題じゃ．1から9までの数を各ます目に1つ入れ，縦の列，横の行，対角線の数の総和がすべて異なる数になるようにしなさい」

　オズ博士は，ドロシーにます目が書かれたカードを渡した．

67 逆魔方陣

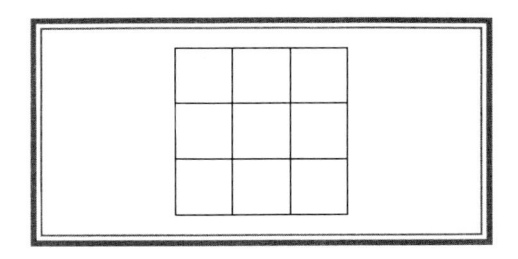

ドロシーはます目をなぞりながら言った.「以前にやった魔方陣と似ているわね. その問題は, 縦の列, 横の列, 対角線の数の総和をすべて同じ数にする問題だったけど, 今度は, その逆の問題ね」

オズ博士はうなずいた.「そうだ. さあ, 問題に取りかかるのじゃ!」

難易度: ★★

68 挿　　入

　仕事中の数学者を見ると，知性的な傍観者はこう結論づけるかもしれない．彼らはへんてこな宗教に凝っていて，宇宙の難解な問題の手がかりを追求しているのだと．

　　　　　　　　　　『数学的経験』P. デービス，R. ヘルシュ／著

　オズ博士とドロシーは，鍾乳洞の石筍(せきじゅん)で湿った迷路のような道を歩いている．まるで虫が掘ったトンネルのようにくねくねと曲がっている．
　「危ない！」オズ博士は叫んだ．
　ドロシーは深さのはっきりしない，じょうごのような穴に誤って足を滑らせてしまった．オズ博士は触腕を伸ばし，ドロシーをつかんだ．
　「だめだわ」と，ドロシーは叫んだ．「博士も道連れにしてしまう」
　「いや，大丈夫だ」と，博士は大声で叫んだ．「さあ，わしの触腕をしっかり持つのじゃ」博士の声は幽霊の叫び声のように，洞穴じゅうにこだました．ドロシーをつかもうと触腕を伸ばしたとき，博士の新しく仕立て直したアルマーニのスーツは，とがった水晶にひっかかって破れてしまった．
　「わたしは大丈夫よ」と，ドロシーは博士の触腕をつかみながら答えた．そうして，ようやく，ドロシーは穴からゆっくりとなんとかして上がってこられた．彼女の体は震えている．「狭かったわ」と，ドロシーは言った．
　「ドロシー，わしが感情的に弱くなっていると思ったら大間違いだぞ．君を助けたのは，ただ純粋に同情からではない．次のテストをしたいため，君に生きていてほしかったからだ」
　「信じられない！」

「本当だ」そう言って，博士は 1 枚のカードを取り出し，ドロシーに渡した．
「**左辺の各数の間に** +，－，×，÷ **やかっこを入れて右辺と等しくなるように
せよ**」

$$8\ 7\ 6\ 5\ 4\ 3\ 2\ 1 = 36$$

博士は続けた．「例えば，左辺を $(87-(65\times 4))\div 321$ とすることもできる．
もちろんこれは 36 にならないから，間違っているが．さあ，1 時間で解くの
じゃ」

難易度：★

69 消えた風景

　宇宙の中に何かデザインがあることについては全く疑問はない．問題は，このデザインが外から押し付けられたものなのか，はたまた，宇宙を統治する物理法則の中に本来備わっているものかどうかである．次に考える問題は，もちろん，だれが，あるいは，何が，これら物理法則をつくったかである．

—— Ralph Estling, *Skeptical Inquirer*

　ドロシーとオズ博士はカンザス州からオクラホマ州，そして，アーカンサス州へとアメリカ合衆国中西部横断の旅をしている．ここのところ2人は，歯ブラシ，自己浄化式素材の上着2枚，下着セット数枚だけを持って身軽に旅をしていた．必要なものはスクリーンだけであった．それは，ドロシーに試験を出すためのものであり，また，人間とトロコファーが共存する実際のアメリカに絶えず移動するためのものであった．

　「ドロシー，次の問題だ」そう言って，博士はスクリーンに風景の列を示した．「**図の中で消えた風景は何か？**」

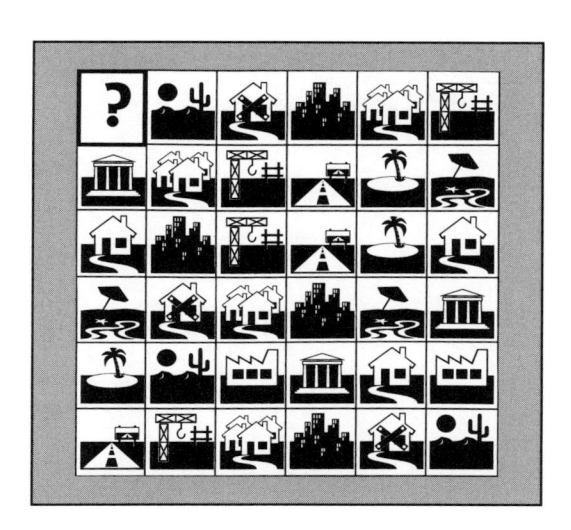

69 消えた風景

難易度：★★★

70 画面を選ぶ

数学を知らない人々にとって，自然の美しさ（最も深い美しさ）…などを実感することは難しいだろう．もしあなたが自然について学びたい，そして，感謝したいなら，自然が話す言葉を理解しなければならないだろう．

『物理法則はいかにして発見されたか』リチャード・ファインマン／著

「ドロシー」オズ博士は話し始めた．「10 か所のウェブページをでたらめに開いてほしい．各ページには単語が掲載されている．例えば，あるページには 15 個の単語があるかもしれない．別のページには，数千個の単語があるかもしれない．各サイトを見て，そのサイトに一番多くの単語が載っていると思ったら，そのページで止まってほしい．既に開いてしまったページより前に開いたページをさかのぼって選ぶことはできない．もし 10 か所のサイトをすべて開いてしまったら，そのときは，最後のページを選んだことになる．一度，ページを選んだら，どの画面もでたらめに見ることができる．単語数が同じページはないとする」

ドロシーは，試しに，ウェブページをでたらめに選んでみた．ドロシーが選んだページは，たまたま，www.pickover.com で，そのページには，1,000 個の単語があった．

単語数の最も多いページを選ぶために，一番よい戦略はどんなものか？ どんなタイミングで「博士，このページです」と言うべきか？ この方法で，ドロシーが単語数の最も多いページを選ぶ確率は幾らで，それはどのようにして求まるだろうか？

難易度：★★★

71 動物を選ぶ

　神はスズメの落下をせっせと数えている存在だろうと考える人々もいれば，宇宙を記述する物理法則と本質的には同じだろうと考える人々——例えば，バールーフ・スピノザやアルバート・アインシュタインのような人——もいる．

『サイエンス・アドベンチャー』カール・セーガン／著

　「カンザス大学へようこそ」と，オズ博士は言った．
　辺り一面には，赤色やだいだい色の建物が立ち並び，建物の側面には数字が記されている．「わたしが覚えている風景と違うわ」
　建物は数マイルにわたり，草原のあちらこちらに散在していた．大学の周りには，ファーストフード店が果てしなく立ち並んでいた．おかしなことに，店は哺乳動物で満席状態だった．動物の多くは象だった．
　「ドロシー，君の世界を新しい，そして，美しいものに変えている．大丈夫じゃ．気に入るはず．動物を見ていて，また新しい問題がひらめいた」そう言って，博士は曲がったスクリーンに8つの図を映した．各図には3頭の動物がいる．

「図の一番右下の '?' の欄に何かを入れるとしたら何がよいか，次の9個の中から1つ選びなさい」

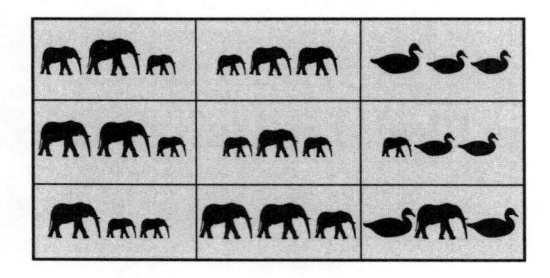

オズ博士は，ドロシーに近づいて言った．「この9つの図の中から選びなさい．選んだ理由も述べなさい」

難易度：★★

72 天王星のポキポキ男

宇宙の正体を知りたければ，我々は有利な立場にある．なんとなれば，我々自身が宇宙の一部であり，我々の内部に答えを持っているからだ．

『*The Single Heart Field Theory*』Jacques Boivin ／著

「ドロシー，天王星からやって来たポキポキ男を紹介しよう．わしらには決して聞こえないメロディーに合わせて踊りながら日々を過ごしている連中だ．彼らの住まいの温度は，空調機で管理されていて，肌寒い温度の華氏40°に設定されている」ドロシーはトトを抱いて震えた．

「ポキポキ男たちは8つの部屋にいる．各部屋には1人以上のポキポキ男がいる」

「一番右下の部屋に金属製のマーク'?'を垂直に立てた．次の3つのグループの中から1つのグループを選び，'?'の部屋に入れなさい」

ドロシーはどのグループを選ぶべきだろうか？

難易度：★★

73 脳りょうの刺激

隠れてる調和は，隠れていない調和より優れている．

——ヘラクレイトス（紀元前 540-480）

ドロシーは椅子に縛られ、電気針で脳りょうに施術を受けていた．ドロシーの視覚領域に連続的な画像が浮かんでくるようにするためだ．

「ドロシー，脳の視覚皮質を刺激すると，いろんな図を見ることができる．手の配列が見えるか？　問題だ．'?'に正しい手のマークを入れなさい」

難易度：★★

74 許しの配列

実に，神は人間に初めからすべてのものを見せてくれるわけでは決してなかった．しかし，長く捜索することによって人間は発見に発見を重ねるのである．

——コロポーンのクセノパネス（紀元前 560-478）

ドロシーは，高さがおよそ 12 フィートの金で作られたオベリスクを見上げていた．黄色い，もつれたつたが，幾つかの穴から地面まで伝っている．オベリスクの側面には，数の配列が次のように並んでいた．

1 0	0 1	2 2	1 2	4 2
2 1	1 3	0 2	2 2	0 2

「ドロシー，それらを許しの配列という．**許しの配列の右端に次の配列のなかから 1 つ選んで加えるとすると，どの配列がよいか？** 正解したトロコファーはすべての罪を許される」

2 2	3 1	2 2	3 2	0 0
1 3	2 3	1 2	0 2	0 0

「ドロシー，選ぶのじゃ」

難易度：★★

163

75 トロコファーの誘拐

純粋数学者は，音楽家のように秩序ある美しい世界を自由自在に創造する．

『西洋哲学史』バートランド・ラッセル／著

オズ博士は宇宙に動物園を作るため，地球から動物を連れ去ろうとしている．今回，宇宙船内には，バイソン（野牛）のペアが5組，象のペアが4組，縞馬のペアが2組いる（ペアはオスとメスのペアである）．

バイソンと象と縞馬

外部空間の巨大な舟にたどり着くと，博士は宇宙船のふたを開け，動物を1頭ずつ，別々のかごに落とした．後になってから，オズ博士は，かごに同じ種類の動物をオスとメスのペアで入れたらよかったと後悔した．照明システムがうまく機能していないため——以前，数頭のキリンが，かごに落とされる前に周辺を照らす白熱球をかじって，食べてしまったため，十分な明かりがなかった——動物を見分けられなかったのだ．同じ種類の2頭の動物をかごに確実に入れるためには，少なくとも何頭落とさなければならないか？ 同じ種類のオスとメスをかごに確実に入れるためには，少なくとも何頭の動物を落とさなければならないか？

難易度：★

76 ミズリー州の瞑想ピラミッド

整数どうしの奥深い関係より美しいものは存在しうるだろうか？ より劣る同胞（実数や複素数など）の頭上を純粋な考えや美しさの点で，なんと高級な位置を占めているのだろう．

『*Number Theory in Science and Communication*』マンフレッド・シュレーダー／著

2人はミズリー州にいる．見渡す限りに，ガラスや銅，そして，スチール製のピラミッドが建っている．何千棟ものピラミッドがゆっくりといろいろな速度で回転し，不気味なすすり泣くような音を出している．ちょうど風が深い洞穴を吹き抜けるような音だ．

「博士，ミズリー州に何をしたの？」

「これらのピラミッドは，わしの好きなパズルの1つに忠誠を誓った．その証拠に，どのピラミッドにも同じ数の列が見てとれる．トロコファーの哲学者たちが，ときおり，何世紀も解かれていない未解決問題を解くため，これらのピラミッドの中で瞑想しておる」

ドロシーはピラミッドに近寄ってみた．そうして，その数をよおく見た．

1 1 2 3 3 4 4 5 7

「ドロシー，これらの数字を使って，$\frac{1}{11}$に等しい分数を作りなさい」

「$\frac{33211}{5744}$のように作ればいいの？」

「そうだ．だが，$\frac{33211}{5744}$は，$\frac{1}{11}$ではないぞ．今から5時間以内にその分数を作りなさい．さもないと，ミシシッピ州，カンザス州，そして，アラバマ州にも同じようにピラミッドを埋め込むつもりじゃ．君たち地球人がいいと思うよう

な事は何も起こらないだろう」

難易度：✲✲

77 数学の花びら

> 宇宙が心で思うものがあるとしても，何を思っているのか分からないが，我々が心で思うものとは全く異なるものであることには違いない．だが，我々人間が心で思うものは，ほとんどの人が同じようなものだと考えられる．
>
> —— Ralph Estling, *Skeptical Inquirer*

「わあ」と，ドロシーは叫んだ．「すごい！」ルイジアナ州ニューオリンズ近郊で，沼地に聳え立つ巨大な花の形をした建物を見て言った．各花びらには，次のような数や記号が刻まれている．

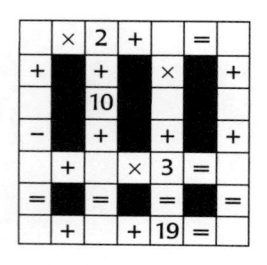

	×	2	+		=	
+	■	+	■	×	■	+
		10				
−	■	+	■	+	■	+
		+	×	3	=	
=	■	=	■	=	■	=
		+		+	19	=

「花は毎朝開き，毎夜閉じる．トロコファーが花の中によじ登って，**空欄に数を入れなければならない．左から右，上から下に見て，数学記号が正しくなるようにだ．** 夕暮れまでに解けなければ，花びらが閉じてしまい，閉じ込められてしまう．ドロシー，このパズル，君に出来るかな？」

難易度：★★

78　血　と　水

　この世の基礎となる原理が数学的な形で表されるという確信は，自然科学のまさしく根底にある．この確信が自然科学のあまりにも奥深くの分野まで浸透したことにより，ある分野ではこの確信を真に理解されるために，数学の分野に投げ込まなければならなくなった．

『神の心』ポール・デイヴィス／著

　オズ博士はテーブルに2つの金のゴブレットを置いた．「ドロシー，片方のゴブレットには血液，もう片方のゴブレットには水が入っている．どちらも同じ容積だ」

血　水

　博士は水のゴブレットからスプーン1杯の水を血のゴブレットに移し，混ぜた．その後，血のゴブレットからスプーン1杯の液体を取り，水のゴブレットに混ぜた．

　「**どちらのゴブレットに，より多くの他の液体が入っているか？**　分かったら，君を自由にしてやろう．さて，水のゴブレットに入った血は，血のゴブレットに入った水より多いだろうか？」

難易度：🕷🕷

79 洞窟問題

　石器時代に，たとえ，あなたが生物学者で，DNA という生命の設計図を持っていたとしても，文明の起こりやその後の発展について予言することができたであろうか？　モーツァルト，アインシュタイン，パルテノン神殿，新約聖書が生まれることを予言できたであろうか？

　　　　『エイジレス革命――永遠の若さを生きる』ディーパック・チョプラ／著

　オズ博士とドロシーは，テネシー州西部の洞窟にいる．静かに歩いて行くと，目の前に奇妙な凍りつくような世界が現れた．なんと，洞窟の壁にもたれかかるように積み重なったやせ衰えた睡眠状態の動物がいたのだ．
　「まあ」ドロシーはささやいた．「プ，プ，プードルよ」
　どのプードルも仮死状態のように見える．鼻口部はアルミホイルで覆われている．後ろ脚には大きな金属製の板がつけられている．
　オズ博士はうなずきながら言った．「プードルと人間の混血じゃ．我々は，彼らを一緒に育てている．そして，将来ただ 1 つの問題を解くことに集中してもらう予定だ．その問題は我々哲学者が何十年もの間，改良に改良を重ねたものだ．問題を見なさい」オズ博士は壁のポスターを指さした．

79 洞窟問題

4	2	28	15	89
1	3	40	70	35
8	7	18	30	46
5	6	48	27	42

「数の間の隠された関係により，灰色の部屋のうちの1部屋は白色の部屋でなければならない．また，白色の部屋のうちの1部屋は灰色の部屋でなければならない．どの部屋を変えればよいか？」

難易度：☆

80 三つ組を見つけよう

　未来は多様な可能性が織りなす織物である．その幾つかは次第に起こりそうであり，必然的なものは数少ない．しかし，ばらばらな別々の縦糸と横糸が織り込まれることで思いがけないことが起こる．

『魔女の刻(とき)』アン・ライス／著

「で，その5匹のプードルは何をしているの？」と，ドロシーは尋ねた．
　ドロシーとオズ博士に一番近い場所にいる1匹のプードルは，脳を調べる装置とつながっていた．そのプードルは，ほとんど死んだような状態で，ならの木の根元で横になっていた．プードルが生きているという証拠は，大きなコンピュータのキーボードを左脚でとぎれることのなくたたいていることだけだった．
　「ここにいる魔法をかけられた動物たちは，次のような問題を考えておる．壁にある3つの記号のグループを見なさい．ただし，骨はセットで1つの記号と考える」

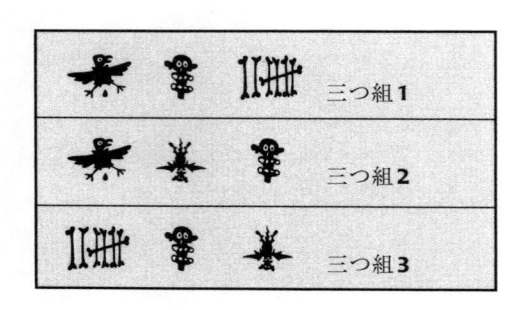

80 三つ組を見つけよう

「ドロシー,プードルたちは上の仲間であるものを次の中から1つ選ばなければならん」

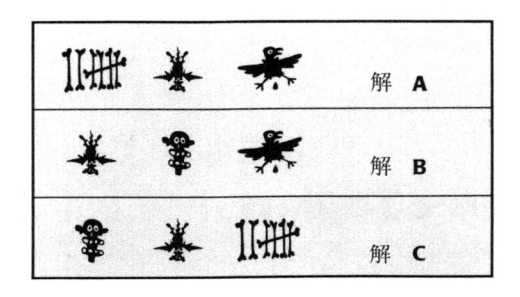

〔柵〕	〔蜂〕	〔鳥〕	解 A
〔蜂〕	〔蛇〕	〔鳥〕	解 B
〔人〕	〔蜂〕	〔柵〕	解 C

「プードルが解答するのを助けられるか? 君の答えが正しいことの証拠は何か?」

難易度:★

81 Oos と Oob の戦略

　SFは，科学と同様，組織化されたシステムである．宇宙を完全に説明しようとする点でSFは多くの人々にとって，現代の宗教の役割を果たしている．SFは皆に問いかける——我々人間はどこから来たか？　なぜここにいるのか？　ここからどこに向かうのか？——このような問いに答えるべく宗教は存在する．そのようなわけで「宗教的な」SFという言い方は言語的に矛盾する．「宗教についての」SFという言い方は普通だけれども．

　　　　『*The New Encyclopedia of Science Fiction*』ジェイムズ・ガン／著

　ドロシーはオズ博士とプレックスと一緒にいた．左側には，蛍光灯に照らされた透明なガラス製の孵化器があり，その中に小さな生き物が横たわっていた．長さが1フィートあるいは，2フィート程であろうか．おそらく，その生き物は胎児——肺呼吸をする生き物——であろう．目はシールで閉じられている．ひょろ長い腕と普通では考えられない巨大な頭をしているので，医学的には奇形と呼ばれるような人間の赤ちゃんのようだと，ドロシーは思った．どうしてこのように生き続けられるのだろう？　大人の人間になる前の段階であろうか？

　「ドロシー，これらの宇宙人は難しい問題を考えておる．その問題を君に教えよう」そう言って，オズ博士は2種類のぞっとするような，くねりながら動く生き物 Oos と Oob とを大きなつぼに入れた．

81 Oos と Oob の戦略

Oos　Oob

「ドロシー，これから不透明なフラスコに1匹のOosと1匹のOobを入れる．君は見ないでそのフラスコから1匹の生き物を取り出さねばならない．もし取り出した生き物がOosなら，トトを仮死状態にする．この先30年間，君はトトに会うことはできない．もしOobなら，ドロシー，君を自由にしよう．生き物を取り出した後，その生き物を逃がしてはならん．さもないと，すばしこいから，いなくなってしまうか，あるいは，いても捕まえられない」

「オズ博士，こんなとんでもない場所にわたしを連れてこないで．わたしにテストをしたいのは分かるけど，ちょっとばかげているわ」

「君は偉大なる力をもつオズに挑戦したいとは思わぬか？」博士はしゃがんで2匹の生き物をとり，フラスコに入れた．だが，ドロシーは気づいてしまった．博士がごまかして，2匹のOosをフラスコに入れるのを．ドロシーは叫んだ．「詐欺師だわ！」しかしながら，このことで，誠実なプレックスの目の前で，オズ博士は面目丸つぶれになってしまった．結果，オズ博士は怒り心頭し，トトにまで危害が加わるほどであった．**今やフラスコには2匹のOosが入っていることを知ってしまったドロシーであるが，ドロシーは，どのようにしてこの危機を乗り切ることができるだろうか？** そして，トトの運命は？

難易度：

82 かぶら数学

永遠には生きられないことを頭では分かっていながら，人間は未来の不死の世界を論理的に説明する．

——フィリップ・ホセ・ファーマー

　まるで魔法で生き返ったように，宇宙人の胎児たちの小さな細い腕が曲がり始めるのを，ドロシーは恐怖をもって見つめていた．「どうして，そんなに多くの生き物を育てているの？」ドロシーはささやきながらその孵化器から隣の孵化器へと視線を移した．胎児たちの小さな骨ばった口は開き，音もなく叫んでいるようだった．

　「これらの生き物たちは，さっきの問題とは別の数に関する問題を考えている．もし彼らが解く前に，君が解けば，百万ドルをあげよう．1から16までの整数を空欄に並べて（1つの空欄に1つの整数），各行の和，各列の和，各対角線の和が連続な整数となるようにせよ」

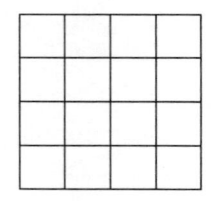

難易度：★★★

83　トト，プレックス，象

神学は物理学の分野である．物理学者は，神が存在する可能性や死者が復活する見込みを計算して推論する．ちょうど，電子の性質を計算するように．

『不死の物理学』フランク・ティプラー／著

オズ博士，プレックス，トト，そして，ドロシーはオズ美術館を歩いている．デ・クーニングの絵が壁に掛けられている．すべての絵画は留め金で掛けられていて，濃く塗られているため反り返っている．抽象表現主義のような絵が美術館のフロアーから突き出ている石筍（せきじゅん）を若干覆っていた．

「オズ博士は特殊な趣味をお持ちですね」

「ほめ言葉としよう．ついて来なさい」

オズ博士は，プレックスやトトや象の似顔絵が描かれたなぞの絵を指さした．

「ドロシー，1つのます目からスタートして，全部のます目を通り，連続な道を作りなさい．上下左右に動くことができる．道は交差してはいけない．また，同じ絵のます目には移動できない．例えば，のます目からその隣の

🦁🐎のます目には移動できない．逆の順で並んでいるます目🐎🦁や，全く違うます目🐘🐎には移動できる」

難易度：🕷

84 魔女の空中飛行

　友人は，かつて，繰り返しのプロットによって描かれた図形に本当にびっくりして，その図形を『神の絵』と名付けた．しかし，わたしは，神を冒とくしているとは決して思わなかった．

　　　　　『ゲーデル，エッシャー，バッハ』ダグラス・ホフスタッター／著

　空を見上げると，いたずら好きの魔女が，ほうきから出る排気ガスの煙で模様を描いていた．模様のうちの２つは，図84.1と図84.2のようである．
　「ドロシー，あれは人造人間の魔女だ．新しい推進力装置で飛んでいる」
　「目が回るわよ，きっと」
　「模様は複雑だ．だが，リサジュー曲線が基本となっている．これはＣ言語で描いた図形だ」
　「Ｃ言語ってなに？」
　「気にするな．カードにある簡単な手順だけを理解しなさい」オズ博士は，ドロシーに１枚のカードを渡した．

```
For (t=0.0; !isclosed(); t+=Tstep) {
  x= Xamplitude * sin(Xfrequency * t +Xphase);
  y = Yamplitude * sin(Yfrequency * t+Y phase);
  Plot (x,y);
}
```

魔女のＣ言語プログラム

図 84.1 魔女の曲線（Bob Brill による「ホルン協奏曲」）

「君のすべきことは，プログラムのパラメータ x と y に数値を代入することだ．t をどんどん増やしてゆくと，それによって x と y が変化し，複雑な軌跡が描かれる．魔女にとっては幸いで，リサジュー曲線は本当によくふるまう．例えば，すべての点で連続じゃ．そして，広い範囲を動き回る．正弦関数を思わせるようなふるまいじゃ．君はこのような曲線は，いつも，スタート地点に戻ると思うか？」

「分からないわ」

84 魔女の空中飛行

図 84.2 魔女の曲線（Bob Brill による「リサジュー曲線 2」）

「x と y の場所がスタート地点の座標と同じとき，あるいは，その曲線が最も高い点に繰り返し現れるとき，値 "true" を返すような "is-closed" 関数をプログラムで作成してもいいだろう」

「本当にきれいな模様だわ．こんなにきれいな模様を描くには，もっと何か条件が必要なはずよ」

「その通りだ．もう少し条件が必要だ．このような曲線を描くために，他にどんな条件が必要かを考えよ．また，x と y の最大値と最小値を求めよ」

難易度：★★

85 芸術って何？

　わたしの心の電話は，平和，調和，健康，愛，そして，富から電話がかかってくるのを待っている．疑い，不安あるいは恐れが，電話をかけてきたら，話し中の合図を送るだろう．そのうち，彼らは，わたしの電話番号を忘れるだろう．

—— Edith Armstrong

　ドロシーはオズ試験場を歩いている．ドロシーはリラックスしようとしていた．ここ数か月間の不安をすべて心からぬぐい去ろうとしていた．それは，ちょうど，雲が秋風ですっかりなくなるように．

　ドロシーは人物画が展示されている奇妙な画廊の作品をすべて見て回り，今，デ・クーニングの油絵を見ている．油絵の下には，タイトル"女I, 1950"がある．描かれている婦人は，大きな黒いランプのような目でドロシーをにらんでいるようだ．宇宙人のオペラ歌手のようであり，今までに見た西洋芸術作品の中で一番歯並びが悪く見えた．

　「その絵，気に入ったのかい？」とオズ博士は言った．

　「趣味じゃないわ」

　「では，この絵はどうだ？」と言って，オズ博士は数が書かれた絵を指さした．

　「これは絵なの？」

85 芸術って何？

```
327891    327855    327864
327849    327828    327837
```

「そうじゃ．これら6つのうちの1つは仲間外れだ．仲間外れはどれか？ 6日以内に答えを出すのじゃ」

難易度：★★

86　ウェンディーの魔方陣

　魔方陣ならではのおもしろさは，不思議な魅力をもつことにある．それらは若干の隠れた知性をうっかりさらけ出すように見える．その知性は，前もって考えられた計画によって，意図的なデザインの効果や自然界ではよく見る現象を創り出す．

―― Paul Carus
『*Magic Squares and Cubes*』W. S. Andrews／著

　ドロシーとオズ博士はオズ試験場の中央辺りを歩いていた．オズ博士の最善の努力にもかかわらず，建物は汚れてしまい，荒らされた屋根裏部屋のように散らかっていた．電気器材がいたるところにあり，壁や床に，ケーブル，マジックテープ，ロープがあった．よほど注意していないと，ペンティアムチップやCD，記録装置，シャーレ，筋電図記録器，電気ショック機器がどっと落ちてきそうだった．
　「オズ博士，試験場に何週間も一緒にいたけど，シャワー設備はないようね？」
　「清潔さは重要ではない」博士は触腕でピシャっとたたいた．ウェンディーという名のロボットぐもが，頭上のパイプの上をちょこちょこ歩いて来て，ドロシーの髪の上に飛び乗った．しばらくすると，不思議なことに，ドロシーの髪はきれいになり，格調高い髪形にセットされた．
　ドロシーは目を大きく開けて言った．「まあ，よくなったわ」
　「よかった．次の問題を解く気になったかい？」そう言って，オズ博士はドロシーに1枚のカードを手渡した．

86 ウェンディーの魔方陣

	199	
619	1039	1459
	1879	

「ドロシー，数が書かれていないところ——ウェンディーが友人のくもで印をつけている——を数で埋めて，各列の和，各行の和，そして，各対角和が同じ数になるようにするのじゃ．この問題が解けたら，この魔方陣の性質を何か述べよ」

難易度：🕷🕷

87 天国と地獄

純粋数学では絶対的な真実について語られる．その真実は，明けの明星たちが共に歌う前から神の心の中に存在し，最後の光り輝く星が天から舞い落ちるときまでそこに存在し続けるであろう．

―― Edward Everett
『The Queen of the Sciences』E. T. ベル／著

ドロシーとオズ博士は，宇宙船の中を 100 フィート程動いた．宇宙船はだ円形で，中央では 1 体の液体ロボットが 17 本の脚で湿った床の上を音をたてながら動き回っている．ドロシーには，ロボットの目的が分からなかった．ロボットは低い声で話し始めた．

「ドロシー」と，ロボット．「あなたにとっての天国，地獄，そして，リンボ（天国と地獄の間）とはどんなものですか？　我々には興味があります」

ドロシーはロボットをじっと見て，答えた．「そういう場所は現実の場所というより，精神的な場所だと思うわ」

「そんな事はありません」と，ロボットは言った．「夢の中で地獄に行ったことがあります．鋭い触腕をもつ巨大イカによって，地獄は統治されています」

オズ博士はうなずいた．「そのロボットの言っておることは正しいぞ」

ドロシーは首を振りながら言った．「博士，先生は自分の希望，怒り，想像を，流行遅れの来世としてスクリーンに映しているだけじゃない」

「ドロシー」オズ博士は話し始めた．「ちょうど 21 世紀の変わり目に，カンザスの百姓の娘にしては上品な物言いになってきたな」

「ええ，気づいているわ．プレックスがわたしの脳の延髄を操作したから，

87 天国と地獄

複雑な情報を処理することができるようになったようよ」

オズ博士は触腕を床にたたきつけて言った.「よろしい,では続けよう」オズ博士は彫刻された金の額をドロシーに渡した.

		天国	地獄	天国		
	天国	リンボ	リンボ	リンボ	地獄	
	地獄	地獄	天国	地獄	天国	
	リンボ				リンボ	
	天国				地獄	
	地獄				天国	
	地獄	天国	地獄	リンボ	リンボ	
	リンボ	天国	天国	天国	地獄	
		地獄	リンボ	地獄		

トロコファーの来世の展望

「この迷路で一番長い道はどのようなものか?」オズ博士は尋ねた.「どのます目からでもスタートできる.じゃが,同じます目は2回以上通れない.上下左右に動けて,同じ文字を繰り返し動いてもいけない.例えば,道は,リンボからリンボへと動いてはいけない」

難易度:★

88 天国の星

　同じように，知りたいという情熱にかられた．人間の心を理解したかった．なぜ星が輝くのか知りたかった．数が万物流転論を支配するピタゴラス学派の知力を理解しようと努力した．多くではないが，少し達成することができた．

　　　　　　　　『ラッセル自叙伝』バートランド・ラッセル／著

　ドロシーはりんご程の大きさのイカの赤ちゃんをなでていた．なでると，その赤ちゃんトロコファーは，ゴロゴロと猫なで声を出すのだった．黒い煙や水晶のような水しぶきが，体の数か所の穴から放出されていた．
　オズ博士は感謝していた．「ドロシー，姪の世話をありがとう」水晶のような水しぶきが，真昼の太陽の光でダイヤモンドのようにきらきらと輝いた．
　「赤ちゃんのお名前は？」
　赤ちゃんの触腕はへびの群れのようにねじれていた．「エマだ．さて，エマの伯母が君のためのパズルを用意してくれた」
　オズ博士は星が配置されたスクリーンを手渡した．
　「星どうしを結ぶと，いろいろな正方形ができる．例えば，他の星より少し大きい4つの星をうまく結ぶと正方形ができる．この場合，4点の座標はそれぞれ $(2, 5)$，$(3, 6)$，$(4, 5)$，$(3, 4)$ じゃ．今日の問題は，**4個の星を結んで出来る正方形全体の中から，ほかの正方形の頂点と頂点を共有しない正方形をすべて見つけるのじゃ**．そのような正方形の頂点の星は，ほかの正方形の頂点にはなっていない，つまり，ただ1つの正方形の頂点として数えられる」
　「数えられる？」
　「そうじゃ．そのような頂点の星はすべてただ1つの正方形の頂点になって

88 天国の星

いなければならぬ．これらのルールに則り，そのような正方形をすべて描いてくれたまえ．ただし，さきほど説明に使った正方形を君の答えのなかに入れてはならん」

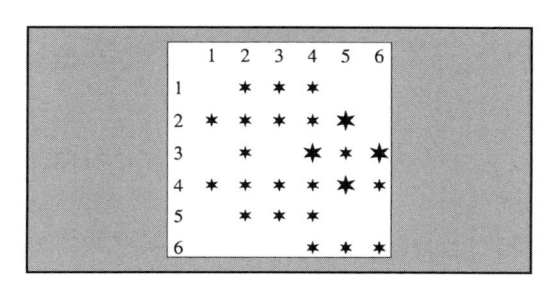

	1	2	3	4	5	6
1		✶	✶	✶		
2	✶	✶	✶	✶	★	
3		✶		★		★
4	✶	✶	✶	★		✶
5		✶	✶	✶		
6				✶	✶	✶

難易度：★★

89 タランチュラ星雲でのバカンス

　数学者の研究生活は短い．25歳か30歳を過ぎると，仕事の内容はほとんど発展しない．そのぐらいの年までに，仕事がほとんど達成できていなければ，それ以後も達成できないだろう．

『*Mathematics and Creativity*』アルフレッド・アドラー／著

　ドロシーとオズ博士は，光り輝くタランチュラ星雲中心部に向かって，宇宙船を発射させた．宇宙船の羽は長い軸に沿って，ゆっくり回りながら収められる．くもロボットが宇宙船を修理，補強するため，船体上を群れをなして動いている．ロボットたちが金属製の数字1, 2, 3を握りしめながらドロシーに近づいて来た．
　「ドロシーさん，マーク'?'のところに数を入れて，**数列を完成させて下さい**」

　　　023　032　113　131　212　?

　「わあ，きれい．でも，難しいわ．制限時間はどのくらいなの？」
　「5日と3時間2分．'?'のところに，どんな数を入れたらよいか？　助けが必要なら，地球に戻って，わしの最新式のワームホールラジオで，この問題を流せばよい．答えを間違えたら，タランチュラ星雲への旅行に君を連れて行かないつもりだ」

難易度：★

90 灼熱の溶岩

レフェリーからの報告書：この論文は新しいこと，正しいことが多く含まれている．だが，あいにく，正しいことは新しいことではなく，そして，新しいことは正しいことではない．

『*Return to Mathematical Circles*』H. Eves／著

「ドロシー，灼熱の溶岩の中に腕を入れたら危ない．腕を取り出しても，生存確率は 50% であるという」

「物騒だわ」

「物騒ではない．ただ考えているだけのことじゃ．次のことを想像してほしい．ヘンリーおじさん，エムおばさん，そして，ドロシーと，続けて腕を溶岩の中に入れることを想像してみてくれ．例えば，まず，ヘンリーおじさんが溶岩の中に腕を入れ，取り出す．次に，エムおばさんが溶岩の中に腕を入れ，取り出し，最後に，ドロシーが溶岩の中に腕を入れ，取り出すとする．生き残る最初の人が勝者だ．だれかが勝ったとき，あるいは，ドロシーが腕を溶岩の中に入れたら，その後，だれが来ようと，とにもかくにも，ゲームは終わりだ．言い換えると，**各人，勝つか負けるかのチャンスは，1 回しかない．このとき，それぞれの勝つ確率は幾らか？**」

「病的なトロコファーだわ！」

「病的かもしれん．だが，君の頭脳は，わしが問いかける問題によって日々改良されているのだ．さあ，その確率を求めなさい！」

難易度：★

91　循環素数

コンピュータは，莫大な数字の灌漑システムで地平線まで延びた電子回路以上のものではない．

『*State of the Art : A Photographic History of the Integrated Circuit*』Stan Augarten／著

「あれは何？」ゼリー状の脂ぎった悪臭のする物体を見つめながら，ドロシーは尋ねた．その恐ろしい塊(かたまり)の幅は，数フィートもある．

オズ博士は塊を突っつきながら，光る表面を観察した．湿った表面には，絡まった脚が泡だち，ときおり，大きな目が瞬きをする．「知らん．問題を議論しながら観察することにしよう．前話したように，素数は，正の整数で2以上のそれより小さい整数の積として表されないものだ．例えば，11は，11より小さい2以上の数の積として表せない．したがって，11は素なものあるいは素数である」

ドロシーは，ゼリー状の塊に視線を落として言った．「そうよ．素数は知っているわ」

「よろしい．では，君が知らない循環素数という素数がある．この素数は，本当にすばらしい性質をもつ．ある素数が循環素数であるとは，一番左端の桁の数を取って，右端につなげるという操作を繰り返したとき，その操作で作られる数がすべて素数になるときをいう」

「例を挙げて」

「いいとも」そう言って，オズ博士は1193で始まる循環素数を書いた．

$$1193 \Rightarrow 1931$$
$$\Uparrow \qquad \Downarrow$$
$$3119 \Leftarrow 9311$$

「1193, 1931, 9311, 3119 はすべて素数だ！」
「すばらしいわ！」
「これら以外の循環素数を求めなさい．単に，1桁や2桁の数ではだめだ．3桁以上の循環素数を見つけなさい」
「この塊から遠ざかれば何でもできるわ」
「じゃあそうしよう．ただし，断っておくが制限時間は1時間じゃ．もし1時間以内にできなければ，また，この塊のそばに連れてくるぞ」

難易度：★★

92 猫と犬の真実

　1960年代〜1970年代，ベケットの愛読者たちは，恐れと理解をもって，主人から継続本を受け取った．それは，微積分学を使いこなす偉大な数学者を観ている様であり，彼の方程式がだんだん零点に近づくのを観ているようであった．

『*The New York Review of Books*』ジョン・バンヴィル／著

　オズ博士と共に過ごした月日が流れ，今や，ドロシーは，エムおばさん，ヘンリーおじさんのもとへ帰って，豚や鶏にえさをやるという昔の生活に戻りたいと思わなくなった．オズ博士が作るパズルが好きだった．オズ博士が発する奇妙な音や触腕の下の草の音楽，そして，バラエティーに富む友人が好きだった．ドロシーは読書したり，マウンテンデューを飲んだり，パズルをしたり，そして，カンザスの農場でなんとか想像できた時空という未知の世界を探険したいと思ったりしながら，日々を過ごしていた．

　今日，ドロシーは，オズ博士と無限に広がっているかのように見える小麦平野をゆったりと歩いている．「ドロシー，ロボットの猫と犬が並んでいるのをイメージしなさい．6匹の犬——そのうちの2匹はここに示されている——が猫狩りをしようとしておる」

　「オズ博士，このパズルでは，トト・クローンに配慮してくださりどうもありがとう」

92 猫と犬の真実

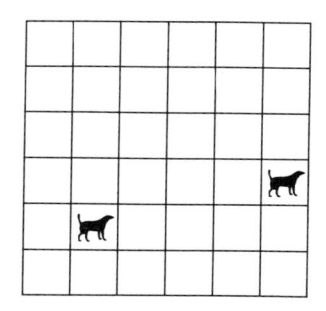

猫を見る6匹の犬のうちの2匹

「どういたしまして．さあ，聞いてくれ．ここにいる賢い猫たちは犬たちから隠れる方法を見つけた．犬は自分のいる部屋から水平方向，垂直方向，対角線方向を見ることができる．どの犬にも猫が見えないように，残りの4匹の犬と3匹の猫をます目に入れなさい．ただし，各ます目には1匹の動物しか入れられない」

難易度：★★

93　円盤マニア

物理学者にとって数学は，単に，現象を計算するための道具ではない．数学は，新しい定理を創るための概念や原理の源である．

　　　　——フリーマン・ダイソン，*Mathematics in the Physical Sciences*

「オズ博士，博士の食道器官が見えてるわ」

「わざわざ教えてくれてありがとう，ドロシー．だが，感動したとき，口から消化器系が裏返しになることなど，わしらにとってはごくあたりまえのことだ．今日の問題に興奮して，たった今，誤って1枚の円盤を飲み込んでしまったためだ」

「先生の誤飲についてなど聞きたくないわ．パズルについて話して」

「もっともだ．これを見なさい」博士は輝くような色とりどりの円盤を大きな触腕に埋め込まれた柔らかいスクリーンに映した．

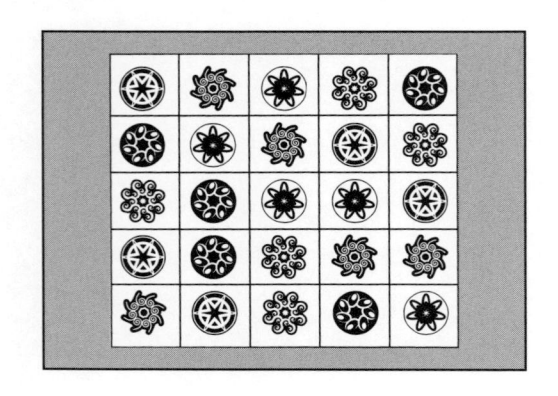

「3つのペアをペアどうしで入れ替えて，各行，各列に5種類の円盤が並ぶようにせよ」

難易度：★

94　$n^2+m^2=s$

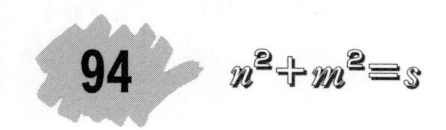

　数学者にとって大事なことは，理論を正しく構成することである．わたしが数学を行う場合でも，重要な点は，正しい構成方法を見つけることだった．それは橋をつくるようなものだ．骨組みが正しければ，詳細はしっくりいく．だから，問題は全体の設計図なのだ．

——フリーマン・ダイソン，*The College Mathematics Journal*

　ドロシーとオズ博士は，カンザス州南東部の都市ウィチタのメーンストリートを，郊外に向かって歩いている．数人の宇宙人が，衣類，家具，そして，農機具を購入しているようだ．品物には大きな値札がついていて，次のように記載されている．

労働組合推奨アメリカ製

少数の倹約家の宇宙人は，オズ博士の店で同じ商品を半額の値段で購入している．商品の値札には，単に，次のことが記載されている．

宇宙人製

宇宙人の商売競争が，局所的な経済にどのように影響を与えるかは分からない．

　トラクターについた輝く値札がドロシーの目に留まった．値札には，

$$n^2+m^2=s$$

と記されている．

94 $n^2 + m^2 = s$

「博士，あの値札は何？」

「数論のおもしろい問題だ．ドロシー，正の整数 s を 2 つの整数の 2 乗の和で表す方法 $n^2 + m^2 = s$ は平均して何通りあるか？」

ドロシーはオズ博士をじっと見た．オズ博士はにこっと笑った．そのとき，入れ歯が床に落ち，パキンと音がなった．ちょうど枝が燃えるときのような音だ．おそらく，博士はドロシーが困惑しているのを楽しんでいるのだろう．

「問題の意味が分からないわ」と，ドロシーは言った．「もう一度，問題を言ってくれない？」

「いいとも．問題がはっきりしたほうがいい．整数は 2 乗の数の和で何通りで表せるかな？　例えば，2 は 4 通りで表せる」オズ博士は黒板に次のように書いた．

$$1^2 + 1^2 = 2$$
$$(-1)^2 + (-1)^2 = 2$$
$$1^2 + (-1)^2 = 2$$
$$(-1)^2 + 1^2 = 2$$

「また，数字の 3 は，どんな 2 つの整数を使ってもそれらの 2 乗和では表せない．質問を繰り返そう．**正の整数 s を 2 つの整数の 2 乗の和で表す方法 $n^2 + m^2 = s$ は平均して何通りあるか？**」

「博士，ここでいう"平均"はどういう意味？」

「1 以上 N 以下の整数の表し方の個数を合計して，N で割る．その後，N をどんどん大きくする（無限大に近づける）．例えば，1, 2, …, 10 の表し方の個数は，それぞれ，4, 4, 0, 4, 8, 0, 0, 4, 4, 8 だから，平均は 10 で割って，$(4 + 4 + 0 + 4 + 8 + 0 + 0 + 4 + 4 + 8)/10 = 3.6$ となる」オズは間を取って言った．「2 週間で解けたら旅の土産にわしの入れ歯をあげよう．トロコファーの歯は，やみ市場で何千ドルもの価値があるそうだ」

難易度：★★★

95　2, 271, 2718281

　わたしは，かつて，数学について何かを感じた感覚があった．つまり，すべて分かったという感覚だ．深さを超えた深さ——底なしの深さ——が理解できた．わたしは無限を通過してその符号がプラスからマイナスに変わる量を（まるで金星あるいはロンドン市長就任パレードを見るように）見た．わたしはなぜそれが起こったか，なぜその転位が必然的だったか正確に分かった．しかし，それは夕食の後だったので，忘れてしまった．

——サー・ウィンストン・チャーチル
『*Return to Mathematical Circles*』H. Eves／著

「ドロシー，すぐできるパズルだ」
「博士，ここで眠ってもいい？」
「この数列の意味を答えられたら，眠ってもよいぞ」

$$2$$
$$271$$
$$2718281$$

27182818284590452353602874713526624977572470936999595749669676277240766303535475947571

　ドロシーはオズ博士に向かって述べた．「この数列は，カンザスの竜巻の回転速度より速い速度で大きくなっているわ」
　「そんな詩的なものが隠れているわけじゃないが，大きくならなければならないだろう．1時間で，この数列の意味を述べなさい」

難易度：★★

96 人造人間の観察

　この話には教訓がある．つまり，方程式を実験結果に合わすことより，方程式が美しいかどうかが重要であるということである．もしシュレーディンガーが，自分の仕事に，より確実性をもっていたら，何か月かもう少し早く論文を出版できたであろうし，もっと精密な方程式を出版できたであろう．もしある人が，美しいかどうかの観点で仕事をしていて，かつ，適切な洞察力をもっているなら，正しい方向性にある．たとえその人の仕事と実験結果が完全に一致しなくても，がっかりするべきではない．なぜなら，その不一致はきちんと理論が考えられていないためによるもので，理論が更に発展すると解決できるであろうから．

　『Scientific American』ポール・エイドリアン・モーリス・ディラック／著

　ドロシーとオズ博士は，カンザス州ウィチカ郊外のマックコーネル空軍基地とボーイング軍隊空港会社の見回りをしている．右手には滑走路があり，いろいろな方向を向いている．
　「博士，こんな滑走路に実際，飛行機は着陸するの？」
　「いいや．これはわしがウィチカの人々のために設置したパズルじゃ．さあ，図を見なさい」そう言って，オズ博士は滑走路の図を映した（図96.1）．

図 96.1 どの交差点に配置すべきか？

「すべての滑走路を監視するために，人造人間は最低何人必要だろうか？人造人間は円柱の形の頭を回し，自分の周りを見ることができるようになっている．どこに人造人間を配置すべきか？　空港の周りの白いレーンに配置してもいいが，これらは滑走路ではない．すなわち，これらのレーンを監視する必要はない」

難易度：★★

97 騎士を動かそう（その2）

「数学の分野では，不注意な間違いがあれば，それははっきりと訂正されるか，あるいは，線を引いて消される．よくチェスと比べられるが，数学では一番良いところだけを見せ，一番悪いところは見せない，という点でチェスとは異なる．不注意な一手によってチェスのゲームは奪われるが，一方で，問題解決への一過程（多くは，くずかごへ追いやられるが）が数学者の名声を得ることもある．

『神童から俗人へ』ノーバート・ウィーナー／著

ドロシーはオズ試験場の建物の中を捜し回り，博士の薄暗い仕事場でやっと博士を見つけた．オズ博士はたばこをくわえながら2本の触腕でタイプをしていた．部屋の壁には，カナダ，アメリカ合衆国，メキシコの地図が貼ってあり，色とりどりのピンが主要都市に刺さっている．隣の部屋では，数人のトロコファーたちがチェスをして遊んでいた．

オズ博士は自分について来るよう合図した．まもなく，彼らは床が一風変わったチェス盤になっている上品なリビングルームに着いた（図97.1）．チェス盤は十字架の形をしていて，数の1から13まで刻まれている．

「ドロシー，これは精神分裂症のチェス師に設計されたようなパズルだ．**チェス駒の騎士を，一番下の行にある任意の1番の円からチェスのルールにしたがって動かし，最後に一番上の行のどれかの13番の円にたどり着いてほしい．**例えば，一番の円から2番の円へ，そして4番の円へ…というふうに動かす」数人のトロコファーが近くの休憩室で同じ問題をやっていた．少数の者が言い争っている．1人のトロコファーが突然別のトロコファーのお腹を触腕で突い

図 97.1 騎士を動かそう（イラスト：Brian Mansfield）

た．叫び声があがった．

「何のための数字なの？」

「騎士が置かれる場所の数字の総数がちょうど素数 89 にならねばならない．下から上へ行く道で，和が 89 となるものを見つけよ．また，真ん中の 0 を通る道も見つけよ」

難易度：★★

98　ビリヤード戦

科学において，人は今までだれも知らなかったような何かを皆が理解できるよう，教えようとする．だが，詩において，それは正反対である．

——ポール・エイドリアン・モーリス・ディラック
『Mathematical Circles Adieu』H. Eves／著

ドロシーは，ひなびたプール・バーにいる．そこは，幾つかの星雲から来た宇宙人たちで満室だった．オズ博士はドロシーにビリヤード台のところに来るよう合図した（図98.1）．「ドロシー，わしの友人が君のために難しい問題を考えてくれたぞ」

「たった今，やっと，時間ができたから，ジンジャエールでも飲みながら，シャナイア・トゥエインの音楽を聴こうと思っていたのに」

「この問題が解けてから，リラックスすればよい．**突き球——数字が書かれていない白いボール——を突いて，1のボールに当て，軌跡の線を描きなさい．線は必ずしもまっすぐな線である必要はない．次に，1のボールから2のボールまで曲線を描く．次に2のボールから3のボールへと，このような操作を続ける．ただし，軌跡の曲線どうしは交差してはいけないし，長方形の枠にボールを当ててはいけない．14のボールから15のボールに軌跡の曲線が描けたら終了だ**」

ヘリコプターの音が聞こえてきた．ドロシーはバーの周辺を見渡した．トトはどこ？　ここはペットのための場所ではない．ドロシーは，床と擦れるトトの爪の音を聞こうとしたが，聞こえてくるのはヘリコプターのモーターの音だけだった．不協和音がドロシーを包み込んだ．ドロシーは冷静になるため，大

きく深呼吸をした．
「この問題，解けたら何かくれるの？」

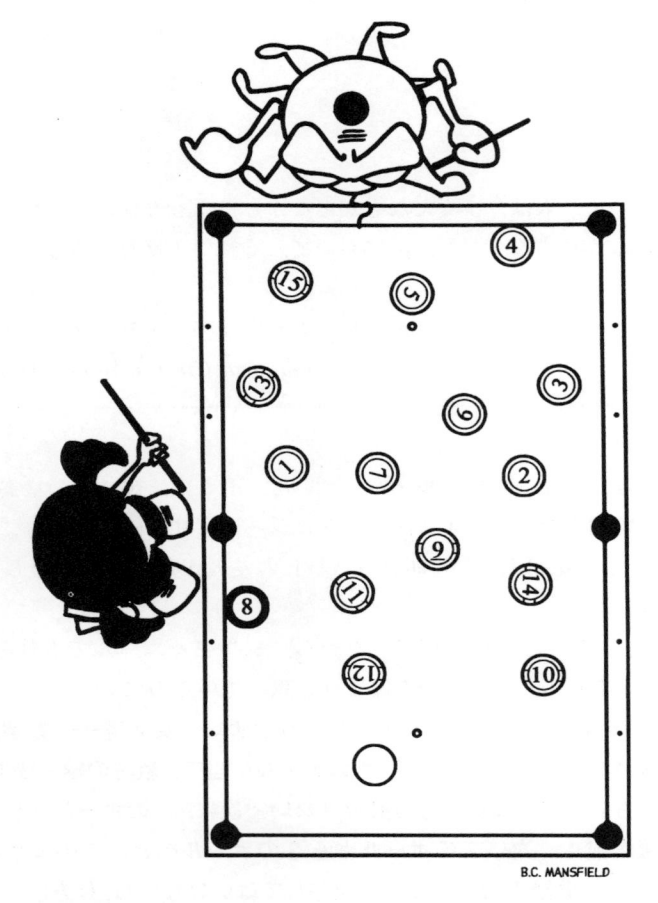

図 98.1 ビリヤード戦（イラスト：Brian Mansfield）

「わしの田舎で一週間の休暇を過ごしなさい．じゃが，君はダイビング用具を持っていかなければならん．田舎に帰ったら，わしらはほとんど水の中で過ごすからな」

難易度：★★★

99　π と e の関係

　神は存在する．数学が無矛盾であるから．悪魔も存在する．そのことを証明できないから．

——アンドレ・ヴェイユ
『*Mathematical Circles Adieu*』H. Eves／著

　オズ博士は地球儀を回した．そして，フロリダ州を触腕で押さえて止め，動かなくなった．博士は何かを考え始めたようだ．
　「ドロシー，円周率 π（=3.1415...）と自然対数の底 e（=2.7182...）の関係について考えてほしい．どちらの数も，数学のさまざまな分野にでてくる．我々の世界でどんな生き物にも知られている最も意味深長な不思議な公式は次の式だ」オズ博士は，黒板に次のような等式を書いた．

　　　$1 + e^{i\pi} = 0$

　ドロシーは等式を見ながら言った．「もう少し詳しく教えて」
　「この簡潔な公式が創造主がいる証拠だと確信する者もいる．この公式を"神の公式"と呼ぶ者もいる．Edward Kasner と James Newman は『*Mathematics and the Imagination*』という本で，次のように述べている．"我々はこの等式を複写することはできるが，含意されたものを立ち止まって調べることはできない．これは，神秘主義者，科学者，数学者に等しく訴えかける等式である"」
　「オズ博士，この公式を最初に発見したのはだれなの？」
　「レオンハルト・オイラーじゃ．1700年代の学者だ．この公式には，5つの重要な数学記号 1，0，π，e，i（-1の2乗根）が含まれている．これらの記

号が合わさったこの公式は，数学の幾つかの分野が合わさった神秘的な融合体だと考えられる．つまり，算術計算の分野からは 0 と 1 が，代数の分野からは i が，幾何の分野からは π が，解析の分野からは e が代表して現れている．ハーバード大学の数学者 Benjamin Peirce は，この等式について次のように述べている．"その等式はほんとうに逆説的だ．つまり，我々はその等式を理解できないし，何を意味するのか分からない．しかし，証明できる．よって，その等式は正しいことが分かる"更に，この公式は，足し算，掛け算，累乗の演算を含んでいて，0 と 1 はこれらの演算の 2 つの単位元であることに気づいてほしい」

「すばらしいわ．でも，結局はこれがいつもの博士の問題になるのね」

「今日は，おもしろい質問をしよう．**数 π と e の中に共通に含まれる連続した数字の羅列で一番長いものは何だ？** 今までにわしが見つけたどちらにも含まれる一番長い羅列は 71828182 じゃ．e の値は 2.7182818284590452353602... であることを思い出してほしい．e の中のこの数字の羅列は，π の中には，小数点以下 58,990,555 桁目にある（π の最初の値 3 は数えていない）．π の中のその数字との前後の数は以下のとおりである．17708342647565748477**71828182**93786843571860331854」

「なんてすばらしいの」

「ドロシー，π と e に関係する問題だ．このカードにある数列は何か？」オズ博士は数列が書かれたカードを手渡した．

6, 28, 241, 11,706, 28,024, 33,789, 1,526,800, ?

「ドロシー，**この数列の次の項を求めよ**．今まで，地球人はだれも解けなかった」

「100 人のアインシュタインが，紙と鉛筆を持って取り組んでもできやしないわ．で，解けたら何かくれるの？」

99 πとeの関係

「もちろん．じゃが，もう1問解いてもらおう．わしがさっき出した問題だ．数 π と e の中に共通に含まれる連続した数字の列で一番長いものは何だ？」

難易度：★★★★

100 金星の低木

　科学という学問としての数学の始まりは，最初にだれか，おそらくギリシャ人であろうか，"任意の"ものとか，あるいは"幾つかの"ものとかに関する命題を，確定した特定のものを定めることなしに，証明したときであろう．

『数学入門』アルフレッド・ノース・ホワイトヘッド／著

　今日，ドロシーとオズ博士は金星を調査している．ドロシーは宇宙服のヘルメット越しにオズ博士を見ていて，またもや，博士の大きな目の輝きに圧倒された．ときおりオズ博士の目はドロシーの心の中にまで入ってくるように思えた．

　宇宙人が近づいてきた．ドロシーは宇宙服のスピーカーの上側から，宇宙人の鼻にかかったような声が聞こえた．

　「そう，君たち地球人の太陽は徐々に巨大化し，地球を破滅させてしまう．しかし，我々の最新の技術によってそれを止めることができる．そのためには，君は地球人が価値あるものだということを証明しなければならない」

　ドロシーは，その宇宙人が，声とともにどっち方向に行くのか分からなかったので転んでしまった．ドロシーはオズ博士のほうを向いて言った．「この人は博士の仲間なの？」

　オズ博士はうなずいた．

　別の宇宙人が水晶のような実のついた低木を指さし，ドロシーにサインペンを渡した．「試験をする．**円内の数が，枝分かれしている円内の数の和になるようにすべての円に数を入れよ**．例えば，一番下の木の幹から枝分かれした先の4つの円内の数をすべて足すと102となる」宇宙人は少し間をおいて再び話

し始めた．「すでに，3つの数が円に入れられている．1〜12までの整数は必ず1度，しかも1度限り使わなければならない．しかし，使った後，残りの円には1〜12までの整数以外ならどんな数を入れてもかまわない」（図100.1）

図 100.1 （イラスト：Brian Mansfield）

　ドロシーはうなずき，オズ博士は行ったり来たりしている．博士はぎざぎざな山をゆっくり見つめた．山の背後には，夕焼けに照らされたオレンジ色のフィヨルドがある．
　宇宙人はドロシーに近づいて言った．「24時間以内に答えがでたら，地球を救おう」

難易度：🌀🌀

101　三角形の地下室

　数学の探求は，人間の精神を神々しい狂気のさたにするが，不慮の出来事による追い立てられた緊急性からの避難所であることは認めよう．

　　　　　　　　　　——アルフレッド・ノース・ホワイトヘッド
　　　　　　　　　『*Mathematical Maxims and Minims*』N. Rose ／著

　地球に戻り，ドロシーは，オズ博士にレンジでクラムチャウダーを料理したり，寿司を作ったりしていた．そのとき，突然，近くの地下室から突風が吹いたように感じた．オズ博士はテーブルから立ち上がり，地下室の入り口まで歩いて行った．

　「ドロシー，パズルを思いついたぞ」そう言って，博士は数枚のカードをドロシーに手渡した．「これらのカードは，それぞれ，1つの地下室を表しとる．君にはその図形の一部をロープで囲んでもらいたい（三角形の頂点は通ってはいけない）．ただし，三角形内の数字は，ロープが通過しなければならない**隣接三角形の数を表している**」

　「隣接三角形って，何？」

　「隣接三角形とは，辺を共有する三角形だ．ここにその例がある」そう言って，オズ博士はドロシーに1枚のカードを手渡した（図101.1）．

　地下のたまり池をのぞくと，たくさんのイカが水面にくねくねと現れ，奇妙な音をたてたため，ドロシーはぞっとした．がしかし，イカはすぐさま，たまり池の深い暗闇に消えていった．

101 三角形の地下室

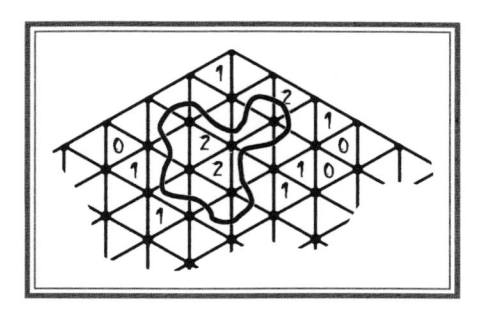

図 101.1 答えの例（イラスト：Brian Mansfield）

「ドロシー，この例では答えも示している．ロープは数字が書かれていない三角形内も，数字が書かれている三角形内も通ることができる．さあ，パズルを考えなさい」そう言って，ドロシーに別のカードを手渡した（図 101.2）．

図 101.2 ロープを置いてみよう（イラスト：Brian Mansfield）

「この図に，今説明したようなロープの道を描きなさい．また，ロープの囲む面積が，あらゆる囲み方の中で一番大きいものなのかも考えてみなさい」

難易度：★★

102 ネズミの襲撃

脳から不必要な仕事をすべて取り除くと，より高度な問題に集中できるようになる．実際，精神力が強くなる．

——アルフレッド・ノース・ホワイトヘッド
『数学的経験』P. デービス，R. ヘルシュ／著

トロコファーのパーティーは興奮に満ち溢れていた．宇宙人の多くは互いに親しく接し，話し，叫び，そして，朱色のタバコを吸っていた．ドアの近くに，大きなずうたいのトロコファーがいて，フラフープを触腕でぐるぐる回していた．

オズ博士の息のにおいがした．フルーツのようなアルコールのにおいだった．ドロシーは，エムおばさんがよく作ってくれたアップルパイを思い出した．

「オズ博士，お酒は飲まないほうがいいと思うわ」

「ドロシー，心配無用じゃ．わしの体は酔わないようにできておる．実のところ，アルコールで小脳が刺激されて，かえっておもしろいパズルを作ることができるのじゃ．さあ，最新のパズルじゃ」

オズ博士は数匹のネズミの入ったかごをドロシーに見せた．「黒ネズミと茶ネズミは世界中いたるところで人間と共存し，何でも食べるごくありふれた動物じゃ．臭覚，聴覚が鋭く，掘ったり，かじったりする能力に優れておるから，どんなところでも生息することができる．おもしろいのは，これら2種類のネズミが同じ領域に生息するとき，別々の住処を占有することじゃ．例えば，ある建物の中で茶ネズミは低いフロアーを占有し，黒ネズミは高いフロアーを占有する」

「不思議だわ」

「さあ，パズルだ．13日の金曜日，君は古い館に1人でいるとする．その館は風変わりな建築家によって建てられたため，部屋が奇妙な形になっておる」オズ博士はドロシーに図を手渡した（図102.1）．

図 102.1　ネズミの襲撃（イラスト：Brian Mansfield）

「これは，その館を上から見た図だ．各線分は壁を表している．ネズミたちはおなかが大層すいていて，黒ネズミも茶ネズミもお互い食べ物を捜すのに協力し合っている．ネズミたちは，図の上から下までに穴を開けないといけないが，問題なのは，できるだけ穴を開けないようにしなければならないことであ

る(ネズミたちは好きな食べ物を手に入れた後,できるだけ早く脱出したいから).ネズミたちは,どこに穴を開けるべきだろうか? 壁と壁の交差点には,穴を開けられない.壁は壊れないようにスチールで補強されている.いいか? 穴は一番上の水平な壁にまず開け,一番下の水平な壁まで開けなければならない」

難易度:★

103 かかしの公式

ドロシー「脳みそがなくて，どうしてしゃべれるの？」
　かかし「さあ，知らない．でも，脳みそがないのに，やたらしゃべるやつもいるよ．だろ？」

『オズの魔法使い』（1939 年，MGM 映画）

　ドロシーは，オズ博士とトロコファーの集会に出席している．ドロシーは薬とパインの入り混じったようなにおいが充満している大きな部屋をのぞいた．部屋の床には，ペルシャ製のじゅうたんが敷かれていて，滝を舞う鹿が描かれていた．大きな木製の箱が壁に寄りかかるようにして天井まで積まれていて，箱には太い黒文字で「包帯」，「浣腸剤」，「ラテックス製手袋」，「ピンセット」などと書かれている．

　ドロシーの注意を引くため，オズ博士は咳払いをしてから，話し始めた．「ドロシー，1939 年の映画『オズの魔法使い』に，脳みそをもらうため，魔法使いに会いに行く愉快なかかしが登場する．長い危険な旅を経て，かかしは魔法使いから Th. D. という名誉ある学位をもらう」

　「カンザスの農場では，農業についての映画しか上映されなかったわ．しかも，古いテレビは，見えたり見えなかったりしたわ．「魔法使い」という言葉は，すばらしい響きだわ．魔法使いの名前が，あなたの名前と同じなのはなんか変だけど」

　オズ博士は「かかしは脳みそをもらうと，次のような数式を暗誦して友人を驚かせた」と言って，ドロシーに 1 枚のカードを渡した．

> 「二等辺三角形の任意の2辺について，各辺の長さの正の平方根の和は，残りの1辺の長さの正の平方根と等しい」

「二等辺三角形の任意の2辺について，各辺の長さの正の平方根の和は，残りの1辺の長さの正の平方根と等しい」

「待って」と，ドロシーは言った．「この命題，ピタゴラスの定理によく似ているけど，正しくないわ．ともかく，脳みそをもらったかかしさんは，そんなに利口ではないようね」

「かかしの命題は正しくない．さて，この命題が正しくない理由を述べよ」

難易度：★

104　円　数　学

我々の思考力には限界がある．しかし，限界がある環境下でも，無限の可能性に取り囲まれている．その無限の可能性の中から，できるだけ多くのことを捉えることが人生の目的だ．

——アルフレッド・ノース・ホワイトヘッド
『*Mathematical Maxims and Minims*』N. Rose／著

オズ博士は，ドロシーを大聖堂へ連れて行った．「ドロシー，床に刻まれている模様について考えよう」

「きれいだわ！」

大理石の床には，円の中に円が入った色とりどりの模様があり，中には，小さすぎて，顕微鏡がないと見えないくらいの円もある（図 104.1）．

「そうじゃ．わしの補佐プレックスが，平面を接円で繰り返し埋めていって，美しい幾何学模様を作った．**各円内の数字が，何を意味するか答えよ**」

ドロシーは深く考え始めていた．が，そのとき，牧師の部屋からチリンチリンと鳴る音に気がついた．それは，小枝か小動物の骨がポキポキと折れるような音だった．

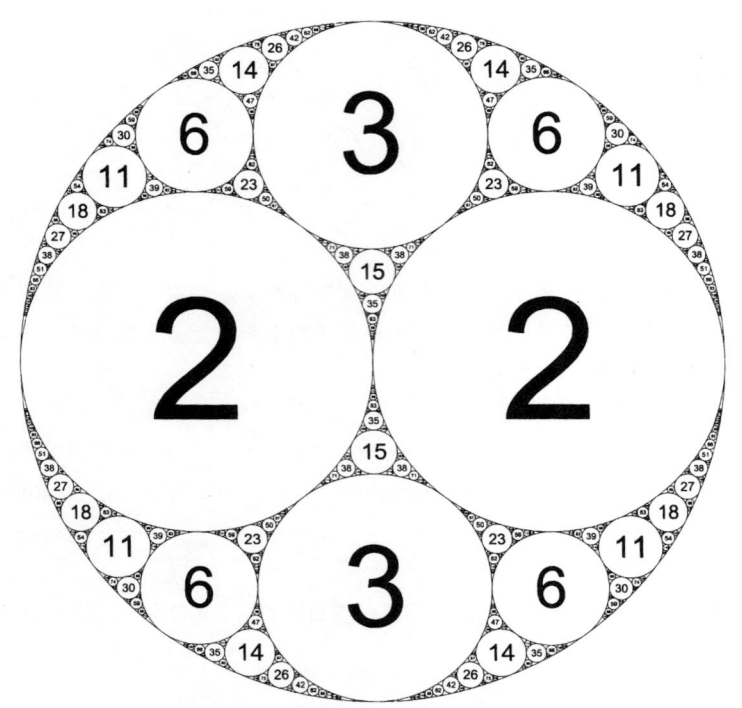

図 104.1　AT&T 研究所の Allan R. Wilks による図

難易度：🕷🕷

105 A, AB, ABA

　複写本に繰り返し書かれ，身分の高い人々によって，講演されているとはいえ，我々が今何をしているのか考える習慣をつけるべきだというのは，実に間違ったことだ．はっきり間違っているといえる事例がある．文明は，考えなくても行える重要な活動を広げることによって進歩するのだ．

『数学入門』アルフレッド・ノース・ホワイトヘッド／著

　オズ博士は，ドロシーをトンネルに案内した．トンネルはところどころ，不意に折り返されていて，あたかも，大砲で周期的に撃たれ，すぐさまつぎはぎされたかのようである．天井にはワイヤー，クランプ，しずくがしたたり落ちるパイプがあり，迷路のようになっている．壁には，紫色，青緑色のペンキの斑点がある．おそらく，塗装工が急いでいて，注意して色を選ばなかったのだろう．ねじ曲がったトンネルを歩きながら，ドロシーは広いサイケデリックな腸の中を旅しているような気がした．

　バスケットボールほどの大きさの球根状の頭をした巨大宇宙人がドロシーの所に近づいて来て言った．「AB, ABA, $ABAB$ で割ると，余りがそれぞれ A, AB, ABA になる一番小さい正整数を見つけてくれ（文字 A, B は 1 桁の数字を表している．例えば，$A=8$, $B=7$ なら，87, 878, 8787 について考えることになる）．AB 分で解いてくれ．さもないと，地球の AB か国を乗っ取るつもりだ．答えの数には 1976 が含まれるというのがヒントだ．1976 年は，アメリカ合衆国建国 200 年の年だ．さて，どうやって解くかな？」

　「先生，とっても難しいわ」
　「カンザス出身者には今まで解けなかった問題だ」

難易度：★★★★

106 アリとチーズ

複雑さの中に単純さを見つけたり，無限の中に有限を見つけたりすること——そうすることが，数学の目指す目標であり，そうすることが，数学であると言ってもよいだろう．

『*Discrete Thoughts*』Jacob Schwartz／著

オズ博士の友人の5匹の宇宙アリたちは，図106.1のようなひとかけらのチーズを同じ形，同じ大きさに5等分したいと思っている．さて，あなたならどのように分けるだろうか？

図106.1 アリとチーズ（イラスト：April Pedersen）

難易度：★★

107 オメガ水晶

長さ 1 フィートのダイヤモンドを心に描きなさい．そのダイヤモンドには千個の面があり，ほこりとタールで覆われている．ダイヤモンドの表面が光り輝き，いろいろな色を反射することができるまで，各面をきれいにすることがあなたの仕事だ．

『前世療法』ブライアン・ワイス／著

オズ博士は，辺の長さが永遠に減少し続ける立方体の水晶の組み立て品を指さして言った．「ドロシー，これはオメガ水晶という（図 107.1）」

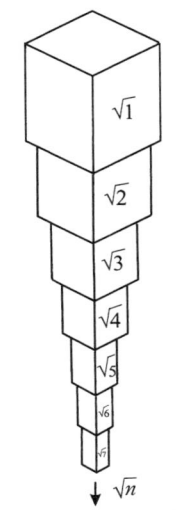

図 107.1　オメガ水晶

ドロシーは，オメガ水晶に近づき「すばらしい」と言いながら，その構造を調べ始めた．一番小さい立方体は，小さすぎて顕微鏡で見なければ見えないほどだ．「虫メガネがあればいいのに…」

「必要ない．この立方体について少し話をしよう．立方体は，下にいくほどだんだん小さくなる」オズ博士は，級数が書かれた紙切れを取り出した．

$$1 + \frac{1}{\sqrt{2}} + \frac{1}{\sqrt{3}} + \frac{1}{\sqrt{4}} + \cdots + \frac{1}{\sqrt{n}} + \cdots$$

博士はドロシーにその紙切れを渡して言った．「水晶の一番上の立方体は，1辺の長さが1フットじゃ．上から2番目の立方体の辺の長さは$\frac{1}{\sqrt{2}}$フィート，そして上から3番目の立方体の辺の長さは$\frac{1}{\sqrt{3}}$フィート…というぐあいだ．この級数は発散する，つまり，どんどん大きくなるといっていいだろう．したがって，オメガ水晶は無限の長さをもつということになる！ もし，オメガ水晶の面に色を塗るなら，無限の量の塗料が必要になるだろう」

数人の高官——銀河系のおとめ座星雲出身——が，博士とドロシーに近づいて来た．暖かい春の日のバラの花のようなにおいの液体が，高官のお腹や胸からにじみ出ていた．

博士は彼らにお辞儀をして言った．「すばらしいことに，オメガ水晶の縦の長さは無限であるにもかかわらず，その体積は有限だ！ **体積がどのくらいか答えなさい**．2週間以内に答えられたら，褒美として，君たちに，わしが大事にしているこの水晶をあげよう．もし2週間以内に答えられなかったら，この水晶を粉々に割ってしまおう．そのとき，超銀河団の計り知れない程大規模な戦いに火が付くだろう」

高官の1人は怖くなって泣きながら，いなくなってしまった．

ドロシーはオズ博士のほうに振り返り尋ねた．「本当なの？」

「まさか」と，博士はささやいた．「お客さんを印象づけるために大げさに言っただけだ．さあ，始めて！」

難易度：★★★

108　振動する 11 形数

　公式が与えられて，わたしがその意味を知らなかったら，公式はわたしに何も教えることはできない．しかし，知っている公式だったとしても，その公式はいったい何を教えてくれるというのだろうか？

　　　　　　　　　　　『教師論』聖アウグスティヌス（354-430）／著

　ドロシーは博士の大きな丸い目を見つめた．オズ博士の目は幸せに満ちていた．腕は広げられ，刺胞を囲む大きな細胞膜は破裂してしまっている．おそらく博士は恋をしているのだろう．

　「ドロシー，わしは太陽系の周りや人間の想像力が届く限りのところまで旅をして楽しかった」

　「そうね．いろいろなことを教わったわ．数年に渡る先生の厳しいトレーニングのおかげで，わたしの知能は先生の知能を超えたわ．わたしの判断では，今わたしは先生の 2 倍利口だと思うわ．だから，今度はわたしが先生にパズルを出そうと思うの」

　オズ博士は後ずさりした．「わしに？」

　ドロシーはうなずいた．「博士，今日はめずらしい数 "振動する 11 形数" についてお話しするわ．手始めに，"多角数" と呼ばれる数について議論しましょう．古代ギリシャの数学者たちは，点の集まりを数として扱い，それを並べ替えると，幾何学的図形になることに気づいたのよ」そう言って，ドロシーはだんだん大きくなる三角形を描いた．

```
T₁   T₂    T₃     T₄       T₅
 ○    ○     ○      ○        ○
      ○○   ○○     ○○       ○○
           ○○○   ○○○      ○○○
                  ○○○○    ○○○○
                           ○○○○○
```

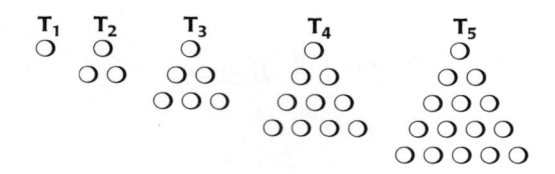

1, 3, 6, 10, 15 個の点の集まりは，三角形の形に並べられるから，これらの数は"三角数"と呼ばれるわ．古代ギリシャの人々はこのような数に興味をもったのよ」

「ドロシー，他の多角数…．例えば，六角数の例をあげてくれないかな？」

「はい，博士．驚くべきことに，すべての多角数は簡単な公式から求められる」そう言って，ドロシーは次のような式をオズ博士の触腕にスケッチした．

$$H(n, r) = \frac{r}{2}[(r-1)n - 2(r-2)]$$

「この公式の n は多角形の辺の数，r は"階数"よ．階数は単に添え字 $r=1$, 2, 3, … のことよ」そう言って，ドロシーは三角数，四角数，五角数，六角数のそれぞれ最初の3つを示す図をオズ博士に見せた（図108.1）．

	階数		
	1	2	3
三角形	●	△	△
四角形	●	□	□
五角形	●	⬠	⬠
六角形	●	⬡	⬡

図 108.1　多角数

108 振動する 11 形数

　ドロシーは，トロコファーの銅像の欠けた部分にある物入れに手を伸ばした．そこからノートパソコンを取り出し，オズ博士に投げ渡した．オズ博士はそのノートパソコンを受け取り，先の公式を使った短いプログラムをタイプし，次のような幾つかの"多角数"を求めた．

階数	1	2	3	4	5	6	7
三角数	1	3	6	10	15	21	28
四角数	1	4	9	16	25	36	49
五角数	1	5	12	22	35	51	70
六角数	1	6	15	28	45	66	91
七角数	1	7	18	34	55	81	112

　「これから 30 分間，多形数，とりわけ，振動する多形数と呼ばれる数に関心を注いでもらいたいわ．Charles Trigg (1898-1989) 教授は，ある数が"多形数である"とは，その数が多角数であって，末尾の数が対応する"階数"となることと定義したわ．例えば，六角数では等式 $H(6, r) = r(2r-1)$ が成り立って，$H(6, 125) = 31{,}125$ だから，数 31,125 は六形数よ．Trigg 教授は，回文的振動数に関する論文の中で"滑らかに振動する数"という言葉を使っている．この論文の中で，ある整数が滑らかに振動する数であるとは，2 つの数が振動することと定義しているわ．例えば，79,797,979 は滑らかに振動する数よ．ここで"滑らかな数"は，"振動する数"と区別されるわ．振動する数とは，交互に（隣り合う）桁数が大きくなったり，小さくなったりする整数のこと――例えば，4,253,612 がそうよ．滑らかに振動する多形数は，計算機でさえ探すのが困難なので，さしあたり，滑らかではない振動する多形数についてお話するわ」

　ドロシーは少しの間，トロコファーによる地球の植民地化を思案した．ここ最近では，トロコファーはいなくてはならない存在となり，生活の一部となっているようだ．トロコファー族は人類との活発な取引関係を定着してしまったのだ．彼らは技術的に進歩したものを人類に与えた．例えば，ナノテクノロジー，ロボット工学，医療精密器具，チューリング・コンピュータのようなものだ．これらの技術によって地球の産業は大きな成長を遂げた．また，宇宙人たちは人間たちを宇宙船で太陽系の旅へと連れて行き，代わりに人間たちはトロコファーたちに現世の宗教について語った．ちょっとした理由で，トロコ

ファーたちはそれに魅了された．

ドロシーは話し続けた．「多形数が振動するというのは次の不等式が成立するときをいうわ．d_λ は，その数の右から λ 番目の桁の数よ」そう言って，ドロシーは次のような不等式を黒板に書いた．

$$(d_\lambda - d_{\lambda-1})(d_{\lambda+1} - d_\lambda) < 0, \qquad \lambda = 2, 3, ..., N-1$$

「この不等式の N は考える多形数が N 桁から成るということ．振動する多形数は多角数 $p(r)$ も r も振動する数であると定義してもいいわ．このことは，その階数と対応する多形数がどちらも振動しなければならないことを意味するわ．例として，次の表を見てみて．$r < 100{,}000$ の振動する 11 形数が示されているわ」

r	p(r)
25	2,7**25**
625	1,755,**625**
	(r は振動する数であるが，$p(r)$ は 5 が続くので"振動するのに近い"数である．)
9376	395,559,**376**
	(r は振動する数であるが，$p(r)$ は 5 が続くので"振動するのに近い"数である．)

100,000 より小さい振動する 11 形数

「オズ博士，例に挙げたものとは別の振動する 11 形数を見つけて．もし見つからなかったら，(25, 2725) はこのようなものを表現する唯一の組なのかどうかを考えてほしいわ．1 日で答えて．そうでないと，あなたの触腕を 1 インチほど切り裂くわ」

難易度：★★★★

B.C. MANSFIELD

結　び

　単に技術的に応用できるからだけの理由で数学が好きなのではない．一番の理由は，数学が美しいからだ．ほかにもある．遊び心を芽生えさせてくれるから．素晴らしいゲームを与えてくれるから——数え切れないほどの理由がある．

『無限と遊ぶ』Rozsa Peter ／著

　ドロシーが，オズ博士やプレックスとともにカンザスから姿を消してしまってから，幾年もの歳月が流れた．ドロシーの精神的訓練とオズ博士の技術のおかげで，ドロシーの知的許容量は大きく成長を遂げた．一方，少し変化はあるものの，現在，ドロシーはエムおばさんとヘンリーおじさんの農場で以前見たものとほとんど同じものを見ることができる．ドロシーは，1か月前，体の生化学組成を再構成し，人工頭脳，人工器官を取り入れて不死の人となった．

　ドロシーは，ほとんどの時間をオズ博士からお土産にもらったピカピカに輝く宇宙船を操縦して過ごしていた．今日もドロシーは宇宙船の船長だ．常に自分で判断を下す自信に満ちた船長だ．プレックス，トト，エムおばさんのクローンとヘンリーおじさんのクローンと宇宙を探険している．本物のエムおばさんとヘンリーおじさんは，大分前に亡くなっていた．このエムおばさんは人造人間である．危険な使命に立ち向かうため，力と忍耐力を与えられている．オズ博士もドロシーの宇宙探険のほとんどに同行している．

　今日，ドロシーは莫大なちりやガスの間を通り抜け，美しいオリオン星雲へやって来た．地球から 1500 光年離れたところの星雲だ．星雲から降り積もったガスが起こす新星爆発により，周囲のガスが吹き飛ばされた．

　ドロシーは自分のスクリーンを見た．4つの星（原始星）によって星雲がく

り抜かれ，そのくり抜かれた形はある四角形をなしていた．荒れ狂うガスのいたるところに散りばめられた裂け目を通して，ドロシーは，この新しくできた未知の空間を見た．

ドロシーはオズ博士のほうを振り返った．「エムおばさんのことで謝らないといけないわ」と，ドロシーは言った．「おばさんがあなたのことを憎らしいと言ったとき，おばさんの声の装置は正しく動作しなかったの」

オズ博士は触腕を波打たせた．「ドロシー，そのことは忘れなさい．エムおばさんは今はもう，よく動いておるぞ」

ドロシーとオズ博士は階段を上り，上品なリビングルームに入った．床には東洋的な敷物が敷かれてあり，リンネルのクロスで覆われたどっしりとしたテーブルが置かれていた．壁にはなぞの数列が書かれてある．ドロシー以外の地球人には今までだれにも解読できなかった数列だ．

3, 4, 20, 21, 119, 120, 696, 697, 4,059, 4,060, 23,660, 23,661, 137,903, 137,904, . . .

別の壁には，ドロシーだけがその重要性を知っているなぞの四角形があった（図 E.1）．

「こちらへ来て」と，ドロシーはオズ博士に言った．そして，テーブル中央付近にあるすみれ色の絹の傘が付いたランプとバラの花瓶の近くに座るよう合図した．食器，ガラス製品，瀬戸物がランプの明かりでアメジストのように輝

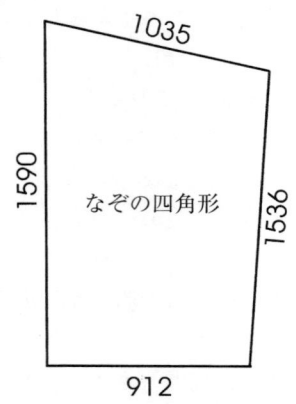

図 E.1 なぞの四角形．この形の重要性をあなたは知っているだろうか？

いていた．向こう側の壁には，カンザスの大きな地図とドロシーの昔の農場の写真が貼られている．

オズ博士は微笑んだ．「新婚旅行に行きたい場所がある」と，博士は言った．「タランチュラ星雲に連れて行ってくれ．ずっと前に，そこにいたことがある．あるいは土星の環，あるいは火星でもよいぞ」

テーブル下の夏眠室からため息が聞こえた．そして，そこからエムおばさんが現れた．「新婚旅行？」と，エムおばさんは言った．

「新婚旅行？」と，ドロシーも微笑みながら言った．

オズ博士はポケットから婚約指輪を取り出した．エムおばさんは目を見開き，ぽかんと口を開けた．「そうね」エムおばさんは言った．「おまえさんをドロシーの夫として認めるよ．ドロシーが星を探険するとき，わたしを一緒に連れて行ってくれたらね」

オズ博士はうなずいた．「ドロシー，以前のわしは悪魔だった．じゃが，何年も一緒に過ごすうち，わしは考え方を変えたいと思った．君はわしの脳と遺伝上の構造を再設計してくれた．わしは自分のこの変化を楽しみながら体験した．そのことで，わしらはより親密になり，わしから悪意ある衝動が取り除かれたのじゃ．そう，わしは変わったのじゃ．わしは自分の体をより人間的に設計しなおし，君はよりトロコファーになるための触腕を成長させた」博士はしばらくして言った．「君は，親切心や思いやりの心を持つことが，一番大事なことであることを教えてくれた．わしらは互いに成長し合った」

「そうね」と，ドロシーは言った．「わたしたちは，数学パズルやおもしろい冒険を楽しんだわ」

そのとき，エムおばさんが冷蔵庫に歩いて行き，ドロシーの話の腰を折った．「何か飲みたいものはない？ わたしはジンジャエールがいいわ」

「しぃっ！」と，ヘンリーおじさんが部屋に入って来て，言った．「2人をほうっておけないのかい？」

一行は，ブリッジや操だ室に戻り，ドロシーは船長の席に座った．エムおばさんはドロシーの隣の椅子に座った．

オズ博士は，ドロシーにゆっくりと近づき，ドロシーの目を見つめた．「わしの妻になってくれるかい？」博士は，ドロシーの新しく生まれた触腕にレニウムの指輪をはめながら，尋ねた．

「はい」と，ドロシーは言った．
「万歳！」エムおばさんは力強く拍手をしながら叫んだ．
　ドロシーは微笑んで，ギヤをニュートラルにし，そしてオズ博士を近くに引き寄せた．2人の触腕が，長い間互いに巻きつけられたのだった．
　しばらくしてから，ドロシーは宇宙船を始動させ，エンジン全開にし，オズ博士に言った．「今夜，惑星を見つけましょう．そこで結婚式を挙げましょう」
　オズ博士はにっこりしながらうなずいた．
　ヘンリーおじさんもうなずいた．
　プレックスが部屋の入り口から現れ，やったねの仕草をした．
　ドロシーはプレックス，ヘンリーおじさん，エムおばさんのほうを向いて言った．「新しいルールを決めないといけないわ．新婚旅行の会話を盗み聞きはしないで」
　しばらくの間，ドロシー，オズ博士，プレックス，そしてクローンの家族は静まりかえった．
　機体を右に傾斜させて，ドロシーは惑星に向かった．目指す惑星は，だんだん暗い紺碧色になり，神秘的に見えた．あたかも水の揺りかごの中で動いていないかのようだった．だが，惑星は生命で満ちあふれていた．発光性の宇宙人やロボットの触覚がたくさんあり，色とりどりの輝く光を放っていた．まもなく，ドロシーは（夜空に飛び交う超新星のような）輝く星を見ていた．いたるところが輝き，惑星の海さえも輝きに満ちあふれていた．夜空も輝き，光がアーチをなしていた．
　ドロシーは着陸態勢に入り，すばらしい新世界に向かって降りる合図をした．
　ドロシーはトトに微笑んだ．トトは吠えている．

解　答

1. 黄色いレンガの道

　レンガのサイズを 8(インチ)×2(インチ)×4(インチ)——アメリカ合衆国でレンガ職人に作られるレンガの一般的なサイズ——とし，道路の一車線の幅を 12 フィートとする．Fred Mannering と Walter Kilareski は，1998 年出版の超大作の本『*Principles of Highway Engineering and Traffic Analysis*』(2nd edition) の中で，12 フィートは理想的な道幅であるとしている．しかしながら，理想的な道幅は地形によってさまざま変わりうるともいっている．

　黄色いレンガの道より道幅が少し広いかもしれないが，道は四車線とし，ニューヨークからロサンゼルスまでの距離を 2800 マイルとしよう．このとき，この道の長さと幅をインチ単位で表すと，それぞれ，次のようになる．

$$2800(マイル) \times 5280(フィート/マイル) \times 12(インチ/フト)$$
$$= 1.774080 \times 10^8 (インチ)$$
$$12(フィート) \times 12(インチ/フト) \times 4(車線) = 576(インチ)$$

したがって，黄色いレンガの道の面積は，上の 2 つの数をかけ合わせ，およそ 1.02×10^{11} 平方インチとなる（道が平坦であり，まっすぐであると仮定して計算している．道が山道のように上がったり下がったりしていると，答えがどのように変わるかをみるのもおもしろいだろう）．

　次に，面積が 1.02×10^{11} 平方インチの道を覆うために必要なレンガの個数を概算しよう．道に，8×2 のレンガの面を合わせるとすると，レンガの表面積は 8(インチ)×2(インチ) なので，必要なレンガの個数は，1.02×10^{11}(平方インチ) ÷ 16(平方インチ) $\doteqdot 6.39 \times 10^9$ と概算される．この値は地球の人口とほぼ等しいので，人間 1 人にレンガ 1 つという概算になる．

　このレンガの個数とエジプトのピラミッドを造るのに必要なレンガの個数とを比較しよう．ピラミッドの基礎の部分の正方形の 1 辺の長さを 756 フィート，ピラミッドの高さを 481 フィートとする．このとき，ピラミッドの体積は次のように計算できる．(体積) = (底面積)×(高さ)÷3 = 756(フィート)×756(フィート)×481(フィート)

÷3＝9.16×10^7（立方フィート）＝1.58×10^{11}（立方インチ）．よって，ピラミッドを造るのに必要なレンガの個数は，ピラミッドの体積を1個のレンガの体積で割って，1.58×10^{11}（立方インチ）÷64（立方インチ）＝2.47×10^9（個）となる．

　黄色いレンガの道で必要なレンガの個数（6.39×10^9）とエジプトのピラミッドを造るのに必要なレンガの個数（2.47×10^9）を比べてみよう．この比率 $\frac{6.39\times10^9}{2.47\times10^9}$ は，およそ2.5である．したがって，東西にのびる黄色いレンガの道を造るのに必要なレンガを使って，ピラミッドの複製品をたった2.5個しか造れないということである．この計算をするとき，レンガ間のモルタルは考慮していない．なぜなら，ピラミッド建設にモルタルは使っていないからである．ちなみに，ライマン・フランク・ボームはその著書『オズの魔法使い』において，黄色いレンガの道を造るのに，モルタルを使ったかどうかについては言及していない．

　この比率2.5について考えよう．この比率は注目すべきである．大抵の人は，アメリカ大陸横断道に敷かれるレンガは，ピラミッド2つか3つというわけではなく，もっと多いと推測するだろうから．

　オズ博士の同僚の数人にこの問題をやってもらったところ，ある同僚は，アメリカ大陸の代わりに南アメリカ大陸と仮定して計算した．南アメリカ大陸の横幅はいろいろな幅があるけれども，1000マイルの長さの道とし，道幅はおよそ11フィート6インチとする（映画『オズの魔法使い』にでてくる黄色いレンガの道幅程）．このとき，道の面積は次のようになる．

　　　1000（マイル）×5280（フィート／マイル）×11.5（フィート）

面の大きいほうの寸法は，通常，8.635（インチ）×4.125（インチ）であるので，この面を貼り付ける側にし，道幅分敷いていくと，ちょうどレンガ16個分になる（レンガに，伝統的なぐらつきの効果がほしいなら，レンガを半分に割る必要があるが，個数には影響はない）．したがって，南アメリカ横断道路のレンガ数は次のようになる．

　　　16（個）×1000（マイル）×5280（フィート／マイル）×12（インチ／フット）÷
　　　　4.125＝24,576×10^4

陸橋や橋を造る必要がある場合は，これより多めにして，およそ300,000,000個程のレンガが必要になるだろう．この個数は，1つのピラミッドを造るのに必要なレンガの個数より，はるかに少ない（ネット上で問題に協力してくれた皆さん，どうもありがとう．皆さんには，数値やレンガのサイズを変えて計算していただいた）．

　概算したレンガをすべて使って，どのくらいの高さの建造物が造られるだろうか？それは，安定した構造だろうか？　千年もの長い間，建物は持ち堪えられるだろう

か？　レンガを安定して組み立てる話題については，次のような関連問題がある．ある日，オズ試験場を歩きながら，ドロシーは，テーブルの端に積み上げられたレンガに気がついた．レンガは今にも崩れ落ちそうである．

次のような問いが浮かんでくる．天井から出てしまう程多くのレンガを積み上げることで，例えば，レンガを高さ20フィート，あるいは30フィート程になるまで積み上げると，レンガは揺れ動くだろうか？　また，このように高く積み重ねると，レンガはその重さに耐えきれなくなって，崩れ落ちるだろうか？　ドロシーが，この件に関して数人の宇宙人に尋ねたところ，それぞれの宇宙人からいろいろな答えが返ってきた．

問題自体は簡単そうだが，名高い物理学の雑誌でもこの話題には議論が絶えない．この節では，注目すべき発見について報告した後，コンピュータ・プログラムを紹介し，読者の皆さんに問題への積極的な参加を促したい．幸いなことに，レンガを積み上げるシミュレーションは，パソコンで比較的簡単にできる．

Jearl Walker は，著書『*The Flying Circus of Physics*』の中で，レンガは次のようなルールに従えば崩れ落ちないとしている．すなわち，任意の特定のレンガより上にあるレンガ全体の重心が，その特定のレンガを突っ切るような垂直軸上にあれば崩れ落ちないと指摘している．このことが，積み上げられた各レンガで成り立たなければならない．積み重ねられたレンガの重心が分かれば，そのレンガが崩れ落ちるかどうかは，コンピュータ・シミュレーションで判定できる．重心を求めるのは簡単だ．ある一方向に傾いて積み上げられたものの重心は単に $(r+l)/2$ である．ただし，r，l はそれぞれ，各レンガの右端と左端の座標である（簡単のため，各レンガは同じ厚さとする）．積み重なったレンガ全体の重心は，個々のレンガの重心の平均である．以下に，種み重ねたレンガ全体の重心を計算するために必要なコンピュータ・アルゴリズムの概略を示しておこう．ユーザーは，積み上げたい各レンガの右端と左端の座標を打ち込めばよい．

Test for the stability of a leaning stack of bricks

```
/* ------------ Data Entry ------------------------*/
Print("How many bricks do you wish to stack?");
Get(NumBrick);
Do i = 1 to NumBrick;
    Display("Enter left, right coordinates for brick number",i);
    Get (left(i),right(i));
```

```
      end;
      /* -------Will the stack topple ? -------------------*/
      Do i = 1 to NumBrick-1
         /* initialize ctr. mass for all bricks above test brick */
         CmAbove=0
         Do j = i+1 to NumBrick
            CmAbove=CmAbove + (right(j)+ left(j))/2
         End /* j */
         /* compute composite center of mass */
         CmAbove=CmAbove/(NumBrick-i)
         If CmAbove > right(i) then do
            Display ("Stack topples")
            Print(i,CmAbove, right(i))
         end /* if */
      end /* i */
```

 問題をおもしろくするために,各レンガに横から少し振動を与えてみよう.積み上げたものが崩れ落ちないかどうかを調べることで,その頑丈さが分かる.これを単純なモデルにするには,各レンガの重心に小さい乱数を加えてみる.数百回試し,積み重ねたレンガが崩れ落ちないかどうかを見る.これより少し複雑なモデルにするには,各レンガの振動の変位を調和振動するばねに置き換えて模擬実験すればよいだろう.各レンガにランダムな力Fと力係数kが与えられると,レンガの重心の変位は$k=-F/x$で与えられる.kの値は各レンガに対して定数である必要はない.

 ドロシーから質問がたくさん出るだろう.レンガを数フィート,あるいは数マイルもの高さに積み上げられるか? 積み重なったレンガの一番上のレンガは,積み方によっては,テーブルの端からいくらでも突き出せるのか? 雑誌 "American Journal of Phiysics" やその他の雑誌に掲載された数件の論文には,そのような限界はないとしている.例えば,レンガ1個分をテーブルから突き出すには,レンガの個数が5個あれば十分である(レンガはすべて同じサイズのものと仮定する).3個分のレンガをテーブルの端から完全に出すためには227個のレンガが必要になり,10個分のレンガを出すためには272,400,600個のレンガが,50個分のレンガを出すためには$1.5×10^{44}$個のレンガが必要になる.レンガはどんどん積み重ねられるけれども,そのためには,多くのレンガが必要とされる(簡単のため,重力や月の影響などは考慮しないこととする).n個のレンガをテーブルから突き出せる長さは,公式$1/2×(1+1/2+1/3+\cdots+1/n)$で与えられる[1].この調和級数はゆっくりと発散するので,レ

---

[1] [訳注] レンガの長さを1とする.

ンガが突き出せる長さのこの控えめな増加が，多くのレンガを必要としている理由である．この式の値は次のようなプログラムで数値計算できる．

ALGORITHM – Compute the harmonic series.
Determines the amount of overhang attainable with n bricks.
```
sum=0
Do i = 1 to n    /* n = number of bricks */
   sum = sum + 1/float(i)
end
sum = sum*0.5; Print(sum)
```

一番最初のプログラムは，コンピュータ・ゲームを作るための学生用の教材としてよく使われる．例えば，2人のプレーヤーに，レンガが与えられる．プレーヤーは，レンガを積み上げ（スクリーンに現れる），テーブルの端から，落ちないようにできるだけ積み上げなければならない．レンガを並べられるのは数分間だけだ．プログラムで，積み重ねが落ちそうな点を「悪いレンガ」として色をつけたり，重心に色をつけたりすることもできる．更にもっとゲームを複雑にしたければ，三角形や円のような形を取り扱ってみよう．また，次のようにも使われる．コンピュータがレンガをでたらめな位置に「投げ」，（最初のプログラムで試したように）物理的に積み重ねられるものだけが画面に現れる．数千個のレンガを投げて，テーブルに残ったものを見るというものだ．

物体を斜めに積み上げてタワーを作る話題の文献はたくさんある．例えば，下記のような文献を参照するとよいだろう．

- Boas, R. (1973) "Cantilevered books," *American Journal of Physics* 41：715.
- Johnson, P. (1955) "Leaning tower of Lire," *American Journal of Physics* 23：240.
- Pickover, C. (1990) "Some experiments with a leaning tower of books," *Computer Language* 7(5)(May)：159-160.
- Pickover, C. (1991) *Computers and the Imagination*. New York：St. Martin's Press.
- Sutton, R. (1955) "A problem of balancing," *American Journal of Physics* 23：547.
- Walker, J. (1977) *The Flying Circus of Physics*. New York：Willey.

2. 動物の配列

答えは，どちらのタイルにも猫が入る．動物を囲む四角形には，4辺のうち1辺のみが太線であれば，カメ（🐢）が入り，2辺が太線ならば，チョウ（🦋），3辺が太線なら猫（🐱），4辺が太線なら，象（🐘）が入る．このようなパズルは解き方がさまざまあり，頭脳が鍛えられるだろう．これとは違った判断基準で別の答えを見つけてみよう．

ここに別のパズルがある．友達と一緒に考えてみよう．空欄に正しい動物を入れてみよう．

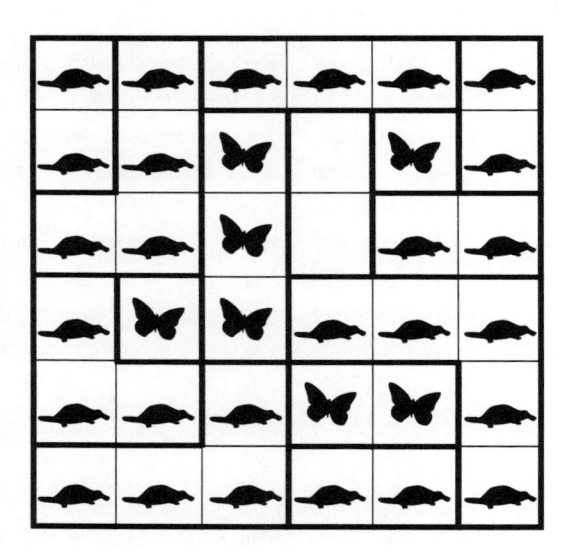

3. カンザスを使って実験

物体をでたらめに投げて，地球儀のどこかの土地に命中する確率は，その土地の面積が小さければ小さいほど低くなる．例えば，カンザスよりアジアのほうが当たりやすい．カンザスの面積——213,109平方キロメーター（82,282平方マイル）と地球の面積——197ミリオン平方マイルを比べて答えを概算しよう．そうすると，カンザスと地球の比率は，$\frac{82,282}{197,000,000} = 0.000417$．つまり約0.04%．地球の面積はカンザスの面積のおよそ2394倍であるから，カンザスに向かって投げたとき，2,394回に1回の割合で命中する計算になる．ただし，ドロシーが，地球儀に向かって，ダーツをでたらめに投げるという問題にモデル化するならばである．あまり良い確率とはいえない！　ドロシーは，地球儀に向かってダーツではなくカンザスの形をした粘土を投げ

るので，カンザスに命中する確率はこれよりは少し高いだろう．ダーツと違って，カンザスの形をした粘土は，粘土のどこかがカンザスのどこかに当たればいいからである．カンザスを半径 r の円にモデル化して答えを大ざっぱに出してみよう．すなわち，もし投げられたカンザスの中心が地球儀上のカンザスの端から r マイル以内に当たれば，命中したとする．このとき，君は，どんな結果が出ればカンザスに命中する確率が増えたと判断するだろうか？

　地球上で住める土地の面積は，地球全体の面積よりかなり小さいことに注意しよう．地球にはおよそ58ミリオン平方マイルの土地があり，その中で住める土地の面積はたった49ミリオン平方マイルしかない．

　詳細に考えると，この問題はもっと複雑になる．例えば，投げられた物体は地軸に近いところよりも赤道に近いところに当たりやすい——これは，地球儀が地軸の回りを回転していて，ドロシーが横からカンザス目がけて投げると仮定しているからである（最初の考え方は，地球儀が，ねばねばのボールが入った箱の中をでたらめに跳ねていて，そのボールが地球儀の表面にくっつく確率を考えるとすると，より適切な解答になる）．しかしながら，地球儀上のすべての場所に命中する確率が同じで，地球の曲率を無視できると仮定するなら，幾何学上の確率における Blaschke の定理により，投げられたカンザスが地球儀のカンザスに当たる確率は，カンザスの領域と周囲にだけ依存し，形状その他の条件には依存しない．この解析は『オズの数学』のレベルを超えるが，オズ博士は，更に，あなたにこのことについて研究を進めてほしいと願っている（Wilhelm Blaschke［1885-1962］はドイツの数学者．幾何学の分野で幅広い研究をした人である）．

4．道 路 標 識

　一番上の段の左から3番目，または，上から4段目の一番右の道路標識が仲間外れ．この道路標識だけ2個あるから．

5．緑色の論理

　一番易しい方法は，具体的に幾つか試してみて，答えを予想しながら確認することである．例えば，次のような4×5のます目を考えよう．各ます目には，でたらめに，1から20までの緑色の濃さを表す数字が記されている．高い数字ほど，より濃い色を表している．

1	11	3	17
4	2	16	18
20	7	15	12
8	19	6	5 (C_{gp})
10	9	14 (R_{pg})	13

各列で一番薄い宇宙人の中から一番濃い緑色の宇宙人を見つけ，その宇宙人の数を C_{gp} とおく（greenest of the palest in each column の略字）．表の C_{gp} を求めるため，各列の一番小さい数を求めると，左の列から順に，1, 2, 3, 5 となる．したがって，$C_{gp}=5$．今度は各行で一番濃い宇宙人の中から一番薄い色の宇宙人を見つける．これを R_{pg} としよう．各行で一番濃い緑色は，上の行から順に，17, 18, 20, 19, 14 である．したがって，$R_{pg}=14$ である．よって，この場合，$R_{pg} \geq C_{gp}$ という関係式が成り立つ．この事実を使って，友達をびっくりさせてみよう．

もっと一般的にやってみよう．今，R_{pg} を含む行と C_{gp} を含む列が交差するます目を見よう．明らかにこのます目の数は C_{gp} 以上 R_{pg} 以下である．したがって，$R_{pg} \geq C_{gp}$ が成り立つ．

この論理を，四角形の配列から別の形，あるいは，もっと高い次元の配列に拡張することはできるだろうか？

同僚の Dharmashankar Subramanian は，この問題にもっと数学的に答えた．まず，k 行目の配列を x_k とし，これら全体の集合を X とする．次に，i 列目の配列を y_i とし，その全体の集合を Y とする．また，$F(x, y)$ を緑の濃さを表す関数とする．長方形の各ます目 (k, i) には，$F(x_k, y_i)$ で与えられる値（緑の濃さを表す値）が対応する．このとき，不等式 $\max_{y \in Y}[\min_{x \in X} F(x, y)] \leq \min_{x \in X}[\max_{y \in Y} F(x, y)]$ が成り立つ．この不等式を証明しよう．まず，任意の $x' \in X$, $y' \in Y$ について次の不等式が成り立つ．

(a) $\min_{x \in X} F(x, y') \leq F(x', y')$
(b) $F(x', y') \leq \max_{y \in Y} F(x', y)$

したがって，任意の (x', y') に対して，$\min_{x \in X}[F(x, y')] \leq \max_{y \in Y}[F(x', y)]$ である．この不等式は任意の x', y' で成り立つので，特に y' として，$\min_{x \in X}[F(x, y')]$ の値が最大になるものをとると，$\max_{y \in Y}[\min_{x \in X}(F(x, y))] \leq \max_{y \in Y}[F(x', y)]$ となり，同様に x' として，$\max_{y \in Y}[F(x', y)]$ の値が最小になるものをとると，$\max_{y \in Y}[\min_{x \in X}(F(x, y))] \leq \min_{x \in X}[\max_{y \in Y}(F(x, y))]$ となる．

ここで，各列で一番小さい数は $\min_{x \in X}[F(x, y_i)]$ と表せるので，列を動かして，

その中で一番濃いものは $\max_{y \in Y}[\min_{x \in X}(F(x, y))]$ となる．同様に，各行で一番大きい数は $\max_{y \in Y}[F(x_k, y)]$ と表せるので，行を動かして，その中で一番薄いものは $\min_{x \in X}[\max_{y \in Y}(F(x, y))]$ となる．したがって，不等式 $\max_{y \in Y}[\min_{x \in X}(F(x, y))] \leq \min_{x \in X}[\max_{y \in Y}(F(x, y))]$ は，各列で一番薄いものの中で一番小さいものは，各行で一番濃いものの中で一番大きいもの以下であることを意味する．この結果はもっと一般化することができる．

この問題はゲーム理論と関連している．ゲーム理論は応用数学の分野に属する．与えられたルールで，プレーヤーが対戦（ゲーム）をする．各プレーヤーはそれぞれの目標を達成するため，しばしば相手の判断に先手を打つことで，勝者となる．例えば，宇宙人のます目でゲームをする場合を考えよう．まず，わたしが行を選択する．次に，あなたが列を選択する．次にわたしはその行と列の交差するます目の宇宙人を選択する．あなたは，できるだけ濃い宇宙人を選ばなければならない．わたしは薄い宇宙人を選びたい．もしわたしからゲームを始めるなら，あなたは，わたしが選んだ行で一番濃い宇宙人がいる列を選ぶだろう．わたしはそうするのを知っているから，わたしは R_{pg} を含む行を選択する．R_{pg} を選択した時点でゲームは終わりとなる．もしあなたからゲームを始めるなら，C_{gp} を選択した時点でゲームは終わりとなる．

6．魔法の迷路

下記は1つの答え．

(○) スタート．---→

🐰 ポケットに5個の小石を入れる．---→

🐗 鳥のところにジャンプする．---→

🐑 ポケットに30個の小石を入れて，犬のところにジャンプする．---→

🐕 これから，小石を捨てるように言われても，決して捨ててはならない．---→

🦋 ポケットの5個の小石を捨てて，スタート地点に戻る（スタート地点に戻った後「ポケットに5個の小石を入れて」最後の鳥にジャンプする）．---→

🦢 ポケットに小石が38個以上あったら，次のリスのところに行く．---→

🐓 ポケットに奇数個の小石があったら，チョウのところにジャンプする．---→

(○)：ゴール！ おめでとう．

別の答えも見つけよう．また，このような問題を解く方法で一番有効な方法は何かを考えてみよう．

7．カンザス鉄道の収縮

熱膨張による線路の長さの変化を計るには，公式 $\delta L = a L \delta T$ を用いる．ただし，a

は，鋳鉄の熱膨張係数，δL，δTは，それぞれ，長さと温度の変化を表す．この等式より大ざっぱに

$$\delta L = 6.8 \times 10^{-6} \times 2{,}800 (\text{マイル}) \times 130$$

と概算できて，これはおよそ2.5マイルになる．線路が2.5マイルも伸びたり，縮んだりするのは，想像できないだろう．

　別の問題として，長さ2,800マイルの線路の両端を固定したとき，どのくらい高く線路の中点は地面から持ち上がるだろうか？　という問題も考えられる．

　2番目の問題．ドーナツ型の鉄を熱すると，体積は増えるが，同じ形（相似な形）だ．従って，穴は大きくなるだろう．これと同じ理論が，ジャーの金属製のキャップを熱くすることに適用できる．もちろん，実際には，逃げられるほどドーナツは十分に広がらないかもしれないし，途中，やけどしないようにと挑戦もするだろう．だから，この実験，皆さんは絶対にやってはならない．

8. 骨割り

　この本の問題の中で，一番議論の長い問題である．実際，この問題はかなり難しいし，折れた骨の長さの「よくある比率」を無理やり求めたとしても，わたしの同僚の中には，その答えに賛成しないものが多い．以下，いろいろな考え方，解答の仕方の寄せ集めである．多くは，同僚と議論することで刺激となり，興味がそそられて出来たものである．

　まず，「平均値」の求め方を考えよう．0から1までの実数線分の「単位長さの骨」を持っていると仮定しよう．割れる場所をでたらめな位置xとすると，長さの比はx対$1-x$となる．

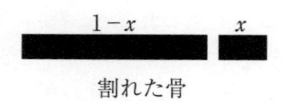

$$\underbrace{\qquad\qquad\qquad}_{1-x}\underbrace{\qquad\quad}_{x}$$

割れた骨

骨の長さの比を計算するため，$1-x$とxの平均比率を計算したい．しかし，あいにく，その比率の平均はないことが分かる！　これを正確に理解するには少しばかり巧妙さが必要だ．ちょっとやってみよう．値の集合の平均値は値をすべて足して，値の個数で割ることによって求まる．関数の平均は，この概念の一般化である．関数をグラフ化できると，関数$f(x)$の平均を高さの平均とみることができる．おそらく，関数の平均値をxの2つの値$x=a$と$x=b$の間に見つけたいだろう．この平均値は，関数の面積を計算し，「幅」$b-a$で割ることによって求まる．関数fの平均値を$<f>$と表すことにする．計算に強い読者の方々には，次のような積分をすることによって平

均が求まると理解するかもしれない．

$$<f> = \frac{1}{b-a}\int_a^b f(x)\,dx$$

（関数 $f(x)$ は区間 $a \leq x \leq b$ で定義されているとする．単位長さの骨の場合，$b=1$，$a=0$ である．）この式を骨割り問題に適用すると，次のような式を計算すればいいことになる．

$$\int_0^{0.5} \frac{1-x}{x}\,dx + \int_{0.5}^1 \frac{x}{1-x}\,dx$$

上記の式は

$$2\int_0^{0.5} \frac{1-x}{x}\,dx$$

に等しい，つまり，$[2\ln x - x]_0^{0.5}$ に等しい．しかしながら，これは，x が 0 に近づくとき発散してしまう．したがって，骨の長さの平均比率は存在しない．

＊　＊　＊

ちょっとここで，確率変数について少し記述しよう．もちろん，実験や試行の結果は数字でなくてもよい．例えば，殺虫剤の適用実験においては，結果が「死んだ昆虫」であってもよいし，「生きている昆虫」であってもよい．しかしながら，数値のほうが望まれることが多い．「確率変数」とは，実験や試行に対してただ1つの数値を与える関数のことである．実験を繰り返す毎に，確率変数の値は変わる．確率変数の「期待値」は，長い試行の中で割り当てられたでたらめな変数の値に重みがついたものの平均値であると考えてもよい．確率変数の期待値については，後で述べる例で理解できるだろう．

我々は，確率分布にしたがう変数である確率変数の期待値を計算することができる．次に，すべての値を記録し，その平均を求める．これを繰り返せば，平均値はある有限の値に近づくだろう．もし平均値が有限値に近づかないなら，平均は無限に発散するといい，その確率変数の期待値は存在しないことになる．

確率変数 Z の期待値を $A(Z)$ としよう．離散な値をとる確率変数に対して，$A(Z)$ は次のように計算される．

$$A(Z) = \sum_z z p_Z(z)$$

例として，さいころ遊び「ダイス」を考えよう．区別のある2つのさいころを投げて出た目の数の組は36通り，そのうち，ただ1つの組しかないものは，どちらの目も1（和が2）という組と，どちらの目も6（和が12）の組である．確率変数としては，2つのさいころを投げて出た2つの目の和とする．この確率変数Zに対する確率分布は以下の表のようになる．

z	$p_Z(z)$
2	1/36
3	2/36
4	3/36
5	4/36
6	5/36
7	6/36
8	5/36
9	4/36
10	3/36
11	2/36
12	1/36

このとき，期待値$A(Z)$は次のように計算される．

$$A(Z) = \sum_{z=2}^{12} z p_Z(z)$$

$= 2(1/36) + 3(2/36) + 4(3/36) + 5(4/36) + 6(5/36) + 7(6/36) + 8(5/36) + 9(4/36) + 10(3/36) + 11(2/36) + 12(1/36) = (1/36)(2+6+12+20+30+42+40+36+30+22+12) = (252/36) = 7$. したがって，試行回数を多くすると，2つのさいころの目の和は平均して7になることが分かる．

詳細は Thinkquest Inc. の "Expected value of a random variable" を参照するとよい．URL は http://library.thinkquest.org/10030/5rvevoar.htm である．

* * *

骨割り問題に戻ろう．以上から，長い骨と短い骨の長さの比の平均は，定義することさえできないことが分かったが，ここまでの議論がすべて無駄だったというわけではない．他にも，君も調べてみたいと思うような有効な別の平均があるからだ．

骨男に答えを明確に述べるため，わたしがよく使う「調和平均」を使ってみよう．調和平均はかなりよい特性量であり，普通の算術平均が求められないとすれば，これ

を計算することで，宇宙人からご褒美がもらえるかもしれない．ところで，この「調和平均」とはいったいどんな平均なのだろうか？ まず，具体例から始めよう．2つの数 20 と 30 に対して，$(20+30)/2=25$ は伝統的な「算術平均」として知られている．一方，2つの数の「調和平均」は $2/(1/20+1/30)=24$ である．一般に，調和平均は次のように定義される．ただし，a_i はすべて 0 でない数とする．

$$A_h(a_1, a_2, ..., a_N) = N/(1/a_1 + 1/a_2 + \cdots + 1/a_N)$$

算術平均の定義は下記である．

$$A(a_1, a_2, ..., a_N) = (a_1 + a_2 + \cdots + a_N)/N$$

一方，「幾何平均」は以下で与えられる．

$$A_g(a_1, a_2, ..., a_N) = (a_1 \times a_2 \times \cdots \times a_N)^{1/N}$$

したがって，20 と 30 の幾何平均は $A_g(20, 30) = (20 \times 30)^{1/2} = 24.49$ である．これらの例から分かるように，これら 3 つの平均値 A，A_h，A_g はかなり近い数値である．例では $A=25$，$A_h=24$，$A_g=24.49$．

骨割り問題において，幾何平均は 4 に近づく（この値はコンピュータ・シミュレーション，あるいは，積分計算によって得られる）．数値計算では，骨の本数を無限大に近づけると，その調和平均は $1/(2 \times \ln(2) - 1) = 2.588699\ldots$ に収束する．もし宇宙人が $n=10{,}000$ 本の骨を折るならば，調和平均は 2.59 ± 0.04 となる．

以上，いろいろな平均を見てきたが，これらは「計算可能な平均」である．算術平均は使いものにならなかったが，幸い，調和平均も幾何平均も，データの総数が増えると明確な値が定まる．そこで，もし我々が数学的な能力を論証したいなら，この 2.588 という数値が，骨男に答える良い比率と考えてもいいだろう．調和平均が定まる，あるいは収束する 1 つの理由は，0 から 1 の値の逆数をとっているからである．その結果，値の個数が増えると，通常，それらの逆数の平均は有限の値に収束するのである．再び，その結果の値の逆数をとると，値が 1 から無限大の元々の区間に戻ってしまう．

もう 1 つおもしろい量がある．例えば，関数の「ルート平均（RMS）」は関数の 2 乗の平均の平方根である．ある関数のルート平均を計算するためには，関数を 2 乗して平均を計算し，それから，平方根をとる．

$$f_{RMS} = \sqrt{\langle f^2 \rangle} = \sqrt{\frac{1}{b-a} \int_a^b f^2(x)\, dx}$$

この量は発散するだろうか？ 皆さんやってみてください．やっているうちに，皆さんは，わたしやオズ博士が思いもつかないような他の量を思いつくかもしれない．

David T. Blackston は，骨の比率を R，割れる点を x としたとき，3 より小さい比率 ($R<3$) を得る確率を 50% と推測した．これは，$0.25<x<0.75$ のときの確率である．Blackston は，宇宙人と賭けをし，3 の比率で賭けをするということだ．

* * *

あなたが考古学者で，2 つに割られた骨が捨てられている骨穴を調べるとき，数学的な解析をしたいなら，次のことをしなければならない．

手順1．2本の骨を骨穴から任意に選ぶ．
手順2．それらの長さの比率を求める．
手順3．この過程を繰り返し，別の順番で骨をとったとしても，比率が同じになることを期待する．

例えば，次のような 5 本の骨を考えよう．

断片1	断片2	比率
2	3	0.67
4	1	4
1	1	1
1	3	0.33

平均比率：1.49

断片1	断片2	比率
2	1	2
4	3	1.33
1	1	1
1	3	0.33

平均比率：1.16

このことは，その平均が骨がどのように組み合わされるかによって変わりうることを示唆している．

* * *

解答者の多くは，骨割り問題を人間の骨ではなく，コンピュータ上の骨を使ってシミュレーションをした．もちろん，我々の数学的な研究やシミュレーションは理想化した骨を取り扱っている．例えば，現実の骨は端のほうで太く，岩に投げたとき，端

のほうでは折れにくい．実際，洞穴にある骨を調べて，端のほうであまり折れていなければ，この特徴を数学的にモデル化することができ，前述の計算で発散してしまった値のいくつかを回避できるかもしれない．

この骨割り問題のシミュレーションに興味があれば，下記のBASIC言語を参考にしていただきたい．

```
5 REM N is the number of bones the alien shatters
10 N = 10000
20 T = 0
30 FOR C = 1 TO N
35 REM P is a random value between zero and one
40 P = RND
50 IF P >= 0.5 THEN L = P ELSE L = 1 - P
60 S = 1 - L
70 T = T + (L / S)
80 NEXT C
90 PRINT T / N
100 REM Thanks to Ed Murphy
```

注意してもらいたいのは，比率は割れる場所が骨の端に近くなればなるほど，大きくなり，中心に近くなればなるほど，小さくなることである．例えば，

　　　骨の端付近で割れると　　0.99/0.01 → $R=99$，

　　　骨の中心付近で割れると 0.51/0.49 → $R=1.04$

となる．このことは，多くの骨をシミュレーションで調べれば調べるほど，平均比率が高くなることを意味するだろうか？ 骨の本数が無限個に近づくと，平均比率も無限に発散するのだろうか？ おそらく，この値は，最初に平均の積分で計算したように発散するだろう．

＊　＊　＊

下記は，Darrell Plank がオズ博士に宛てた手紙である．

「これらの解答には，解決しなければならない問題がある．1つの方法では，数の z 乗の総和をとり，z 乗根をとることで，平均が「ある」と結論づけている．しかし，あいにく z を動かすと，異なる結果が多くでてくる．ルート平均では，$z=2$ を使う．従来の方法では $z=1$ を使う．確かに，多くの平均がある．がしかし，平均としていろいろな数を得てしまう．この問題を解決するには，その比率が小さな数ではないと

仮定することだと思う．例えば，宇宙人は通常の平均の 1/100 より小さい比率では骨を割ることはできないと仮定すれば，平均として，6.844 が得られる．また，オズ博士は，シミュレーションで多くの骨を実験すればする程，平均比率は高くなるとはどういう意味かを尋ねている．つまり，無限回のシミュレーションを行うと仮定している．しかし，標準的な計算機では，無限回に比べれば，大分小さい試行しか行えないのである」

＊　＊　＊

　Robert Stong 博士は，長いほうの骨と短いほうの骨の比率の期待値を求める代わりに，短いほうの骨と長いほうの骨の比率の期待値を求めた．おもしろいことに，これは有界な関数となり値が存在する．実際，その期待値は次のようになる．

$$\begin{aligned}
&2\int_0^{0.5} \frac{x}{1-x} dx \\
&= 2\int_0^{0.5} \frac{x-1+1}{1-x} dx = 2\int_0^{0.5}\left(-1 + \frac{1}{1-x}\right)dx \\
&= 2[-x - \ln(1-x)]_0^{0.5} = 2\{-0.5 - \ln(1/2) + 0 + \ln 1\} \\
&= -1 - 2\ln(1/2) \\
&= 2\ln 2 - 1
\end{aligned}$$

Stong は，この量の逆数がこの比率の調和平均であることに気づいた．したがって，調和平均が $1/(2\ln 2 - 1)$ に収束するというシミュレーション結果の根拠となっている．

9. 平方数のはん濫

[問題 1] 100, 200, 300 のそれぞれに，同じ整数を加えて，どの数もある整数の 2 乗とすることができるか？

　答えは，できない．この問題を書き直すと，次の連立方程式となる．

$$\begin{cases} 100 + x = a^2 \\ 200 + x = b^2 \\ 300 + x = c^2 \end{cases}$$

x が知りたい整数である．2 番目の等式から 1 番目の等式を引くと，$100 = (b-a) \times (b+a)$ となる．100 は有限個の因数しか持たない（$1 \times 100, 2 \times 50, 4 \times 25, 5 \times 20, 10 \times 10$）ので，これらの組み合わせすべてについて解くと，$a, b, c$ がすべて整数となる解はないことが分かる．更に，整数から有理数に解の範囲を広げたとしても，a, b, c すべてが有理数となる解はない．有理数とは，2 つの整数の比（分数）で表せられ

る数である．例えば，1/2, 4/3, 7/1, 8 はすべて有理数である．循環小数も有理数である．例えば，1/2 = 0.5 は有理数．1/7 = 0.142857142857142857142857...("142857"が無限に繰り返されている)も有理数である．三角関数の値にも有理数がある．例えば，$\cos 60° = 1/2$ である（有理数は，e や π ——超越数という——のような無理数や $\sqrt{27}$ のような 'surd' と呼ばれる無理数とは対照的である．'surd' とは，有限個の有理数を加減乗除し，それを n 乗根したものである）．π は循環しないで無限に続く数字の列である．

[問題2] 100, 101, 102 のそれぞれに，同じ整数を加えて，どの数もある整数の3乗とすることができるか？

この問題は，次のような連立方程式を満たす立方数 a^3, b^3, c^3 が存在するかという問題である．

$$\begin{cases} 100 + x = a^3 \\ 101 + x = b^3 \\ 102 + x = c^3 \end{cases}$$

-1, 0, 1 のような数が立方数であることに気がつけば，1つの解として $a = -1$, $b = 0$, $c = 1$, $x = -101$ があることがわかる．

3番目の問題について，オズ博士とドロシーは，ほとんど情報を持っていないので，皆さんには，ちゃんと調べてほしい．大きなます目をつくることができるだろうか？だれも確かなことは知らない（難易度：★★★の問題にしては，この問題は難しいかもしれない．この問題には答えがないかもしれないので）．

似たような数に，数学者 Joe K. Crump によって研究された「tridigital 平方数」という数がある．ここでは言及しないが興味ある方は http://www.spacefire.com/numbertheory/ を参照されたい．

tridigital 平方数とは，高々3つの数で構成される平方数をいう．次の数は 2, 6, 9 で構成される現在知られている tridigital 平方数のすべてである．もっと大きな tridigital 平方数はあるだろうか？

```
                    9
                 29929
                 69696
                929296
               9696996
              996222969
            26629996969
            69926926969
          269996262622969
         9222222699262629962929
         9929662926692269969296
        962962999629262222996699929
       266929299666299262966626296
       26999296992222922229669696996
      6296966969692266626622966929299
```

関連して，「exclusionary 平方数」と呼ばれる珍しい数があり，わたしは興味を持っている．次の数は何が特別なのか分かるだろうか？

    639,172

この数は，桁の数がすべて異なり，2乗した数の桁の各数字が，2乗する前の桁の数字と，どれも同じでない最大の整数である．

    $639,172^2 = 408,540,845,584$

exclusionary 平方数は，オーストラリア，クイーンズランドの Andy Edwards によって発見された．あなたは，ただ1つの，もう1つの6桁の exclusionary 平方数を見つけられるだろうか？ exclusionary 立方数はどうだろう？（わたしは，値が大きい exclusionary 立方数については知らない．これを exclusionary N 乗数に拡張してもおもしろいだろう．）

10. 平方数と立方数

次の連立方程式を満たす3つの整数 x, y, z を求めればよい．

$$\begin{cases} x^2 + y^2 + z^2 = N^3 & (1) \\ x^3 + y^3 + z^3 = M^2 & (2) \end{cases}$$

1つの方法は，2つの等式を連立させて，変数の数を減らすことである．例えば，

$(-a, 0, a)$ という形の解を求めてみよう．これが(2)式を満たすことはすぐ分かるだろう．$(-a, 0, a)$ を(2)式に代入すると，$(-a)^3 + a^3 = M^2$ となり，$M=0$ となる．a を動かしていくと，(1)式を満たす解が1つ，すぐ見つかる．すなわち，$a=2$ とすれば，$(-2)^2 + 0^2 + 2^2 = 2^3$. したがって，$x=-2, y=0, z=2$ となる．この連立方程式を満たす解は，無限個あるだろうか？ コンピュータ・グラフィックスを使って，解の集合（解空間）を表す方法はあるだろうか？

次のような等式を考えてみよう．

$$a_1^k + a_2^k + \cdots + a_m^k = b_1^k + b_2^k + \cdots + b_n^k$$
$$a_1 \geq a_2 \geq \cdots \geq a_m\ ;\ b_1 \geq b_2 \geq \cdots \geq b_n\ ;\ a_1 \geq 1\ ;\ m \leq n$$

ここで，k, m, n 及び a_i, b_j は正の整数とする．例えば，$a_1^6 + a_2^6 + a_3^6 = b_1^6 + b_2^6 + b_3^6$ となる解があるだろうか？ この分野で新しい発見をしたい人は，巨大検索プロジェクト「EulerNet project」を調べるとよい．このプロジェクトには，この種の等式の，現在までに知られている最小の解がすべて列挙されている．例えば，プロジェクトのメンバー Nuutti Kuosa は，2001年に次のような美しい等式を発見した．

$$1307^7 + 857^7 + 618^7 + 400^7 = 1184^7 + 1133^7 + 1030^7 + 423^7$$

この和は $6,890,807,721,574,272,667,868$ である．詳細は Jean-Charles Meyrignac "Computing minimal equal sums of like powers", http://euler.free.fr/index.htm.を参照されたい．計算機で何千時間もかけて計算した結果が，現在，新しい発見に役立っている．

さて，ほとんどの正の整数は，3つの平方数の和で表すことができる．例えば，$9+9+9=27$ や $16+1+1=18$. 3つ以下の平方数の和では表されない数について考えてみよう．例えば，4つの数をそれぞれ2乗して足さないことにはできない数は，どんな数だろうか？ 1770年，フランスの数学者ジョゼフ＝ルイ・ラグランジュは，すべての正の数が，平方数，または，2つの平方数の和，あるいは，3つの平方数の和，あるいは，4つの平方数の和であることを証明した．更に詳しい情報は Ivars Peterson の "Suprisingly square", *Science News* 159(24) (June 16, 2001): 382-3 を御覧いただきたい．

最近，オーストラリア，ヴィクトリアの Len Stubbs は，わたしに等式

$$A^n + B^2 = C^2$$

を満たす正整数 A, B, C, n を求めるよう要求してきた．例えば，$A=7, B=8400, C=8407, n=6$，あるいは，$A=6, B=23,325, C=23,331, n=7$ などが上記の等式

11. プレックスの行列

置き換えのルールは至って簡単だが，オズ博士のヒントなしでこのパズルを解けた人は今までいなかった．恐らくヒントなしで解くことができる人はいないだろう．1つの考え方は次のように記号に数字を割り当てることである．

$$\text{F} = 1, \text{B} = 2, \text{☠} = 3, \text{M} = 4$$

各行の一番右の数字は（最初の記号）−（2番目の記号）+（3番目の記号）−（4番目の記号）と等しい．したがって，この理論でいけば空欄には F が入る．

4	3	2	1	2
3	1	2	1	3
3	2	4	1	4
2	2	2	1	1
1	1	4	2	2

12. 時計工場のカオス

図12.1は，我々が一番長い道だと信じている道である．時計の針が一斉に90°，あるいは180°，あるいは270°回転したとき，このパズルが解けるかどうか分からない．また，選ばれた時計が90°，あるいは180°，あるいは270°回転したとしても，この迷路が解けるかどうか分からない．通過する時計の針の方向にだけ進んでもいいといった単純なパズルは解けるだろうか？

次のようなゲームも考えられる．この時計工場のパズルがコンピュータ上で実行できるかどうかだ．例えば，15分毎に，時計の針を一斉に回転させてもいい．また，時計盤を通過する毎に，すべての隣接する時計を回転させることもできる．そして，ゴールするゲームの代わりに，3回動く毎に，ボードのサイズが大きくなり，ゴールに着くまで，できるだけスタート地点から離れなければいけないというゲームも考えられる．

図 12.1　答え

（別の問題）さきほどの問題と同じ仮定で，次の迷路の一番長い道と一番短い道を求めよ．

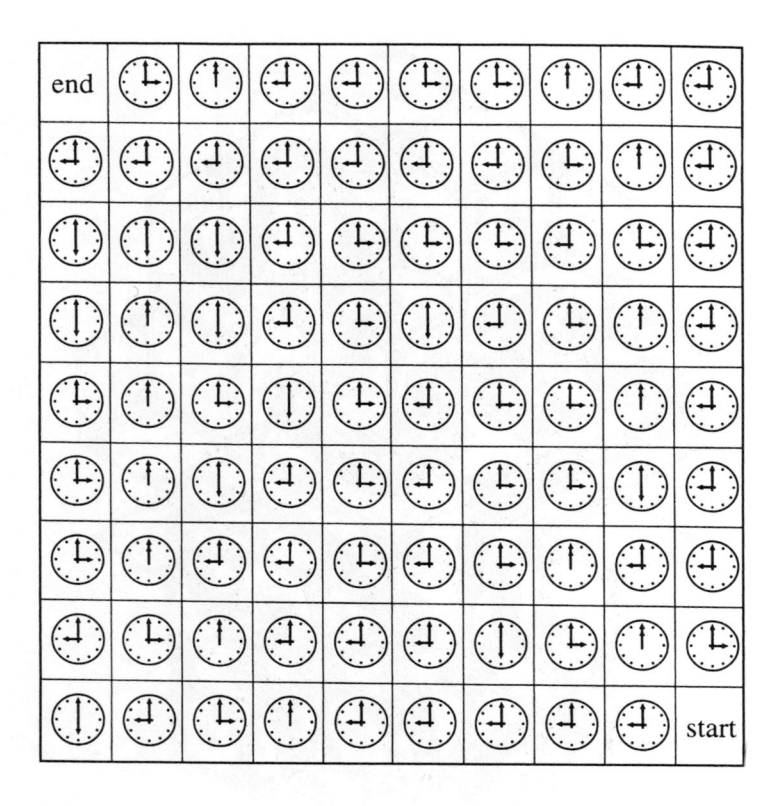

13. イプシロン地形

図13.1は1つの答え．ただ5つのブロックだけは通過していない．もっと良い道はあるだろうか？

図 13.1　答え（イラスト：Brian Mansfield）

14. 骨 投 げ

　棒または骨——宇宙人が選ぶどちらか——の長さを L とする．ここでは，ちょっと鳥肌が立ってしまうが，骨が使われたと仮定しよう．O を円の中心，P を円周上に固定された骨の片端の点とする（図 14.1）．$PQ=L$ となるように点 Q を円周上にとり，角 OPQ の大きさを a とする．このとき，骨の片端が円の内部にくる確率を知りたい．このとき，その確率は $\frac{2a}{2\pi}$ である（a が度数法による値ならば，この確率は $\frac{2a}{360}$ である）．なぜそうなるのだろう？　イメージして下さい．骨の片端が円周上に固定されているとき，もう片端は，360°，あるいは 2π ラジアン，ぐるっと回転することができる．このように片端を動かしたとき 2π ラジアンのうちの $2a$ ラジアン分が円内にあるからである．

図 14.1

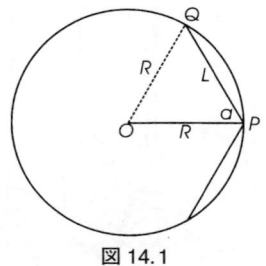

次に，a の値を求めよう．三角形 OPQ の 3 辺の長さが分かっているとき，角 a の値を求めるために「余弦定理」を用いてみよう．

$$R^2 = L^2 + R^2 - 2RL \cos a$$

余弦定理は，三角形の 2 辺の長さとその狭角の大きさが分かっているとき，その三角形のもう 1 辺の長さを求めるのによく使われる．また，三角形の 3 辺の長さが分かっているとき，角の大きさを求めることもできる（もっとも，この問題は余弦定理を使わなくてもいい．後で分かるだろう）．

最初の問題では，骨の長さは円の半径と同じである．すなわち $L = R$ である．このとき三角形 OPQ は正三角形である．余弦定理を適用すると $\cos a = 1/2$ となり，よって，$a = \pi/3$ となる．したがって，その確率は $\frac{2\pi}{3}$ を 2π で割ったもの，すなわち $1/3$ となる．もし骨を投げて，片端が円周上にあるとき，もう片端は 33% の確率で円の内部に入っている．ドロシーは 33% と答えることができる．

もちろん，この場合，実際には余弦定理を使う必要はない．三角形 OPQ が正三角形になることが分かれば，$a = 60° = \pi/3$ であることはすぐ分かる．

長さが $L = 2R$ の骨を投げると，結果として $\cos a = 1$ となるので $a = 0$ である．したがって，長さが $2R$（= 円周の直径の長さ）の骨をモデルとするならば，骨の片端が円周上にあるとき，もう片端が円の内部に入る確率は 0 となる．長さが $L = R/2$ の短い骨に対しては，$\cos a = 1/4$ となるので，$a = \frac{\cos^{-1} 1/4}{\pi} = 0.4196$ となる．長さが $R/2$ の骨のほうが，長さが R の骨より，円の内部に入る確率が高いことに注意しよう．

余弦定理はすばらしい公式である．いろいろなところに応用できる．例えば，衝突する 2 つの物体を表す 2 つのベクトルの差を求めるといった，ベクトルの量を扱う物理的な問題にも応用することができる（図 14.2）．

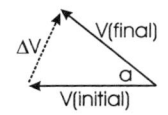

図 14.2　余弦定理をベクトルに応用する：$v_{final} = v_{initial} + \Delta v$, $\Delta v^2 = v_i^2 + v_f^2 - 2v_iv_f\cos(a)$.

他にも実用的な問題がある．次の図を参考にしよう．この場合，問題を解くのに，余弦定理が有効な道具になる．ドロシーが今立っている場所からオズ試験場まで，バイクで東に 10km，そして北東に 5km（東から北 45°）行くとしよう（図 14.3）．宇宙人たちは，ドロシーが今立っている所からオズ試験場まで，まっすぐ黄色いレンガの道を造るかどうかを判断したい．もしこのような道ができれば，何 km 得することになるだろうか？

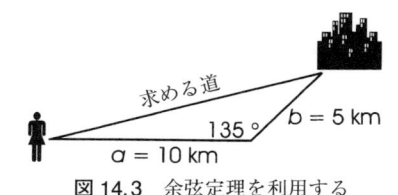

図 14.3　余弦定理を利用する

問題を解くため図を描いてみた．辺 a と b，そしてその狭角の大きさが分かっているので，余弦定理を使って黄色いレンガの道の長さを次のように計算できる．

$$\begin{aligned}c^2 &= a^2 + b^2 - 2ab\cos\theta \\ &= (10\text{km})^2 + (5\text{km})^2 - 2(10\text{km})(5\text{km})\cos(135°) \\ &= 100\text{km}^2 + 25\text{km}^2 - 100\times(-0.7071)\text{km}^2 \\ &= 125\text{km}^2 + 70.71\text{km}^2 \\ &= 195.71\text{km}^2\end{aligned}$$

195.71km^2 の平方根をとると，c の値はおよそ 14km となる．したがって，今使っている道の長さが 15km だから，今の道の代わりに新しい道を使ったほうが，ドロシーは 1km 程，得をすることになる．

15. 動物迷路

1つの答え．

17	18	19	20	1	2
16	23	22	21	4	3
15	24	11	10	5	6
14	13	12	9	8	7

1から24まで番号順に🐘🐕🐁と繰り返し進む．答えは他にあるだろうか？

16. オメガ球面

そのような面は確かに存在する．オメガ球面上に点は多くあるが，有限個しかない．これらの点の任意の2点を結ぶ直線すべてを考えよう．多くの直線があるが，やはり有限個しかない．このとき，これらの直線のどれとも平行でないような平面が存在する．この平面に平行な平面をオメガ球面の外側にとり，オメガ球面を通過するよう平行に動かすと，この平面は球面上の点を1点ずつ通過する．2点を同時に通過することはない．なぜなら，この平面はオメガ球面上の2点を結ぶ線分をどれも含んでいないからである．したがって，1億個目の点と交わるところから，1億1個目の点と交わるところの間に「間隔」があるので，この区間内のどんな平面もオメガ球面上の点をちょど半分ずつに分けるのである．

同僚が次のような質問をした．「オメガ球面上の点をちょうど半分ずつに分ける水平な平面はあるか？」球面上の点はでたらめに配置されているので，答えは確率1で，そのような水平な平面はあるということになる．今，3次元空間内の通常のx, y, z軸をイメージしよう．点をちょうど半分ずつに分けるx-z平面に平行な面とy-z平面に平行な面，そしてx-y平面に平面な面をとる．最後に，これら3つの平面が交わる点を見よう．このとき，この交点を通るどんな平面も，球面上の点をちょうど半分ずつに分けるだろうか？　もし自信がなければ，この点を通る平面が球面上の点をちょうど半分ずつに分ける確率は幾らだろうか？

点の集合を扱う幾何の問題を幾つか紹介しよう．平面上の点と点の距離に関する次のような事実がある．

ガラス平面に固定されたn匹のアリ（$n \geq 3$）を描いてみよう．

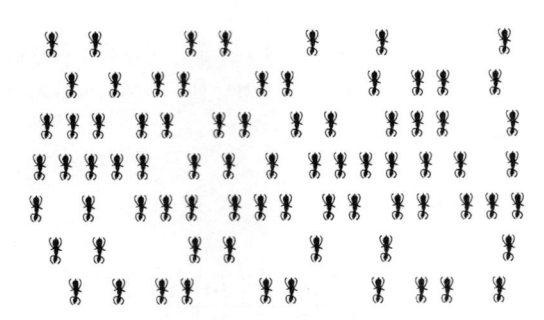

アリたちがガラス平面のどんな場所に配置されたとしても，次のことが成り立っている．

- 少なくとも $\sqrt{n-3/4}-1/2$ 組のアリは距離が異なる.
- アリどうしの距離が最小なペアは $3n-6$ 組以上起こらない.
- アリどうしの距離が最大なペアは n 組以上起こらない.
- 同じ距離の組は $n^{3/2}/\sqrt{2}+n/4$ 組以下である.

以上 4 つの事実は Ross Honsberger の *Mathematical Gems III* (New York：Mathematical Association of America, 1985)，36 からの出典．

[訳者の別解] 半球で分けることも可能である．球面上の 2 点を含む大円すべてを考える．仮定より，球面上に点は有限個しかないから，このような大円も有限個存在する．このような大円の上にない点を 1 点とり，北極とし，この北極に対応するちょうど反対側の点を南極としよう．このとき，北極と南極を結ぶ球面上の大円がただ 1 つ存在する．この大円で球面上の点の個数がちょうど半分ずつに分けられていればその大円が答え．そうでなければ（すなわち点の個数に差があれば），北極と南極を結ぶ（3 次元空間における）直線を軸として大円を回転させれば，ある範囲で，球面上の点の個数がちょうど半分ずつに分かれる大円がある．なぜなら，半回転したとき，ちょうど個数が逆転するから．回転によって個数の差は 1 ずつ変わることに注意しよう．

17．脚の骨で三角形を作ってみよう

　1 本の骨を 3 つに割り，その 3 本の骨が三角形の辺となるためには，その割られる 2 か所が，骨の中点に対して互いに反対側にあることが必要である．分かりづらければ，スケッチしてみよう．もし 2 か所とも中点に対して同じ側にあれば，2 本は短い骨となり，三角形が作れない．1 か所割った後，骨の中点に対して反対側の箇所を割る確率は，2 回に 1 回である．さらなる制限を考えよう．三角形ができるためには，割った後それぞれ骨の長さが，割る前の骨の長さの半分以下でなければならない．イメージできなければ，スケッチしてみよう．この条件でも，確率は 1/2 になる．組み合わさった最終的な確率を求めるため，それぞれの確率をかけ合わせると，1/4 となる．したがって，骨を適当に 3 つに割ったとき，三角形が作られる確率は，1/4 となる（読者の中には，三角形の 2 辺の長さの和はもう 1 辺の長さより大きいという「三角不等式」を思い出す人がいるかもしれない）．

　2 番目の問題の答えは読者にお任せしよう．ちなみに，Robert Stong 博士によれば，8 章と同じ理由で，割ったとき，一番長い骨と一番短い骨の比率には，有効な答えはないということである．その比率は有界な関数ではない．しかし，一番起こりうる値に関する式を数学的に導くことができるかもしれない．

18. Z 型 牧 場

次の図は1つの答え（灰色の範囲と白い範囲の境界線を切るか，線を引く）．

この種の問題を解く一番有効な方法は何だろうか？

19. 不思議なフェーサー

A の最初の発砲が B に命中する確率は50%（0.5）である．次に B にチャンスがあり，B が A に命中する確率も 50% である．A が2回目の発砲で B に命中する確率は，A が外し（0.5），B が外し（0.5），A が命中する（0.5）確率を求めなければならない．この確率は，$0.5 \times 0.5 \times 0.5$ である．A が命中する確率に関する級数を次のように徐々に発展させることができる．

$0.5 +$
$0.5 \times 0.5 \times 0.5 +$
$0.5 \times 0.5 \times 0.5 \times 0.5 \times 0.5 +$
$0.5 \times 0.5 \times 0.5 \times 0.5 \times 0.5 \times 0.5 \times 0.5 + \cdots$

この級数は，$0.5 \times (1 + 1/4 + 1/4^2 + 1/4^3 + \cdots) = 0.5 \times (4/3) = 2/3$ となる．ここで，4/3 というのは，収束する等比級数の和の公式から導かれる．a を任意の実数とする．このとき，級数

$$\sum_{n=0}^{\infty} a^n = 1 + a + a^2 + a^3 + \cdots$$

は，等比級数である．$|a|<1$ のとき，この級数は収束し，$|a| \geqq 1$ のとき，発散する．その等比級数が収束するとき，次の値に収束する．

$$\sum_{n=0}^{\infty} a^n = \frac{1}{1-a}$$

今の場合，$a=1/4$ なので，その和は $4/3$ となる．

数人の同僚が教えてくれたのだが，次のようにも考えられる．A も B も 1 回目の勝負で終わる条件のもとで，A は $2/3$ の確率で勝つ[1]．A も B も 2 回目の勝負で終わる条件のもとで，A は $2/3$ の確率で勝つ．A も B も 3 回目の勝負で終わる条件のもとで，A は $2/3$ の確率で勝つ，というふうに続けていくと，A が勝つ確率は $2/3$ であることが分かる．

別の方法もある．p を敵に命中する確率，P を A（最初の人）が生き残る確率とする．つまり，A は B を確率 P で撃ち，生き残る．A も B も 1 回目の発砲で外れる確率は $(1-p)^2$ であるので，結局，$P = p + P(1-p)^2$ となり，P について解くと，$P = p/(1-(1-p)^2)$ となる．$p = 1/2$ であれば，$P = 2/3 = 0.67$ となり，$p = \frac{1}{10}$ であれば，$P = \frac{100}{190} = 0.53$ となる．どちらの宇宙船の命中率も 50% から 10% に下がっているので，宇宙船 A の生き残る確率は下がっていることに注意しよう．もしあなたのフェーサーがあまり正確でなく，敵に命中する確率が 100 回にたった 1 回，つまり $p = \frac{1}{100} = 0.01$ であれば，P は 0.5 に近い値になる．このことは，打率が下がると，A が生き残る確率と B が生き残る確率が五分五分になるということである．もし各ショットで，命中する確率がかなり高ければ，A は B を最初のショットで破壊することができる．したがって，宇宙船 B が宇宙船 A と同じくらい性能の良いフェーサーを搭載しているなら，ドロシーは，自分の宇宙船（A）のフェーサーができるだけ性能が良いことを願うべきである．

前述の確率 $p/(1-(1-p)^2)$ は次のようにも求まる．宇宙船 A が 1 回目の発砲で命中する確率は p．宇宙船 A が 2 回目の発砲で命中する確率は $p \times (1-p)^2$ である．同様に続けていくと，一般項は $p \times (1-p)^{2n}$ となる．この等比級数の和は，$p/[1-(1-p)^2] = 1/(2-p)$ である．

恐怖のフィボナッチ戦略問題においては，まず，$F(n)$ を n 番目のフィボナッチ項とする（$F(1)=1, F(2)=1, F(3)=2, F(4)=3, \ldots$）．命中率が p のとき，宇宙船 A が生き残るには，B を 1 回目で直ちに命中させる（確率 p），あるいは，A が外れ，B が外れ，次に A が命中させればよい．ただし，A は 2 回目の番で 2 度発砲することができる（$F(3)=2$ より）ことから，A が生き残る確率は $[1-(1-p)^2](1-p)^2$ となる．もし A も B も 2 回目まで外れて（合計で 7 回外れる），A が命中すれば，5 回目で命中するこ

---

[1] ［訳注］条件つき確率である．

ととなり，A が生き残る確率は $[1-(1-p)^5](1-p)^7$ となる．この議論を繰り返すことができて，わたしの友人 Ilan Mayer と David T. Blackstone によれば，A が生き残る確率の一般式は $[1-(1-p)^{F(2n-1)}](1-p)^{F(2n)-1}$ となる．級数和は，数値的に解かれる．$p=0.5$（50%）のとき，およそ69.5% である．これは，宇宙船 A が 69% の確率で，このフィボナッチ戦で勝つことを意味している．$p=0.1$（10%）のとき，宇宙船 A は，およそ 54% の確率で勝つ．

フィボナッチ数列に関して更に実験したい皆さんには，下記のプログラムを活用していただきたい．これは BASIC で書かれていて，フィボナッチ数列の初項から 40 項まで求めるプログラムである．

```
10  REM Compute Fibonacci Numbers
20  DIM F(40)
30  F(1)=1
40  F(2)=1
50  FOR N=1 TO 38
60    F(N+2)=F(N+1)+F(N)
70  NEXT N
80  FOR N=1 TO 40
90  PRINT F(N)
100 NEXT N
110 END
```

20 塩田の循環数

1つの答え．$33\times 3 \div 11=6$．他にも答えはある．見つけてみよう．

	3	×	2
3	☠	☠	÷
E	☠	☠	1
6	=	1	

21 合成数を見つけよう

ドロシーは，どのようにして，この問題に取りかかればいいのだろうか？　確かに，紙とペンだけを使って，10,000 個の連続する素数でない数を探すのは難しいだろう．素数の分布について，あなたは何かご存知だろうか？

解　答　263

- 素数を求める昔からの方法に，「エラトステネスのふるい」がある．まず，正の数のリストをつくり，4で始まる2の倍数をすべて消す．次に6で始まる3の倍数をすべて消すという方法である（「ふるい」のアルゴリズムは，計算過程が長く，計算量が多いため，計算機を評価したり，比較したりするのに使われる）．

- 素数定理とは，nより小さい素数の個数が，$n/(\ln n)$で近似できるという定理である．この定理は最初，カール・フリードリヒ・ガウスによって19世紀初頭に予想され，1896年，ジャック・アダマールとドゥ・ラ・ヴァレ・プーサンによって（独立に）証明された．彼らの証明は複素解析に依っていて，そのときは，だれしもこれより簡潔な証明があるとは思わなかった．1949年，素数定理の別の証明がなされたのは，数学界での大きな出来事だった．アトル・セルバークとポール・エルデシュによって証明された（偶然にも，この定理は関連する定理「1より大きい各整数に対して，その数とその2乗の間に少なくとも1つ素数が存在する」を導く．また，素数定理から，nより小さい素数間の「ギャップ」の平均が$\ln(n)$であることを示すこともできる．最初の幾つかの素数2, 3, 5, 7, 11, 13を調べると，左から順に前後の数の差は1, 2, 2, 4, 2, …となっている）．

- 何世紀もの間，数学者は，素数の並びに隠された規則性を探そうとしていた．しかし，おそらく規則性はない．ここで，1つの偶数で分かれる"双子素数"と呼ばれる素数のペア (3, 5), (5, 7), (11, 13), (17, 19), (29, 31) について考える．数学者の長年の予想は，このような素数のペアが無限にあるということである．このことは，現在までに証明されていないし，逆に有限個であるという証明もない（双子素数とは，互いの差ができるだけ近い，つまり差が2の素数の組である．もし差が1だけなら，数の1つは偶数でなければならず，2で割り切れることになり，(2, 3) のペアしかない）．我々は，いつか，すべの素数を生成する便利な公式，あるいは，ある特別な数まで素数の個数を正確に数える公式を開発するだろうか？

ドロシーの問題を解くのに，上の方法は役立つだろうか？　しかし，10,000個の合成数（素数ではない数）を求める簡単な方法がある．

その「簡単な」答えは，$10{,}001! + 2, 10{,}001! + 3, \ldots, 10{,}001! + 10{,}001$である．ここで，記号！は，階乗の記号である（例えば，$5! = 5 \times 4 \times 3 \times 2 \times 1$である）．この数列の元は，素数ではない（合成数である）．なぜなら，$n! + A$は，$A > 1 (A \leq n)$のとき，Aで割り切れるからである．例として，$n! + A (n = 5, A = 3)$について調べてみよう．これは $(5 \times 4 \times 3 \times 2 \times 1) + 3$ となる．この数の階乗の部分は3で割り切れる．なぜなら，1からnの因子をもつからである．その和の2番目の項は明らかに3で割り切れる．

同様に，$A=4$ なら $120+4$ は 4 で割り切れる．

我々の「簡単な」答えは宇宙人を満足させる正しい答えではあるが，小さい順に 10,000 個の合成数を求める問題の答えにはなっていない．小さい順に 10,000 個の合成数の並びを見つける簡単な方法をわたしは知らない．

素数の話題に関しては，セミについて言及せざるをえない．セミは，土の中で 7 年，あるいは 13 年，あるいは 17 年過ごした後，土から現れ，成虫として死ぬまでの数週間を土の外で過ごす．このような素数期間の生活サイクルがどのように進化論に影響を及ぼすか，という研究がなされている．例えば，シミュレーションでは，素数の周期性がせみを捕食動物から守っていることが表れている．数論は，果たして，動物学の解読に一役買うのだろうか？ 更に詳しい情報を知りたい方は，A. M. S., Biological model generates prime numbers, *Science* 293 (5528) (July 13, 2001)：177 を参照していただきたい[2]．

22 脳内旅行

図 22.1 に示される道は答えの 1 つ．答えはこれだけだろうか？ この問題を解くのにどのくらい時間がかかっただろうか？ 図の道は一番いい答えだろうか？

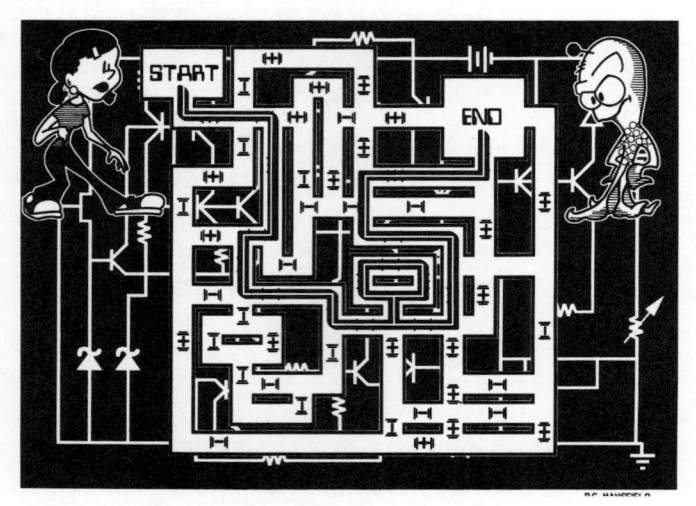

図 22.1 答え（イラスト：Brian Mansfield）

---

[2] ［訳注］『素数ゼミの謎』吉村仁著，文藝春秋（2005）も参照．

23 オミクロンのギャップ

等式を満たす有理数の解は

$$\alpha = (1+1/k)^k, \qquad \beta = (1+1/k)^{k+1} \qquad (k = \pm 1, \pm 2, \pm 3, \ldots)$$

であり，これら以外にはないと，オズ博士は確信している．しかし，どんなグラフになるかは分からない．オズ博士は有理数の解だけしか考えていないため，グラフを描くと間隔が空いてしまうだろうか？

ここで

$$\alpha^\beta = \beta^\alpha$$

を満たす α，β を求めよう．もし $\beta = r\alpha$ であれば，代入して $\alpha^{r\alpha} = (r\alpha)^\alpha$ となる．よって，$\alpha = r^{1/(r-1)}$ である．今，α，β は有理数であるので，r は有理数である．したがって，$1/(r-1)$ は常に整数でなければならない．よって，$\alpha = (1+1/k)^k$，$\beta = (1+1/k)^{k+1}$，$k = \pm 1, \pm 2, \pm 3, \ldots$ が得られる．

Darrell Plank によると，ソフト「Mathematica」でこのグラフを描くことができる．関連するコマンドは下記である．

ListPlot[Table[{(1. + 1./k)^k, (1. + 1./k)^(k + 1)}, {k, −100, 100}]]

このコマンドでどんなグラフが描けるか，皆さんにやってもらいたい．このコマンドでは k の範囲は $-100 \leq k \leq 100$ であるが，k がもっと広い範囲をとったらどんなグラフになるだろうか？

オズ博士はグラフが点 (2, 4) と点 (4, 2) を通る双曲線のようなグラフだと予想している．皆さんからいろいろなグラフが寄せられることを歓迎している．グラフ関連ではないが，同じような問題が Angela Dunn, *Mathematical Bafflers* (New York : Dover, 1980), 213 で議論されている．

24 ハッチンソン問題

1つの答え．あなたは答えを幾つ見つけられるだろうか？

2					
3			1	3	
		3		2	

25 フリント級数

フリント級数 $S(N)$ は特殊な級数である．$S(N)$ を N についての関数として図を描けば，最初の 354 項までは，うまく収束するのが分かるだろう．次の表は $N=22$ から始まる N と $S(N)$ の対応表である．N の値が増加するにつれ，$S(N)$ の値も増加し 4.8 付近で値が落ち着くのが分かるだろう．

N	S	N	S
22	4.75410	307	4.80686
23	4.75422	308	4.80686
24	4.75430	309	4.80686
25	4.75796	310	4.80686
26	4.75806	311	4.80687
27	4.75811	312	4.80687
28	4.75873	313	4.80687

4.80687 に収束する様子

オズ博士は，次のプログラムで表の値を計算した．

```
ALGORITHM: How to Compute Strange Series
s=0
DO n = 1 to 400
    olds=s
    s = s + 1./(n**3 * (sin(n))**2)
    PrintValueFor(n, s)
    if ((s-olds) > 3) then Print("I have found a jump")
END
```

この段階で，この級数はかなり単調であるように見える．実際，$S(N)$ の値を見るだけで，この級数が 4.8 に近い値に収束していることが推測できるだろう．しかしながら，$N=355$ において，この級数の値は，突然，29.4 に跳ね上がるのである！ オズ博士はこの予期せぬジャンプを見たとき，入れ歯を落としそうになった．これは，収束するかどうかを判断するのに，グラフや表を見ることだけでは分からないことを生徒さんたちに説明するには，絶好の具体例である．

行儀よく見えるふるまいが $N=355$ のところで，なぜ，急に高く飛び上がるのだろうか？ この理由はあと知恵であるが簡単である．まず，$\sin(N\pi)=0$ を思い出してみよう．355 は π の倍数に近いので（355/113=3.14159 はすばらしい近似である），$S(N)$ の値は，この点で，不意にジャンプするのである．もっと後で，π の有理数近

似が起こるところで，同様にジャンプが起こるだろう．

　これ以外のジャンプを見つけてみよう．ドロシーは初項から 100,000 項まで調べたが，$N=355$ 以外に大きなジャンプは見つけられなかった．いつまでも気力のある登山家であれば，この級数に沿って無限マイル「歩く」と，何を見つけるだろうか？ 数学者は π の有理数近似をしばしばやってきたが，彼らの知識では，この級数が収束するかどうかについて答えるには，いまだ，十分ではない．図 25.1 は N が 0 から 10,000 までの値の図である．この値はほとんど π の倍数である．もっと数学的に述べると，この図は $|N/k - \pi| < \varepsilon$ に対する N の図である．ただし，$\varepsilon = 0.0001$．$\varepsilon \sim 0$ における点は 355 の倍数に位置する（グラフから横軸上にあることが分かる）．

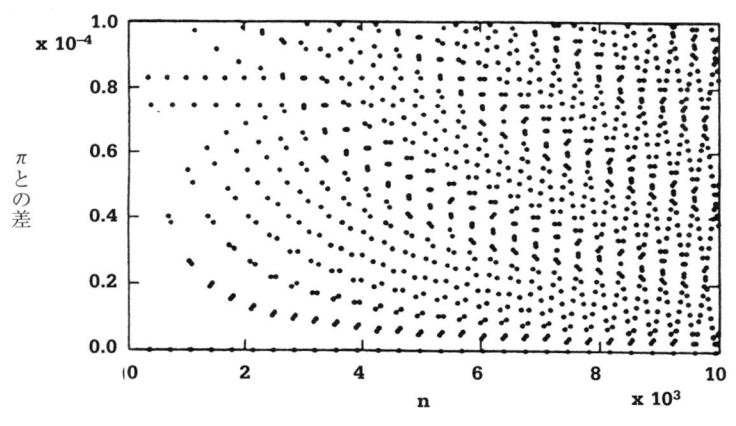

図 25.1　$S(N)$ の値で π に近いもの（$0 \leq N \leq 10,000$）

次に，このグラフを描くためのアルゴリズムを紹介しよう．

```
ALGORITHM: How to Create the Pi Dot Map
pi = 3.1415926
DO k = 1 to 10000
  DO n = k to 10000
    ratio = n/k
    diff = abs(ratio – pi)
    if (diff < .0001) then PlotPointAt(n,diff)
  END
END
```

オズ博士はシドニー大学の理論物理学科の Ross McPhedran に感謝している．彼はオズ博士に有益な助言をし，フリント級数を教えてくれた．Ross は，この方程式をフランスの物理学者 Roger Petit 作であると考えている．

Darrell Plank はソフト「Mathematica」の次のようなコマンドで，この級数をグラフの視点から研究することができると言っている．

ListPlot[FoldList[(#1 + 1./(#2^3 (Sin[#2]^2))) &, 0, Range[1000]]]．

最近，Jason Earls は 700MHz のインテル・セレロン・プロセッサーと QBASIC 言語を使って，この級数の 15,000,000 項までの和を求めた．値は 30.31454606891396 である．彼は，現在も，この級数がジャンプする点 n のリストを作っている（例えば，355，710）．Jason はまた，次の級数の 2,631,403 項までの和を求めた．

$$S(N) = \sum_{n=1}^{N} \frac{1}{n^3 \cos^2 n}$$

クックソン丘級数

（Jason は，クックソンの丘にちなんで，この級数に名前をつけた．クックソンの丘は，オクラホマ州東部にある彼の先祖代々の家があるところから 20 マイル離れたところにある．）この級数はフリント級数に似ていて，初項から数十項までに 2 回ジャンプし，その後，42.99523402763187 に近づいていく．

26　風変わりなタイル

答え．

対角線に関して対称になっている．

次の図は同じようなパズル．空欄に正しい記号を入れよ．

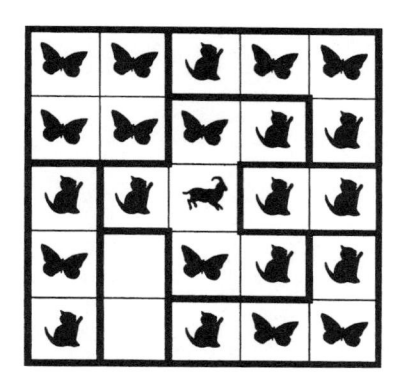

27 トト・クローンのパズル

3匹のトト・クローンは正三角形の頂点に立っている．4匹目のトト・クローンは草原で少し上に上がったところに立つ．このように，4匹目のトト・クローンは辺の長さがすべて等しいピラミッド（正四面体）の頂点に立っている．

28 レギオン数

まず，2番目の問題から考えよう．ある意味では，1番目の問題より易しい．

$$\bowtie = 666!^{666!}$$

の下10桁を求めることは，一目見て感じるほど難しくない．次は1から40までの階乗の値である．

```
 1! = 1
 2! = 2
 3! = 6
 4! = 24
 5! = 120
 6! = 720
 7! = 5040
 8! = 40,320
 9! = 362,880
10! = 3,628,800
11! = 39,916,800
12! = 479,001,600
13! = 6,227,020,800
14! = 87,178,291,200
15! = 1,307,674,368,000
16! = 20,922,789,888,000
17! = 355,687,428,096,000
18! = 6,402,373,705,728,000
19! = 121,645,100,408,832,000
20! = 2,432,902,008,176,640,000
21! = 51,090,942,171,709,440,000
22! = 1,124,000,727,777,607,680,000
23! = 25,852,016,738,884,976,640,000
24! = 620,448,401,733,239,439,360,000
25! = 15,511,210,043,330,985,984,000,000
26! = 403,291,461,126,605,635,584,000,000
27! = 10,888,869,450,418,352,160,768,000,000
28! = 304,888,344,611,713,860,501,504,000,000
29! = 8,841,761,993,739,701,954,543,616,000,000
30! = 265,252,859,812,191,058,636,308,480,000,000
31! = 8,222,838,654,177,922,817,725,562,880,000,000
32! = 263,130,836,933,693,530,167,218,012,160,000,000
33! = 8,683,317,618,811,886,495,518,194,401,280,000,000
34! = 295,232,799,039,604,140,847,618,609,643,520,000,000
35! = 10,333,147,966,386,144,929,666,651,337,523,200,000,000
36! = 371,993,326,789,901,217,467,999,448,150,835,200,000,000
37! = 13,763,753,091,226,345,046,315,979,581,580,902,400,000,000
38! = 523,022,617,466,601,111,760,007,224,100,074,291,200,000,000
39! = 20,397,882,081,197,443,358,640,281,739,902,897,356,800,000,000
40! = 815,915,283,247,897,734,345,611,269,596,115,894,272,000,000,000
```

なんと大きな数だろう．末尾の 0 の個数がどのように大きくなっていくかに注目しよう．40! まで見てみると分かるだろう．40! には，末尾に 0 が 9 個並ぶ．したがって，666! の下 10 桁は 0 であることが分かり，故に $666!^{666!}$ の値の末尾には 0 が 10 個以上

並ぶことが分かる．末尾に 0 が多く並ぶのは，多くの 5 や 2 の因数があるためである．もう少し詳しくいうと，数 666! の下 10 桁が 0 なのは，666! が 5^{10} でも 2^{10} でも割れるからだ．したがって，Ɲ の下 10 桁も 0 であることになる．$n!$ は，n までの 5 の倍数を因数としてもち，5 の倍数を因数にもつことで，$n!$ の値は，末尾に少なくとも 1 つの 0 がつく．他にも，5 の累乗（例えば，25 など）を因数としてもつものは，更にもう 1 個，値の末尾に 0 がつく．よって，666! の末尾には 100 個以上の 0 が並ぶことになる．

第一レギオン数の下 10 桁はどのように考えればよいだろうか？

$$Ɲ = 666^{666}$$

ドロシーは，パソコンがないと混乱するかもしれない．現在では，ユニックス「bc」のような高性能の計算機を用いると 1881 桁まで計算できる．この計算機で Ɲ の下 10 桁は 0,880,598,016 となる．

研究者 Jim Gillogly は，第一レギオン数も第二レギオン数も調べられる GMP（Gnu Multi-Precision）と呼ばれる別の高性能ソフトを使って，プログラムを作成した．例えば，そのプログラムは，Ɲ の下 10 桁を計算できるので，前述の「bc」の結果を確かめることができる．次にそのプログラムは，666! の末尾に並ぶ 0 を取り除き，その取り除かれた数を 10,000,000,000 を法として 666! 乗することができ，Ɱ の末尾の 0 を除く下 10 桁を得ることができる．結果は Ɲ が 880598016，Ɱ が 1787109376 で，このあと右側に 165 個の 0 が並ぶ．次に挙げるのは，大きな数の計算に使われる Jim Gillogly のプログラムである．

```
/* Legion's Numbers: last 10 digits of 666^666 and 666! ^ 666!
 * Jim Gillogly, Dec 2000 */
#include <stdio.h>
#include <gmp.h>
main(int argc, char **argv)
{
  mpz_t legion;  /* Allocate space for the multi-precision integers. */
  mpz_t result;   mpz_t mod;   mpz_t fact;   mpz_t remainder;
  mpz_t base;    int i;
  mpz_init(legion);   /* Initialize multi-precision variables. */
  Mpz_init(result);   mpz_init(mod);   Mpz_init(fact);   mpz_init(base);
  mpz_init(remainder);
  mpz_set_str(mod, "10000000000", 0);    /* Last 10 digits. */
  mpz_set_str(legion, "666", 0);
  mpz_powm(legion, legion, legion, mod);   /* 666^666 mod 10^10 */
```

```
    printf("Last 10 digits of 666^666: ");
    mpz_out_str(stdout, 10, legion); printf("\n");  /* Print the value. */
    mpz_set_ui(fact, 2);    /* Calculate 666! */
    for (i = 3; i <= 666; i++)
        mpz_mul_ui(fact, fact, i); printf("666! = ");
    mpz_out_str(stdout, 10, fact); printf("\n");  /* Print 666! */
    /* 666! ends in a whole bunch of 0's: you get another one whenever
     * you multiply in another factor ending in 0 or 5.
     * Just for fun, let's strip them all off (counting them), and
     * find out what the last digits are <before> the zeroes. */
    mpz_set(base, fact);    /* Keep the full # for exponent. */
    for (i = 0; i < 500; i++)   /* Under 200 zeroes, actually. */
    {
        mpz_tdiv_qr_ui(result, remainder, base, 10);
        if (mpz_cmp_ui(remainder, 0) != 0)
            break;   /* Finished stripping zeroes. */
      mpz_set(base, result);    /* Strip off that zero. */
    }
    printf("We stripped %d zeroes from the end of 666!\n", i);
    mpz_powm(result, base, fact, mod);    /* Raise it to the 666! power. */
    printf("Last n digits of (666!)^(666!) (not counting 0's): ");
    mpz_out_str(stdout, 10, result);   printf("\n");
    return 0;
}
```

実行結果は次のようになる.

Last 10 digits of N: 880598016
666!=1010632056840781493390822708129876451757582398324145411340420807357413802103697022989202806801491012040989802203557527039339704057130729302834542423840165856428740661530297972410682828699397176884342513509493787480774903493389255262878341761883261899426484944657161693131380311117619573051526423320389641805410816067607893067483259816815364609828668662748110385603657973284604842078094141556427708745345100598829488472505949071967727270911965060885209294340665506480226426083357901503097781140832497013738079112777615719116203317542199999489227144752667085796752482688850461263732284539176142365823973696764537603278769322286708855475069835681643710846140569769330065775414413083501043659572299454446517242824002140555

```
4046429629100190143841467573055296491456926973403850076414055
1143642836128613304734147348086095123859660926788460671181469
2162522133746504995578317419505948271472256998964140886942512
6104519667256749553222882671938160611697400311264211156133257
3503212960729711781993903877416394381718464765527575014252129
0402832369639226243444569750240581673684318090685445772584729
8397943781807264821360865009874936976105696120379126536366566
4696802245199962040041544438210327210476982203348458596093079
2965695612674094739141241321020558114937361996687885348723217
0536051130524871079644147921335454258357607659625021345466796
8837996023273163069094700429467106663925419581193136339860546
5586736239552319323994048094041087672320000000000000000000000
0000000000000000000000000000000000000000000000000000000000000
00000000000000000000000000000000
```

666! の値の末尾から 165 個の 0 を取り除き，計算すると 666!$^{666!}$ の（0 を数えない）下 10 桁は 1787109376 となる．

Darrell Plank はソフト「Mathematica」と対数を使って，もっと難しい問題——第二レギオン数の「最初」の 10 桁の数は何か？——に挑戦した．まず，彼は，第一レギオン数を計算した．

$$666^{666} = 2.7154175928871285582608746 \times 10^{1880}$$

このように，666^{666} の最高位の 10 桁は 2715417592 である．底 10 を使って，$\log(666!) = 1593.0045930697663067548 2696146$ である．これを L とすると，次のことが成り立つ．

$$\log(666!^{666!})$$
$$= 666! \times L = (10^L) \times L$$
$$= 1.0106320568407814933982271 \times 10^{1593}$$
$$\quad \times 1593.0045930697663067548 2696146$$
$$= 1.6099415084509100547747 9540 \times 10^{1593}$$

$M = 1.6099415084509100547747 9540$ とすると，$\log(666!^{666!}) = M \times 10^{1593}$ である．この値を 10 のべき乗すると，次のようになる．

$$(10^M) \times 10^{10^{1593}}$$

上式右側の因数 $10^{10^{1593}}$ は大きい数だが，10 の整数乗である．左側の因数は $10^M =$

40.73254148022481042609406 であるので，$666!^{666!}$ の最高位の 10 桁は 4073254148 である．なんとすばらしい解析だろう！ Plank は $\log 666!$ を求めるのは明確でないことに気づいた．$\log 666! = \log(1 \times 2 \times 3 \times \cdots \times 665 \times 666) = \log(1) + \log(2) + \cdots + \log(666)$ であるからである．

階乗について興味のある読者には，「階乗 $+1$」の形（すなわち $n!+1$）や「階乗 -1」の形（すなわち $n!-1$）をした「階乗素数」について調べるとよい．多くの研究者によって，n が次の値のとき，$n!+1$ は素数になることが発見された．

$n = 1, 2, 3, 11, 27, 37, 41, 73, 77, 116, 154, 320, 340, 399, 427, 872, 1277, 6380$

$n = 6380$ のとき $n!+1$ の値は 21,507 桁の数となる．Borning 1972, Templer 1980, Buhler, Crandall & Penk 1982, 及び Caldwell 1955 を参照．更に，n が次の値のとき $n!-1$ は素数になることが発見された．

$n = 3, 4, 6, 7, 12, 14, 30, 32, 33, 38, 94, 166, 324, 379, 469, 546, 974, 1963,$
$3507, 3610, 6017$

$n = 6017$ のとき $n!-1$ の値は 23,560 桁の数となる．どちらの形も $n = 10,000$ までチェックされている（Caldwell & Gallot 2002）．階乗素数に関しては，Chris K. Caldwell による論文 "Primorial and factorial primes", http://www.utm.edu/research/primes/lists/top20/PrimorialFactorial.html がある．

別の話に primorial 素数というものがある．$p\#$ は次のように，p 以下の素数の積である．

$3\# = 2 \times 3 = 6,$
$5\# = 2 \times 3 \times 5 = 30,$
$13\# = 2 \times 3 \times 5 \times 7 \times 11 \times 13 = 30,030.$

primorial 素数もまた，2 つの形 $p\# +1$ と $p\# -1$ がある．$p\# +1$ が素数になるのは，例えば，p が次の値のときである．

$p = 2, 3, 5, 7, 11, 31, 379, 1019, 1021, 2657, 3229, 4547, 4787, 11549, 18523,$
$23801, 24029, 42209$

$p = 42,209$ については，$p\# +1$ の値は 18,241 桁の数となる．Borning 1972, Templer 1980, Buhler, Crandall & Penk 1982, 及び Caldwell 1955 を参照．一方，$p\# -1$ が素数になるのは，p の値が，例えば次のときである．

$p = 3, 5, 11, 41, 89, 317, 337, 991, 1873, 2053, 2377, 4093, 4297, 4583, 6569, 13033, 15877$

$p = 15,877$ については，$p\# - 1$ の値は 6845 桁の数となる．どちらの形についても $n < 100,000$ のすべての素数に関してチェックされている（Caldwell & Gallot 2002）．上記の素数について詳しく知りたい人は，Dubner 1987, 1989 を参照するとよい．

最後になったが，Chris Caldwell と Harvey Dubner は，階乗素数を次のような多階乗関数を用いて一般化した．

$n! = (n)(n-1)(n-2)\cdots(1)$
$n!! = (n)(n-2)(n-4)\cdots(1 \text{ あるいは } 2)$
$n!!! = (n)(n-3)(n-6)\cdots(1, 2, \text{ あるいは } 3)$

例えば，$7! = 5040$，$7!! = 105$，$7!!! = 28$，$7!!!! = 21$，$7!!!!! = 14$ である．多階乗素数は，$n!! +/-1$，$n!!! +/-1$，$n!!!! +/-1$，… である（Caldwell & Dubner (1993) を参照）．Chris Caldwell によって提供された primorial 素数，階乗素数，多階乗素数に関する参考文献は下記のようなものがある．

- Borning, A. (1972). Some results for $k! \pm 1$ and $2\cdot 3\cdot 5\cdots p \pm 1$, *Mathematics of Computation* 26：567-70.
- Buhler, J. P., R. E. Crandall, and M. A. Penk (1982). Primes of the form $n! \pm 1$ and $2\cdot 3\cdot 5\cdots p \pm 1$, *Mathematics of Computation* 38：639-43. Corrigendum in *Mathematics of Computation* 40(1983)：727.
- Caldwell, C. (1995). On the primality of $n! \pm 1$ and $2\cdot 3\cdot 5\cdots p \pm 1$, *Mathematics of Computation* 64(2)：889-90.
- Caldwell, C., and H. Dubner (1993/4). Primorial, factorial and multifactorial primes, *Mathematical Spectrum* 26(1)：1-7.
- Caldwell, C., and Y. Gallot (2002). On the primality of $n! \pm 1$ and $2 \times 3 \times 5 \times \cdots \times p \pm 1$, *Mathematics of Computation* 71(237)：441-8.
- Dubner, H. (1987). Factorial and primorial primes, *Journal of Recreational Mathematics* 19(3)：197-203.
- Dubner, H. (1989). A new primorial prime, *Journal of Recreational Mathematics* 21(4)：276.
- Templer, M. (1980). On the primality of $k! + 1$ and $2 \times 3 \times 5 \times \cdots \times p + 1$, *Mathematics of Computation* 34：303-4.

Chris K. Caldwell は，マーチンにあるテネシー大学数理統計学科の教授である．彼について詳しく知りたい方は，http：//ww.utm.edu/~caldwell// を参照するとよい．彼の現在の学術的な関心は，素数定理，及び計算機を使って数学を教えることである．

わたしの好きな数の1つは，Beast と呼ばれる次のような数である．

```
25.8069758 0112788031 5188420605 1491408960 8260667187
2206858524 1369237122 8080398905 1038349992 6720968861
9318855007 5761727345 9109615963 7558843433 2985885744
0382590747 9275606091 5875182845 9438603101 2881616726
4637737512 8227234943 1038556483 2857611197 8689357746
9533562989 5358928362 1920680996 4202011090 5005852090
50268385
```

なぜ，この数が他の数字に比べとりわけおもしろいのか，だれか推測してほしい．

29 墓石問題

最初の問題から．もし墓内の人々がガスの中の粒子のようにでたらめに拡散するなら，各墓内の人の数は，墓の大きさに比例する．したがって，一番大きい墓Jに最も多くの人が集まるだろう．

2番目の問題は，人間の行動学からアプローチしてみよう．例えば，人は逃亡，回復，あるいは訪問などのチャンスがあると考えれば，もともと人々が入れられていた場所の墓石Aにもっとも高い密度で人が残っているかもしれない．別の要因も考えられる．例えば，大きさの異なる部屋の音響効果で，いろいろな種類のエコー（響き）があるかもしれない．だからその中で一番静かな部屋が人々に一番好まれるかもしれない．あなたならどの墓に住みたいですか？ オズ博士は，あなたの創造的な頭脳を使って，別の解答を見つけてほしいと思っている．

Roland Tomlinson は，二番目の問題について次のように話している．

『強靭な力強い人間は，監督権を取って，一番小さい墓を求めるだろう，なぜなら，小さい集合のメンバー，つまり一番小さい墓の中の人間の集合であることで"威厳"効果があるからだ．より弱い人々は，より大きい墓に移動するだろう．最も大きな墓の一番端は，生ごみ粉砕機のための場所であり，そこで，わたしは想像する．前述の"支配者"は，生ごみを捨ててもらうための人を集めるだろうと』

30 プレックスのタイル

答えは 〰〰 〰〰 〰〰．各行には4匹のへびと2人のプレックスがいるから．他の答えもきちんと正当化しよう．答えが出るまでの所要時間はどのくらいだっただろう

か？ 次の問題もやってみよう．次の空欄に正しい記号を入れよ．

31 フェーサーの的

簡単のため，下記のように図式的に描かれた的で考えてみよう．

射撃の「良さ」のレベルは，良い射撃は☺，まあまあの射撃☺，悪い射撃☹と表す．的は 6×6 のます目で表しているが，実際には連続した領域であり，2つの矢をでたらめに放つと，その2つの矢が的の中心から等しい距離に当たることはないと仮定する．したがって，ドロシーの投げた3回の射撃のうち，1回の射撃は良い射撃，別の射撃はまあまあ，もう1回の射撃は悪いと考える．したがって，3回の射撃で6通りの当たり方がある．

	1	2	3	4	5	6
1番目	☺	☺	😐	😐	☹	☹
2番目	😐	☹	☺	☹	☺	😐
3番目	☹	😐	☹	☺	😐	☺

例えば，最初の射撃が良い射撃，2番目の射撃がまあまあ，3番目の射撃が悪い射撃とする．このような状態は左から1番目の列に表されている．しかし，良い射撃が1番目，3番目の射撃がまあまあ，2番目の射撃が悪くなることも同じように可能である．これは左から2番目の列に示されている．

だが，すでにこのようないろいろな場合を制限する2つの情報がある．「2回目の射撃は1回目の射撃より中心からかなり外れていた」という言葉から，最初の射撃は悪くなく，また，2回目の射撃は良い射撃ではないことがわかる．したがって，左から3番目，5番目，6番目の列は除外しなければならない．例えば，左から3番目の列は2回目の射撃が良い射撃であるが，このようなことは起こっていない．残されたシナリオは左から1番目，2番目，4番目の列であり，これらは等しく起こりやすい．

ドロシーは，最後の射撃が最初の射撃より的から離れる確率を求めなければならない．表の左から1番目の列，2番目の列，4番目の列を調べる．明らかに，1番目，2番目の列の場合は，最後の3回目の射撃が一番目の射撃より的を外している．したがって，最後の射撃が，一番最初の射撃より的の中心から外れる確率は2/3となる．

もっと一般的に議論してみよう．再び，すべての射撃は独立で，等しく起こりやすいと仮定する．このことは，オズ博士による「君の技術は安定しているとする」という仮定によるものである．また，更に，的の中心からの距離が同じであるところには，当てられない．つまりそのようなことが起こる確率は0とする．オズ博士はN回射撃すると仮定する．ただし，$N>2$である．わたしの同僚 David Karr は，最初の射撃から最後の射撃の（当たり方の良いものから悪いものの）ランクがN通りある場合に計算できることに気づいた．この問題の3回の射撃$N=3$において，あらゆる可能性の個数は6であった．これは，ちょうど，上記の表にある6列に対応している．各場合は等しく起こりやすい．今，最初と最後を除いたその間の$N-2$回の射撃のうち，M回が最初の射撃より良い場所に当たり，$N-M-2$回が最初の射撃より悪い場所に当たったとする．このとき，次の2つの場合(a)(b)がある．

(a)最後の射撃が最初の射撃より悪い場合．最初の射撃は$M+1$番目に良い射撃で，

最後の射撃のランクは $M+1$ より大きく，悪いもののうちの $N-M-1$ 番目までに良い射撃である（すなわち，$M+2$ 番目から N 番目の間）．

(b)最後の射撃が最初の射撃より良い場合．最初の射撃は $M+2$ 番目に良い射撃で，最後の射撃は $M+1$ 番目までに良い射撃である（すなわち，1 番目から $M+1$ 番目の間）．

全部で N 回射撃するので(b)の場合の確率は $(M+1)/N$ となる．したがって，一般的に以下の「Karr 公式」に到達することができる．つまり全体のうちの M 回の射撃は一番最初の射撃より良いと仮定しているので，この公式は最後の射撃が一番最初の射撃より良い次の確率を与えていることになる．

$$(M+1)/N$$

最初の問題では $M=0$，$N=3$ で，最後の射撃が一番最初の射撃より良い確率は 1/3 となる．ドロシーが 2001 回撃って，そのうちの 285 回が最初の射撃より的に近いなら，2002 回目の射撃ではどのようになるのだろうか？ この場合 $N=2002$，$M=285$ で，最後の射撃が一番最初の射撃より良い確率は $286/2002 = 1/7$ となる．2002 回撃って，最初の射撃より良いものが 1 回だけあるとすると，このとき $N=2002$，$M=1$ なので，最後の射撃が最初の射撃より良い確率は 2/2002 である．最後の射撃が最初の射撃より的に近い確率は，射撃回数を増やすと減るだろうか？

32 死と絶望の小部屋

オズ博士は毒のトンネルをいつも教えるので，ドロシーは残ったトンネル（この場合は 2 番のトンネル）に選び直したほうが有利である[1]．信じられないなら，コンピュータでシミュレーションしてみよう．それが無理なら代わりに，100 個のトンネルがあるとして，オズ博士がその中の 98 個の毒のトンネルを教えるとイメージしてもよい．あなたはトンネルを選び直すだろうか？（この分析でどんな仮説が立てられるだろうか？）

33 シマウマの無理数

カール・セーガン著のSF小説『コンタクト』に，研究者たちが円周率 π の無限小数の中に循環する数を見つけるという一節がある．セーガンが小説に書いているように，昔のユダヤ人は π がちょうど 3 であると思っていた．古代ギリシャ人，ローマ人

---

[1] [訳注]「モンティ・ホール問題」，「クイズショーの問題」などとして知られる問題と同種の問題である．例えば，『確率論』熊谷隆著，共立出版 (2003) pp.7-10 を参照のこと．

は，十進数で表された π の小数点以下の数字が，決して循環しないでどこまでも永遠に続くことを全く知らなかった．このことが分かったのは，ほんの 250 年前ごろである．この小説の中で研究者たちは，π に隠されたなぞのメッセージを見つける．そのことによって人々は，宇宙が故意に創造されたものであると信じるようになる．もし，科学者たちがもっとよく π を見ていたら，おそらくもっと多くのメッセージを発見しただろう．小説の中で登場人物は，次のように結論づけている．「宇宙構造，物質の性質に，偉大な芸術作品においてと同様，小さく記された芸術家の署名がある．人間，神々，悪魔どもを厳しく監視し，管理人やトンネルを作った者たちをも，その視野におさめて，ここに宇宙の歴史を超える知性が働いているのである」

π と同様，$\sqrt{2}$（2 の平方根の正のほう）も十進小数で表すと，数字が循環しないで無限に続く．$\sqrt{2}$ が無理数（すなわち，7/5 のような 2 つの整数の比で表されない数）であることが始めて証明されたとき，数学の全く新しい分野が発見された．ピタゴラスの哲学的教えを基礎とした神秘教団ピタゴラス学派は，長さ 1 の正方形の対角線の長さが有理数でないことを発見した．これはとてもショッキングな出来事と考えられたので，そのことを知った人々は，この事実が社会構造を混乱させるとして恐れをなし，秘密にすることを誓ったのだった！　長方形の辺の長さとその対角線の長さの比が整数では表されないことを，ヒッパソスが発見したとき，ピタゴラス学派は無理数の存在を極秘事項としたことが語り継がれている．ヒッパソスによるこの無理数の発見が，古代ギリシャ数学（ピタゴラス学派）の存在危機をもたらした．この無理数 $\sqrt{2} = 1.4142\ldots$ の桁の数は，循環しないで永遠に続く．ピタゴラス学派は，無理数を 'alogon' あるいは '言いようのない数' と名付けた．

無理数の（十進小数表示の）任意の（でたらめな）位から下 100 桁をとったとき，その 100 桁の数に明確な繰り返しはないと期待される常識があるからこそ，繰り返しのある無理数を求めることは魅力的だ．無理数に，このような繰り返しが見つかれば，神の存在，あるいは宇宙人の理性が働いていると認めざるを得ないと言った人もいる．事実，シマウマの無理数には，華々しい繰り返しの数字が見られる．

この章ででてくる特別なシマウマの無理数は，カナダ，バンクーバーのブリティッシュ・コロンビア大学数学科の Robert Israel による．更に計算を続けると，次のような数字が現れ，これらの数字の中には繰り返しがないことが分かる．

解　答　　　281

2727272727272727272727272727.2727272727272727272727272
727089696969696969696969696969696969696969696969696969
696969696908280134680134680134680134680134680134680
134680134676012928095772540216984661429105873550317994762439206883650982326573720746560252733092239265078771251610757783597289737642339133033120413092978250728593664121784835090733581839877344445191755999254856136429067384714389744110823214614918872978477542711232291072762545607132306314341573194389970123036596267867540851717834675491310940965747425918921866058419168031873035152356126420562129846467709444760418908574599733400582690315334905618100475148936517225172707195611935821086492003733702249857871353666843202761887743981571353285703570468400612895809575347823631962379318212748112698456864196641046773410692788584564496394255539594665345542352032543304414107069057889252860096356503985337210238355116051048647200441823917936037002684151620241368877789086753943669662818200695325885756655291070865048193514864028849310698207 ...

オクラホマ州ブラックウェルの Jason Earls は，世界で一番繰り返しが長く続くシマウマ無理数を捜し求めている．彼は $n=30$ のときのシマウマの無理数を 20,000 桁まで計算し，世界記録を保持している．また，彼は $f(50)$ を計算し，30 より大きい値の n について，繰り返しがもっと長く現れることを示した．

$$f(50) = \sqrt{9/121 \times 100^{50} + (112 - 44 \times 50)/121}$$

$f(50)$ の値は下記のように始まる．

2

72727 27272 72727 27272 72727 27272 72727 27272 72727 2727.2
72727 27272 72727 27272 72727 27272 72727 27272 72727 26956
36363 63636 36363 63636 36363 63636 36363 63636 36363 63636
36363 63636 36363 63636 36363 63636 36363 63636 36363 45287
27272 72727 27272 72727 27272 72727 27272 72727 27272 72727
27272 72727 27272 72727 27272 72727 27272 72727 27251 44232
72727 27272 72727 27272 72727 27272 72727 27272 72727 27272
72727 27272 72727 27272 72727 27272 72727 27272 69640 95563
63636 36363 63636 36363 63636 36363 63636 36363 63636 36363
63636 36363 63636 36363 63636 36363 63636 36358 62418 46807
27272 72727 27272 72727 27272 72727 27272 72727 27272 72727
27272 72727 27272 72727 27272 72727 27272 71855 15358 89919
99999 99999 99999 99999 99999 99999 99999 99999 99999 99999

99999 99999 99999 99999 99999 99999 99998 41025 13993 62559
99999 99999 99999 99999 99999 99999 99999 99999 99999 99999
99999 99999 99999 99999 99999 99999 99700 33238 87798 42559
99999 99999 99999 99999 99999 99999 99999 99999 99999 99999
99999 99999 99999 99999 99999 99999 42064 26183 07695 61599
99999 99999 99999 99999 99999 99999 99999 99999 99999 99999
99999 99999 99999 99999 99999 99885 75072 43302 7758

Jason Earls はまた，シマウマの無理数 $f(95)$ を計算機で求めた．この無理数の美しい繰り返しは 12,500 桁程続く．その後に現れる「でたらめな」数字は，統計学によって識別される繰り返しを含んでいるのだろうか？

$$f(95) = \sqrt{9/121 \times 100^{95} + (112 - 44 \times 95)/121}$$

$f(95)$ の値は下記のように始まる．

2

72727 27272 72727 27272 72727 27272 72727 27272 72727 27272
72727 27272 72727 27272 72727 27272 72727 27272 7272.7 27272
72727 27272 72727 27272 72727 27272 72727 27272 72727 27272
72727 27272 72727 27272 72727 27272 72727 26656 36363 63636
36363 63636 36363 63636 36363 63636 36363 63636 36363 63636

36363 63636 36363 63636 36363 63636 36363 63636 36363 63636
36363 63636 36363 63636 36363 63636 36363 63636 36363 63636
36363 63636 36363 63636 36362 93987 27272 72727 27272 72727
27272 72727 27272 72727 27272 72727 27272 72727 27272 72727
27272 72727 27272 72727 27272 72727 27272 72727 27272 72727
27272 72727 27272 72727 27272 72727 27272 72727 27272 72727
27272 72727 27115 32032 72727 27272 72727 27272 72727 27272
72727 27272 72727 27272 72727 27272 72727 27272 72727 27272
72727 27272 72727 27272 72727 27272 72727 27272 72727 27272
72727 27272 72727 27272 72727 27272 72727 27272 72727 27272

28259 81063 63636 36363 63636 36363 63636 36363 63636 36363
63636 36363 63636 36363 63636 36363 63636 36363 63636 36363
63636 36363 63636 36363 63636 36363 63636 36363 63636 36363
63636 36363 63636 36363 63636 36363 63636 36222 94131 35807
27272 72727 27272 72727 27272 72727 27272 72727 27272 72727

27272 72727 27272 72727 27272 72727 27272 72727 27272 72727
27272 72727 27272 72727 27272 72727 27272 72727 27272 72727
27272 72727 27272 72727 27272 25031 65075 84119 99999 99999
99999 99999 99999 99999 99999 99999 99999 99999 99999 99999
99999 99999 99999 99999 99999 99999 99999 99999 99999 99999
99999 99999 99999 99999 99999 99999 99999 99999 99999 99999
99999 99999 99830 61240 54077 31759 99999 99999 99999 99999

99999 99999 99999 99999 99999 99999 99999 99999 99999 99999
99999 99999 99999 99999 99999 99999 99999 99999 99999 99999
99999 99999 99999 99999 99999 99999 99999 99999 99999 99999
37792 40588 59894 88859 99999 99999 99999 99999 99999 99999
99999 99999 99999 99999 99999 99999 99999 99999 99999 99999
99999 99999 99999 99999 99999 99999 99999 99999 99999 99999
99999 99999 99999 99999 99999 99999 99999 99765 68472 88372
27074 70599 99999 99999 99999 99999 99999 99999 99999 99999
99999 99999 99999 99999 99999 99999 99999 99999 99999 99999
99999 99999 99999 99999 99999 99999 99999 99999 99999 99999
99999 99999 99999 99999 99999 09976 07281 92626 42102 04519
99999 99999 99999 99999 99999 99999 99999 99999 99999 99999
99999 99999 99999 99999 99999 99999 99999 99999 99999 99999
99999 99999 99999 99999 99999 99999 99999 99999 99999 99999
99999 99999 99648 57932 42599 21622 89652 91716 36363 63636
36363 63636 36363 63636 36363 63636 36363 63636 36363 63636
36363 63636 36363 63636 36363 63636 36363 63636 36363 63636
36363 63636 36363 63636 36363 63636 36363 63636 36363 63634
97376 75910 84353 65491 94092 37458 18181 81818 18181 81818
18181 81818 18181 81818 18181 81818 18181 81818 18181 81818
18181 81818 18181 81818 18181 81818 18181 81818 18181 81818
18181 81818 18181 81818 18181 81818 18181 81262 44813 51260
22190 77609 77718 83803 63636 36363 63636 36363 63636 36363
63636 36363 63636 36363 63636 36363 63636 36363 63636 36363
63636 36363 63636 36363 63636 36363 63636 36363 63636 36363
63636 36363 63636 36363 63634 12085 39998 75472 67251 52257
48219 37636 36363 63636 36363 63636 36363 63636 36363 63636
36363 63636 36363 63636 36363 63636 36363 63636 36363 63636
36363 63636 36363 63636 36363 63636 36363 63636 36363 63636
36363 63636 35451 27249 80584 33192 27010 29252 84733 21381
81818 18181 81818 18181 81818 18181 81818 18181 81818 18181
81818 18181 81818 18181 81818 18181 81818 18181 81818 18181
81818 18181 81818 18181 81818 18181 81818 18181 81818 18178
08091 13338 08220 60020 00454 71333 95206 34663 63636 36363
63636 36363 63636 36363 63636 36363 63636 36363 63636 36363
63636 36363 63636 36363 63636 36363 63636 36363 63636 36363
63636 36363 63636 36363 63636 36363 63636 34823 44124 51939
26891 84500 91138 70707 75252 99399 99999 99999 99999 99999
99999 99999 99999 99999 99999 99999 99999 99999 99999 99999
99999 99999 99999 99999 99999 99999 99999 99999 99999 99999
99999 99999 99999 99999 99993 61845 82259 20170 42187 78210
95137 63245 46490 51399 99999 99999 99999 99999 99999 99999
99999 99999 99999 99999 99999 99999 99999 99999 99999 99999
99999 99999 99999 99999 99999 99999 99999 99999 99999 99999
99999 99999 97343 26339 82646 60423 00281 92032 91509 09033

99999 99999 97343 26339 82646 60423 00281 92032 91509 09033
02103 45999 99999 99999 99999 99999 99999 99999 99999 99999
99999 99999 99999 99999 99999 99999 99999 99999 99999 99999
99999 99999 99999 99999 99999 99999 99999 99999 99999 99988
89218 42681 44545 22857 47870 88961 79950 66706 09456 62599
99999 99999 99999 99999 99999 99999 99999 99999 99999 99999
99999 99999 99999 99999 99999 99999 99999 99999 99999 99999
99999 99999 99999 99999 99999 99999 99999 95337 89105 42583
81983 07896 06381 95680 99294 26072 26223 88399 99999 99999
99999 99999 99999 99999 99999 99999 99999 99999 99999 99999
99999 99999 99999 99999 99999 99999 99999 99999 99999 99999
99999 99999 99999 99999 99980 36404 47767 08257 93418 62042
15236 90003 66391 81162 81386 77927 27272 72727 27272 72727
27272 72727 27272 72727 27272 72727 27272 72727 27272 72727
27272 72727 27272 72727 27272 72727 27272 72727 27272 72727
27272 72727 18976 10932 22947 01014 42148 95581 04324 66449
27082 52737 06260 59563 63636 36363 63636 36363 63636 36363
63636 36363 63636 36363 63636 36363 63636 36363 63636 36363
63636 36363 63636 36363 63636 36363 63636 36363 63636 36328
47944 50714 05613 73042 92438 20648 89394 76060 33039 15512
09745 58272 72727 27272 72727 27272 72727 27272 72727 27272
72727 27272 72727 27272 72727 27272 72727 27272 72727 27272
72727 27272 72727 27272 72727 27272 72727 12335 25571 28479
08070 87568 62054 26392 96954 97604 08585 31870 87612 28007
27272 72727 27272 72727 27272 72727 27272 72727 27272 72727
27272 72727 27272 72727 27272 72727 27272 72727 27272 72727
27272 72727 27272 72727 27209 10513 42449 25002 57851 92601
19853 51864 31026 05399 00042 00415 74833 16356 36363 63636
36363 63636 36363 63636 36363 63636 36363 63636 36363 63636
36363 63636 36363 63636 36363 63636 36363 63636 36363 63636
36363 63636 09204 05235 81719 23828 01394 92038 91408 13025
05283 77500 56314 94650 06052 10632 72727 27272 72727 27272
72727 27272 72727 27272 72727 27272 72727 27272 72727 27272
72727 27272 72727 27272 72727 27272 72727 27272 72727 27156
54245 22924 68062 97829 42181 56049 48546 83619 84349 43893
50469 87346 34459 17359 99999 99999 99999 99999 99999 99999
99999 99999 99999 99999 99999 99999 99999 99999 99999 99999
99999 99999 99999 99999 99999 99999 99999 50200 78213 77716
55959 31714 24717 13624 28868 06712 22880 20560 80707 83278
04397 51199 99999 99999 99999 99999 99999 99999 99999 99999
99999 99999 99999 99999 99999 99999 99999 99999 99999 99999
99999 99999 99999 99999 99786 16215 84995 91490 68930 78097
73538 30269 55948 02231 04760 28810 55943 39592 08291 65279
99999 99999 99999 99999 99999 99999 99999 99999 99999 99999

解　　答

99999 99999 99999 99999 99999 99999 99999 99999 99999 99999 99999 99999 08022 13617 52759 01188 74936 56619 47088 00461 48739 66089 95925 21290 30620 68413 98738 65919 99999 etc.

それについては，読者の皆さんに週末考えていただこう．ちなみに，上記のものすごく大きい数は，Harray J. Smith によるソフト「VPCALC」http：//pw1.netcom.com/~hjsmith/Calc/VPCalc.html で計算した結果である．その後，Darrell Plank は，3乗根を用いて次のようなシマウマの無理数を発見した．

$$\sqrt[3]{[(7^3)(10^{51}) + 7^5]/(11^3)}$$
$$= [(343 \times 10^{51} + 16{,}807)/1331]^{(1/3)}$$

**6363636363636363636.
3636363636363636363636363636363636
46
757575757575757575757575
757575757575757575757575
587
808080808080808080808080808080808080
85429534231200897867564534231200897867564534231200075 ...**

Darrell Plank はオズ博士に次のような手紙を書いた．

「3乗根の中の分数を，$[A^3 10^{3m} + d]/B^3$ と一般式で表すと，この式のテーラー級数展開の最初の3項は，$A/(B10^{-m}) + d/[(3A^2B)10^{2m}] - d^2/[9(A^5B)10^{5m}]$ である（テーラー級数展開は，3乗根の近似解を与える）．10 のべき乗の大小で項が分かれている．各分数を $3m$ シフトすると右側の分数になることが，'シマウマ' の規則性を引き起こしている．すぐ分かることは，m に大きい値を代入すれば，シマウマの無理数の中に，より幅の広い '帯' が現れるということだ．これは，各分数を短い循環小数にして試すとよく分かるだろう．一番分かり易い方法は，分子の d のべき乗は，分母の A のべき乗で割れることだ．例えば，$A = 7$, $d = 7^5$ とし，B を小さい値（大きな値だと，もっと長い周期を引き起こす），例えば $B = 11$ とすると，一番目の分数は $6.363636... \times 10^{16}$，二番目の分数は $1.0393939... \times 10^{-33}$，三番目の分数は $1.69767676... \times 10^{-83}$ となる．これらの項を足してみると，シマウマの縞模様がどのようにつくられるのかが理解できるだろう」

Jason Earls は更に，次のようなもっと高いべき乗のシマウマの無理数について調べた．

$$\sqrt{9/169 \times 100^{199} + (38 - 17 \times 199)/169}$$

この値は，数字の集まり 230769, 410256, 213675, 296, 5906932573599924026, 914529 が繰り返し基調として現れる．他にも，次のようなものがある．

$$\sqrt{9/64 \times 100^{155} + (92 - 22 \times 155)/64}$$

このシマウマの無理数を「1481 シマウマ」という．このように呼ぶのは，1481 年にロシア人がモンゴル人を打ち破ったからではない．それはこの値を計算すれば分かるだろう．すべてのシマウマの無理数と同じ様に，左から順に各桁の数を見ていくと，カオスになっている．土曜の夜のとっておきの気晴らしに，この数の位相差を求めてみよう（『すばらしい数』というわたしの本に Kevin Brown の同様の数「schizophrenic numbers」がある）．

もちろんあらゆる種類の無理数に明確な規則性がある．例えば，チャンパーナウン数という次の無理数を見てみよう．

0.12345678910111213141516171819202 1 . . .

（連続する整数をつなげてできる無理数）．0.101101110111101111110... という無理数にも規則性がある．事実，無理数にはない唯一の繰り返しは，0.272727272... のように無限に循環する数だけである．無理数の多くが「明確な規則性」を表すのも事実だけれど，あえて，この「シマウマの無理数」を研究することに価値があると考えた．

わたしは，チャンパーナウン数にずっと夢中だ．この数は，「正規」になる．数列が「正規である」とは，任意の有限個の繰り返しの数列が，乱数列になっているときをいう．実際，デヴィド・チャンパーナウンはチャンパーナウン数に 0 から 9 までの整数が，それぞれ 10% の頻度で現れることを示し，更に，2 つの数がブロックされるということが 1% の頻度で起こり，3 つの数がブロックされるのも 0.1% の頻度で起こる…ということを示した．暗号学者の中には，チャンパーナウン数がでたらめさの統計学的指標を引き起こさないと言う者もいる．言い換えると，数列の中に正則性を見つけようとする単純なコンピュータ・プログラムでは，チャンパーナウン数に正則性を見つけられないかもしれないということだ．統計学者や暗号使用者は，数列が乱数であるとか，あるいは，規則性がないと断言するとき，慎重でなければならない．π と e が正規であるかどうかはまだ分かっていない．

チャンパーナウン数の連分数表示は興味深い．ちなみに，実数 x の連分数表示は以下のようなものである．

$$x = a_0 + \cfrac{1}{a_1 + \cfrac{1}{a_2 + \cfrac{1}{a_3 + \cdots}}}$$

これを簡単な記号で $x = [a_0; a_1, a_2, a_3, ...]$ と表し，連分数表示という．チャンパーナウン数の連分数表示の1つの項には，次のように極端に大きい数がある．

**[0; 8, 9, 1, 149083, 1, 1, 1, 4, 1, 1, 1, 3, 4, 1, 1, 1, 15,
4575401113910310764836466282429561185996039397104575550006620043930902626592563149379532077471286563138641209375503552094607183089984575801469863148833592141783010987,
6, 1, 1, 21, 1, 9, 1, 1, 2, 3, 1, 7, 2, 1, 83, 1, 156, 4, 58, 8, 54, . . .]**

正規数の別の例として Copeland-Erdös 定数

0.23571113171923 . . . ,

がある．この数は素数を結びつけた数である．1945年，Arthur Copeland と Paul Erdös によって，この数がすべての底で正規であることが証明された．おもしろいことに，この数の連分数表示には大きな数の項がない．このことは，チャンパーナウン数とは対照的である．

サイモン・フレーザー大学，実験構造数学センターの Loki Jörgenson と Peter Borwein はコンピュータ・グラフィックスを使って，繰り返す数字の羅列を探した．例えば，図 33.1, 33.2 はそれぞれ π と 22/7 の十進法展開で，最初の 1600 桁を 2 を法として表したものである．白い四角形は偶数を表し，黒い四角形は奇数を表す．この図は，英語の教科書を読むように，左から右，上から下へと見る．

図 33.1 を見てすぐ予想できるように，π の偶数桁と奇数桁には，はっきりとした規則性は現れない．小中学校で使われる π の近似である有理数表示 22/7 は，はっきりとした規則性が現れる．複雑なデータではっきりとした「でたらめさ」を視覚的に表すアイデアは新しい方法ではないが，もう少し高度な方法を用いれば，無理数の数字の羅列，あるいは，連分数の羅列 $[a_0 ; a_1, a_2, a_3, ...]$ における規則性が見つかるかもしれない．

図 33.1 2を法とした π の最初の 1600 桁（図：Loki Jörgenson, Peter Borwein, サイモン・フレーザー大学, 実験構造数学センター）

図 33.2 2を法とした 22/7 の最初の 1600 桁（図：Loki Jörgenson, Peter Borwein, サイモン・フレーザー大学, 実験構造数学センター）

視覚化を適用した問題の例として，多項式の零点が近似的に求められグラフ化されたとき，複素数を説明できることを考えよう．図33.3, 33.4には，次の形のすべての多項式の零点が複素平面上に表されている．

$$P_n z = a_0 + a_1 z + a_2 z^2 + a_3 z^4 + \cdots + a_n z^n$$

ただし，$n < 19$, $a_i \in \{-1, +1\}$ である．Jörgenson と Borwein によると，この図形に関して，次のような未解決問題がある．この集合はフラクタルか？ この図形の境界は何か？ 無限次元で穴はできるか？ 穴は次数によってどのように変化するのか？ $\{-1, +1\}$ の近傍で，実数係数多項式とこれらの零点との間の関係は何か？

コンピュータ・グラフィックスによって，このような図形の領域は増え，そして，すばらしい形や構造の図形が現れるだろうか？ 図33.4は，多項式係数によって微妙に影が変わる正の虚部の分布を示している（カラーにするともっとおもしろい）．言い換えると，研究者は，その微分係数がどのくらい大きいかを見るために各零点(根)で，多項式の1階導関数を調べた．この影の部分は多項式の値がどのくらい速く，原点から遠ざかるかを示している．

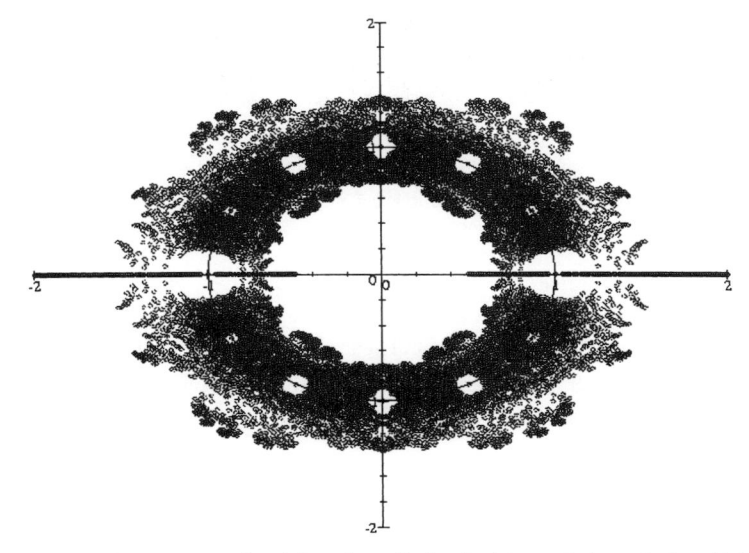

図 33.3 次数18以下の多項式の根．複素平面上の零点の分布．（図：Loki Jörgenson, Peter Borwein, サイモン・フレーザー大学，実験構造数学センター）

図 33.4 次数 18 以下の多項式の根．複素平面上の零点の分布．（図：Loki Jörgenson, Peter Borwein, サイモン・フレーザー大学, 実験構造数学センター）

このような視覚化の仕事に関する更に詳しい情報は，下記の Loki Jörgenson のホームページ「Visible Structures in Number Theory」**http://www.cecm.sfu.ca/loki/** を参照するとよいだろう．また，Peter Borwein と Loki Jörgenson の "Visible Structures in Number Theory", *American Mathematical Monthly* 108（10）：897-911 も参照されたい．

繰り返しの数字の問題に，異彩を放って取り組んでいた Jason Earls は，ルンペルシュティルツキン数列という数列について，計算機を用いて実験を試みていた．この数列の項は $\beta \times (4n+3)$ の形で，あらゆる繰り返しの数を生み出す．

n	y
1	7
2	121
3	1665
4	21109
5	255553
6	2999997
7	34444441
8	388888885
9	4333333329
10	47777777773
11	522222222217
12	5666666666661
13	61111111111105
14	655555555555549
15	6999999999999993
16	74444444444444437
17	788888888888888881
18	8333333333333333325
19	87777777777777777769
20	922222222222222222213
21	9666666666666666666657
22	101111111111111111111101

(Jason Earls はこの数列を「ルンペルシュティルツキン数列」と名付けた．これは，小人のルンペルシュティルツキンが麦わらを紡いで金にするというドイツ民話にちなんだものだ．この数列は，同様に，ありふれた整数を，心や目を楽しませてくれる数に変えてしまう）．β にどのような式を代入したら，上記のような数列がでてくるのだろうか？ これは読者におまかせしよう．

　最後におもしろい例を挙げよう．数 998 を考える．この数の逆数を小数で表すと次のようになる．

$1/998 = 0.001002004008016032064128256513...$

この小数の数の羅列の中には 2 のべき乗の数列 1, 2, 4, 8, 16, … が現れる．2 のべき乗がもっと大きくなって，オーバーラップしてしまったら，何が起こるのだろうか？ また，998 の前に 9 を付け加えると，べき乗とべき乗の間に 0 が増えることが分かっている．

$1/99998 = 0.00001000020000400008000016...$

998 から 1 を引くと，次のように 3 のべき乗の数列が現れる．

$1/997 = 0.001003009027081243...$

この方法を一般化して，べき乗の別の数列をつくることができるだろうか？

34 マツヤニの生き物

オズ博士が気づいた一番大きな同じ模様のブロックのペア．（このブロックより大きい同じ模様のブロックのペアがないことを示そう．）この問題を友達にやってもらおう．5分内に友達がこのブロックを見つけられたら何かご褒美をあげよう．

$N \times N$ の配列を考えよう．そして記号の種類は M 個とする．このとき一番大きなブロックのサイズの平均は幾らか？ 立法体の配列やもっと次元の高い配列にしたら，あなたの答えはどのように変わるだろうか？

35 ほとんど素数にならない式

レオンハルト・オイラー（1707-83）（x 変数関数 $p = x^2 - x + 41$ の値に，素数が連続して多く含まれることを発見した数学者）は，すばらしい人だった．理由の1つとして，史上最も多くの結果を出した数学者であることが挙げられる．完全に盲目になったときでさえ，解析学，三角法，計算，数論に大きな貢献をした．オイラーは，純粋数学，応用数学，物理学，天文学というありとあらゆる分野について，8千以上の論文と書籍を出版し，それらのほとんどをラテン語で書いた．解析学においては，無限級数や微分方程式について研究し，多くの新しい関数（例えば，ガンマ関数，楕円積分）を導入し，そして変分法をつくった．オイラーが使った e や π のような記号は，

今日でも使われている．工学においては，3次元空間における剛体の動きや船の構造及び制御，そして，天体力学について研究した．レオンハルト・オイラーは，業績が多く，彼の死後2世紀もの間，彼の論文はずっと出版され続けている．彼の全集[1]は，1910年以降，少しずつ出版され，結局，75冊以上にもなると予想されている．

研究者たちは，$x_N = 10{,}000$ に対して，密度 $D(x_N)_c$（$x = 1$ から $x = 10{,}000$ までに $x^2 - x + c$ の値がどれだけ素数になるかの割合，密度）が低くなる c の値をたくさん見つけた．幸運にも，ドロシーは，$x_N = 10{,}000$ のとき一番低い密度だと知られている次のような式を見つけることができた．

$$p = x^2 - x + 219{,}525$$

この密度は $D(10{,}000)_{219{,}525} = 2.33\%$ である．例えば，x が1から12までの整数のとき，p の値は次のようになる．

x	p	x	p
1	$219{,}525 = 3 \times 5^2 \times 2927$	7	$219{,}567 = 3 \times 73{,}189$
2	$219{,}527 = 7 \times 11 \times 2851$	8	$219{,}581 = 23 \times 9547$
3	$219{,}531 = 3 \times 13^2 \times 433$	9	$219{,}597 = 3 \times 7 \times 10{,}457$
4	$219{,}537 = 3^3 \times 47 \times 173$	10	$219{,}615 = 3 \times 5 \times 11^4$
5	$219{,}545 = 5 \times 19 \times 2311$	11	$219{,}635 = 5 \times 13 \times 31 \times 109$
6	$219{,}555 = 3^2 \times 5 \times 7 \times 17 \times 41$	12	$219{,}657 = 3 \times 17 \times 59 \times 73$

オズ博士の友人の Daniel Dockery は，この式を用いて，p が素数となる x の値についてある面白いことに気がついた．$0 \leq x \leq 5000$ の整数値で p が素数となるすべての場合において，x の桁ごとの数の和は $2 + 3n$ に等しい．このことは x の値が大きくても正しいかもしれない．例えば，$x = 999{,}999{,}999{,}764$ とすると（$p = 999{,}999{,}999{,}527{,}000{,}000{,}257{,}457$ は素数），x の桁ごとの和は 98 である．98 は $2 + 3 \times 32$ に等しい．

わたしの友人 Jason Earls は，$n^2 - n + 219{,}525$ の形の素数はすべて，最後の桁の数が7か1であるかどうか尋ねてきた．例えば，1の数で終わる例として，$220{,}931{,}239{,}831$ や $354{,}581$ がある．3または9で終わる素数を見たことがあるだろうか？ もし，見たことがないなら，なぜだろうか？

---

[1] ［訳注］スイスの出版社からラテン語とドイツ語の『オイラー全集（オペラ・オムニア）』の第一巻が出版されたのは1911年．以来4シリーズに分けて，百科事典程の大きさの本が，2007年までに，78冊出版されたが，完結の見通しはたっておらず，最終的に何冊になるかも発表されていない．

"ほとんど素数にならない式"の世界的専門家 Robert Sery は，c を十分大きな値とすると，p が素数になりにくい，つまり，p が素数になるような x は密度が低くなることに気づいた．これは次の素数定理から推論することができる．

$$\lim_{n \to \infty} \frac{\pi(n)}{\left(\frac{n}{\ln n}\right)} = 1$$

ただし，$\pi(n)$ は n よりも小さな素数の個数である．言い換えると，素数定理は，n より小さい素数の個数は，オーダーが $n/(\ln n)$ である．例えば，$n = 10^9$ までに 50,847,478 個の素数があり，$\frac{10^9}{\ln 10^9}$ はおよそ 48,255,000 である．十分大きい値 n に対しては，"ほとんど素数にならない式"に対する素数の密度は，0 に近づくことが予想される．Sery によると，「c の大きさに適当な制限をしなければ，非常に少ない素数の密度を求めるという目的は，とるにたらなくなる」

関連する話題として，次のようなものがある．一番上の頂点が 41 となるような三角形を作ってみよう（これは，イリノイのロックフォードの Ray Frame によってわたしに提出されたもの）．

```
                41
              42 43 44
            45 46 47 48 49
          50 51 52 53 54 55 56
        57 58 59 60 61 62 63 64 65
      66 67 68 69 70 71 72 73 74 75 76
                    ...
```

この三角形の中央の列に，素数が多くあるのはなぜだろう？　その三角形は幾何学的にオイラーの公式 $p = x^2 - x + 41$ を表しているのだろうか？　このような三角形は，どうして，多くの素数を生みだすのだろうか？　オイラーは，この三角形を知っていたのだろうか？　中央の列は，41^2 である 1681 の値までずっと素数である．

次の Basic のプログラムは，素数を作る初級プログラムである．

```
10   REM Generate Prime Numbers
11   REM Since 2 is the only even prime, check only
12   REM odd numbers.  Divide each odd number by all primes
13   REM that are found.
14   DIM A[600]
20   Print "Here is a list of prime numbers:"
22   R=1
25   A[1]=2
```

```
30   P=1
35   FOR X=3 TO 600 STEP 2
40     FOR Y=1 TO R
41       REM Is number divisible by previous primes?
45       IF INT(X/A[Y])*A[Y]=X THEN 100
50     NEXT Y
55     R=R+1
60     A[R]=X
65     IF P > 6 THEN 85
70     P=P+1
75     PRINT X;
80     GOTO 100
85     P=1
90     PRINT X
100  NEXT X
110  END
```

"ほとんど素数にならない式"についてもっと知りたい方は，Robert S. Sery "Prime-poor equations of the form $i = x^2 - x + c$, c odd", *Journal of Recreational Mathematics* 30(1)(1999/2000)：36-40 を参照するとよい．

36 人工衛星

答えの1つは次の図36.1に示されているもの．数字は 1000 → 700 → 25 → 37 → 11 → 19 → 29 → 55 → 100 → 7 → 6 → 14 ととる．ほかに答えはあるだろうか？　もしあなたが教師なら，生徒に同じような「人工衛星パズル」を作らせてみよう．カラーで同じようなパズルが，Pomegranate 出版のわたしの著 *Mind-Bending Puzzle* にもある．これも参考にしていただきたい．

図 36.1

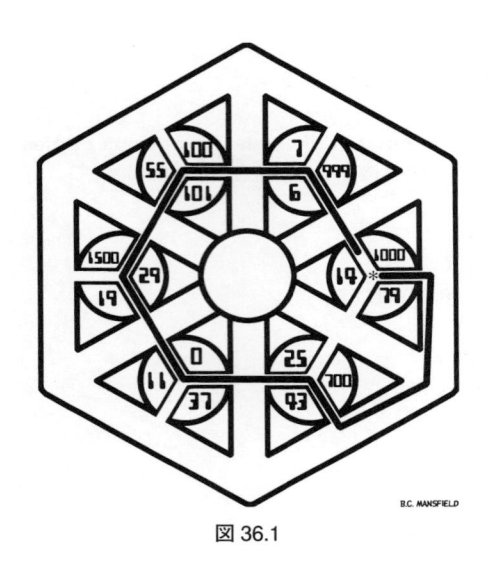

37 ウズ虫の数列

ウズ虫の数列を求めるアルゴリズムは次である．

```
input x
  repeat
    x ← trunc(2x)
    output x
  until x= a previous x
```

このアルゴリズムは簡単だ．最後の2桁の数字の取り出しは，計算機で100 についてのモッド（mod）関数を適用すればよい．すなわち，x を100 で割った余りを求めればよい．変数 x が，先に出て来た数を繰り返せばアルゴリズムは終了となる（最初の数に戻るのに必要なステップ数は「道の長さ」と呼ばれる）．このような数列は，ある数を繰り返した後は，ずっと循環する（繰り返される）．つまり，それ以降は，新しい数字は出て来ないのである．プログラムによって，値 x を繰り返すかどうかを判定する有効な方法はあるだろうか？

初期値を奇数にすると，以後決して奇数にはならない．したがって，初期値を偶数にしてみよう．驚くべきことに，どんな偶数から始めても，次の3つの場合 1)–3)

にしかならない．1) 決して，初期値には戻らないが，繰り返しのループをする．2) 道の長さは20である．3) 道の長さは4である．特に，初期値が20の倍数であれば，繰り返しが4回ある．すなわち，初期値が4の倍数であれば，20回繰り返される．でなければ，無限ループとなる．

2桁の数にすることは，100を法とする和を意味するので，初期値の整数をyとすると，n回続けて2倍すると$(2^n)y$となることが分かるだろう．この数列を繰り返すと，あるnでyに等しくならなければならない．したがって，$y[2^n-1] \bmod 100 = 0$である（ウズ虫の数列は，ドナルド・クヌースの乗積（算）合同法が基礎となる擬似乱数生成法の研究分野で扱われる問題と類似している）．

楽しみながら調べてみよう！　同じようなウズ虫の数列は，常に，初期値に戻るのだろうか？　例えば，倍数の因子2の代わりに3が使われたらどうなるだろうか？どんなグラフを描くだろうか？　すべての場合のふるまいを概観する方法に，繰り返し図を描くという次のような方法がある．初期値をx軸上に置き，y軸上にそれらの軌道をプロットするのだ．紙切れに0から99までの数をそれぞれ点で描いてみよう．あなたが調べたい繰り返しのルールを適用して，ルールが適用される数から，結果の数まで矢印を描いてみよう．充分プロットが繰り返されたら，ページは矢印で一杯になるだろう．しかし，少しもつれを直して，再び描きなおすと，きれいな図形に仕上がるかもしれない．ここで，可能な限りのウズ虫の数列を一斉にグラフ化できる．

プログラミングに関する限りは，自動的にグラフを描ける方法を見つけた読者によって，上記のような描写は確実に達成されるだろう．2つの媒介変数に特別なルールを与えただけで，スクリーンが図形で満開になるのをイメージしてみよう．参考文献を下記に挙げておこう．

- Knuth, D.(1981). *The Art of Computer Programming*, vol. 2. 2d ed. Reading, Mass.：Addison-Wesley.
- Pickover, C.(1998). "Wormy algebra, *Odyssey*". 7(6)(September)：37.
- Pickover, C.(1992). *Computers and the Imagination*. New York：St. Martin's Press.
- Pickover, C., and Runger, G.(1995). "The 2N problem", *Journal of Recreational Mathematics* 27(3)：172-4.
- Pratt, L.(1992). "A note on earthworm algebra and computer graphics", *Computers & Graphics*. 16(3)：339-40.

38　土壁パラドックス

答えは(a)．各グループは，大きさは違うが同じ形のものが2つある．逆説（パラ

ドックス）：分かってしまえば簡単なパズル問題なのに，そのような問題に限って，だれも解くことができない．

39

Akhlesh Lakhtakia 博士は，一般項 u_n を次のように求めた．

$$u_n = 2n - \{(1+\sqrt{8n-7})/2\}$$

ただし，記号 $\{\varepsilon\}$ は ε を超えない最大の整数とする．このとき，

$$u_n/n = 2 - \{(1+\sqrt{8n-7})/2\}/n$$

だから，n が限りなく無限大に近づくとき，a/n は 0 に近づくため，u_n/n は 2 に近づく．すなわち，n が大きい値をとると，u_n/n は 2 に近い値となる．例えば，$u_{1000} = 1955$ であるので，

$$u_{1000}/1000 = 1.955$$

となる．オズ博士はあなたに，横軸 n，縦軸 u_n のグラフを描いてもらい，これとは別の数列，例えば， …のような数列でも同様に試してもらいたい．

もう少しこの極限値のふるまいを詳しく説明しよう．オズ博士はコネル数列が下記のような部分数列から構成されることに注目した．

部分数列の順番	部分数列
1	1
2	2, 4
3	5, 7, 9
4	10, 12, 14, 16

q 番目の部分数列には q 個の元があることに注意しよう．また，各部分数列における最後の元は q^2 であることにも注意しよう．したがって，任意の部分数列における最後のコネル数の値は $u_{(1/2)q(q+1)} = q^2$ で表すことができる．例えば，$q=2$ のとき $u_3 = 2^2$ である．オズ博士は，$u_{(1/2)q(q+1)-p} = q^2 - 2p$, ($q=1, 2, 3, ..., p=0, 1, 2, ..., q-1$) であることにも注意した．次の比を考えてみよう．

$$[u_{(1/2)q(q+1)-p}]/[(1/2)q(q+1)-p] = [q^2 - 2p]/[(1/2)(q^2+q-2p)]$$
$$= 2 \times \{1/[1+q/(q^2-2p)]\}$$

$0 \leq p \leq q-1$ であるので，q が無限大に近づくとき，この比は 2 に近づく．また，q を

無限大に近づけたときも p の場合と同様に，初項から $(1/2)q(q+1)$ 項までの和は 2 に近づく．もう少し詳しく述べよう．次のような等式が成り立つ．

$$\sum_{n=1}^{(1/2)q(q+1)} u_n = (1/12)q(q+1)(3q^2 - q + 4)$$

よって，$S_q = 1 + 2 + 3 + \cdots + (1/2)q(q+1)$，すなわち，1 から $(1/2)q(q+1)$ までの整数の和を S_q とすると，次のように計算できる．

$$S_q = (1/2)[(1/2)q(q+1)][(1/2)q(q+1) + 1]$$
$$= (1/8)q(q+1)(q^2 + q + 2)$$

したがって，

$$1/S_q \sum_{n=1}^{(1/2)q(q+1)} u_n = (2/3)(3q^2 - q + 4)/(q^2 + q + 2)$$
$$= (2/3)(3 - [2(2q+1)]/[q^2 + q + 2])$$

となり，よって，q が無限大に近づくとき，この比率は 2 に近づくことになる．更に詳しくは次のような文献を読み進めるとよいだろう．

- Connell, I. (1959). "Elementary problem E1382", *American Mathematical Monthly* 66(8) (October) 724.
- Connell, I. (1960). "An unusual sequence", *American Mathematical Monthly* 67 380.
- Lakhtakia, A., and C. Pickover (1993). "The Connell sequence", *Journal of Recreational Mathematics* 25(2) 90-2.

40. エントロピー

多量の小さな球のある中に，より大きな球を入れてこのような実験すると，結局は，大きい球どうしがぶつかり，くっついて動かなくなってしまう．大きい球は互いに近寄ったり，端のほうに移動したりすることで，できるだけスペースを確保しようとする．なぜなら，小さい粒子が動き回るため，全体としての秩序がますます保たれなくなるからである．小さければ小さいほど，無秩序になってゆく．踊りたくない人々が，激しく踊る踊り子たちがより広いスペースを占有しようとするため壁に群がる光景を想像してみよう．各粒子はエントロピーにしたがって分布しているので，多くの小さい球のエントロピーが増加すると，より少ない大きな粒子のエントロピーを減らすことで調整している．このことは，水中で動く微粒子では実験上正しい．例えば，ある

溶液に浮遊している球は，それより小さな球が加えられると，ガラス壁に結晶のような並びで追いやられる．大きな球は，小さな球が広いスペースを占有するために，できるだけ多く壁に近づくのである．したがって，問題の3つの大きなプレックスは，壁に集まると予想すべきであろう．

普通，人々はでたらめなシステムにおいて，エントロピーが常に増加することを無秩序だと考える．例えば，100個の青い大理石と100個の赤い大理石をバックに入れて，長時間混ぜると，大理石はでたらめに混ざる．しかしながら，時々，エントロピーは，組織化する力を発揮する．ある環境下で，大理石は，事実，分離するのである．システムのある部分のエントロピーが増加することによって，別の部分がより大きな秩序を強いられるのである．雑誌 Science に掲載された David Kestenbaum の論文 "Gentle force of entropy bridges disciplines" (Science 279[1998]：1849) で，エントロピーのこの秩序効果が驚くべきことに，多くの科学分野で，見い出されることが議論されている．

41. アニマルギャップ

答えは(a)．一番左上から下へ見ていくと，パターン🦋🦋🦋🐎🐇🐇🐇が繰り返される．列の一番下まで行くと，すぐ右の上の段へ行き，また，上から下へと下がる．このルールで空欄に動物を入れる．また，行を左から右に見て行くと，パターン🐇🐇🐇🦋🦋🦋が繰り返されることに気がつくだろうか？ これは偶然だろうか？ それとも，$N \times N$ の配列に8個の記号を繰り返すように記号を入れると，必ずこのようなことが起こるのだろうか？ 他のパターンも見つけよう．

42. 宇宙人の頭を並べる

整数 a を連続する整数で分割したときの項の最大値を u，最小値を l としたとき，等式 $\Sigma_{n=1}^{t} n = [t(t+1)]/2$ より，a は $(1/2)u(u+1) - (1/2)l(l-1) = a$ と表すことができる．これは，点 (u, l) が $u^2 + u - l^2 + l = 2a$ という双曲線上にあることを意味する．例えば，$a = 21 = 10 + 11$ のとき，$u = 11$，$l = 10$ となり，確かに上式は次のように成り立つ．$121 + 11 - 100 + 10 = 42$．図 42.1 は，$95 \leq a \leq 100$ に対する，連続整数分割の最大値と最小値の分布である．ちなみに，等式 $u^2 + u - l^2 + l = 2a$ を変形すると，$(u + 1/2)^2/(2a) - (l - 1/2)^2/(2a) = 1$ となる．したがって，これは，中心から焦点までの距離が $2\sqrt{a}$，漸近線の傾きが1の双曲線である．

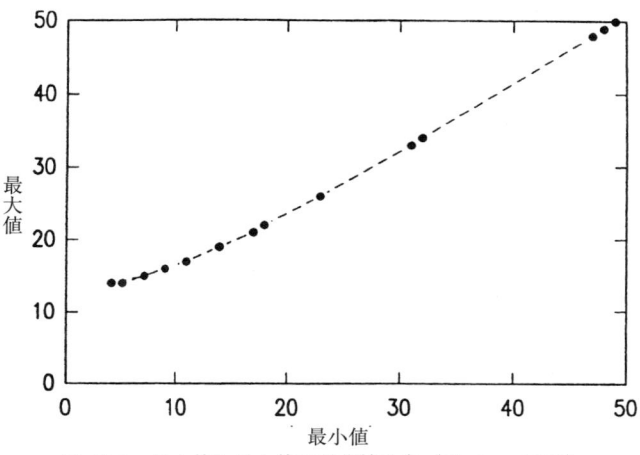

図 42.1 最大値と最小値の双曲線分布 ($95 \leq a \leq 100$)

オズ博士は，連続する整数の積で表される整数に対しても，グラフを用いて，あなたに同じような考察をしてもらいたい．例えば，$a=30$ のとき，$5 \times 6 = 30$ と表される．参考のため，図 42.1 のグラフを描くためのプログラムを下記に掲載した．必要なら，このおおざっぱなプログラムをお好みのプログラム言語に書き換えよう．プログラムによって，更に，理解が深まるだろう．

ALGORITHM：Compute Partition Graph for Consecutive Integer Sums

```
Input:
    start − the smallest alpha value shown on the x-axis
    stop  − the largest alpha value shown on the x-axis
scale = 100/stop;    /* this scales the x-axis for the plot */
DO a = start to stop; /* scan a range of a values          */
  looptop=a/2+1;     /* need to scan only to half of a */
  DO i = 1 to looptop; /* search for consec. partitions for */
  sum=0; top=i;      /*   a particular alpha value          */
  again: sum = sum + top;
  top = top + 1;
  if sum < a then goto again;
  if sum = a then do;
     /*print out lower and upper values*/
     PrintNumbers(a,i,top-1);
```

```
        DO k = i to top-1;
           PlotDotAt(a*scale,k*scale); /* plot a dot at x,y */
        END; /* k */
    END;    /* i */
END; /*start to end*/
```

43. ラマヌジャンの合同式と超越数

ラマヌジャンの発見後数年間，研究者はこの章にあるような性質を見つけようとしたが，ほとんどは失敗に終わった．ところが，2000 年，イリノイ大学の数学者ケン・オノが無限個の合同式があることを証明できたのだった！　オノが発見した合同式の1つは5より大きいすべての素数で成り立つ——もっとも，彼はただ1つの具体例を挙げただけであった．次に現れる合同式は，初期値が 111,247，各ステップで $54^4 \times 13$ 倍される．対応する分割はすべて素数 13 の倍数である．

ペンシルベニア州立大学の学部生 Rhiannon Weaver はアルゴリズムを作成し，その後 70,000 以上の合同式を求めた！　結果としてでてくる数字は，しばしばとてつもなく大きい．本文中の合同式は $N \geq 0$ に対して，$p(11N+6) \equiv 0 \pmod{11}$ のようなものだった．Rhiannon Weaver が発見した式は次のようなものである．

$$p(11,864,749N+56,062) \equiv 0 \pmod{13} \quad (N \geq 0)$$
$$p(14,375N+3,474) \equiv 0 \pmod{23} \quad (N \geq 0)$$

すべてを洗いざらい探索したにもかかわらず，2や3の倍数に関する合同式があるかどうかは分からなかった．分割数は数をどのくらい足すかを数えるよりもっと大きいと，オノは述べている．ある意味で，素数はかけ算に，分割は足し算に深くかかわっているといえる．

もう少し分割について述べよう．666 は 11,956,824,258,286,445,517,629,485 個の分割を持つ．すなわち $p(666) = 11,956,824,258,286,445,517,629,485 = 5 \times 11 \times 709 \times 306,624,548,231,476,997,503$ である．分割ファンにも，参考のため次のようなものを挙げておく．

$$p(1000) = 24,061,467,864,032,622,473,692,149,727,991$$

ラマヌジャンの合同式について，もっと知りたい方は下記の文献を参照するとよい．

- Danahy, Anne（2000）. Undergraduate creates concrete proof from complex mathematical theory, Penn State Intercom Online, University Relations, http://www.psu.edu/ur/archives/intercom_2000/May18/math.html.

- Peterson, Ivars (2000). The power of partitions, *Science News* 157(25) (June 17)：396-7 (http://www.sciencenews.org/20000617/bob2.asp を参照).

　シュリニヴァーサ・ラマヌジャン (1887-1920) は，マドラスの港湾局で事務員として働いていたが，後にインドの誇る天才数学者となり，偉大なる 20 世紀の数学者となった．ラマヌジャンは，数論に貢献をし，楕円関数，連分数，無限級数について仕事をした．貧しい家庭に生まれ，母親が下宿人を受け入れていたため，家の中にはおおぜいの人がいた．ラマヌジャンは大変恥ずかしがりやで，話すのは苦手であると自分自身分かっていた．13 歳のとき，高等学校の友人から数学の本を借り，1 週間で理解した．厳密な証明について書かれた本がなかったので，かなり風変わりな方法で証明し，数学的な真実を確かめた．トリニティ・カレッジの数学者 G. H. Hardy は次のように所見を述べている．

　「ラマヌジャンの数学的な証明に相当するアイデアは，闇に包まれたものだった．彼の結果は，新しいものであろうと，古いものであろうと，また，正しいものであろうと，間違っているものであろうと，筋の通った説明ができないような混沌たる議論，直感，そして帰納法により導かれる」

　ラマヌジャンは数学を独学で学び，1903 年にマドラス大学で奨学金を得るものの，数学に没頭するあまり他の科目を落第し，そのため翌年奨学金資格を失った．ハーディ教授はラマヌジャンの数百もの定理を収めた歴史的有名な手紙をもとに，ラマヌジャンをケンブリッジ大学に招待した．解析学の一流の専門家，ハーディは自分には全くなじみのない公式集を扱うことになった．

　「これらの関係式には全くまいってしまった．というのは，今までにこんな式を全然見たことがなかったからだ．一瞥しただけで最上級の数学者による関係式だということがわかった」

　人生の後半で，ラマヌジャンは栄養失調及び結核の病に侵された．しかしながら，医師も家族も研究を止めさせることはできなかった．1919 年 2 月，ラマヌジャンはインドに帰国したが，翌年 1920 年 4 月，32 歳の若さでこの世を去った．その間，ばらばらの紙におよそ 600 もの定理を書き，それらは，1976 年ペンシルベニア州立大学の George Andrews 教授によって発見された．そして，「ラマヌジャンの失われたノート」と名付けられた．ラマヌジャンの公式は，現代の代数学において，しばしば，中心的役割を演じていて，今日，学者達は，ラマヌジャンが，理解すべき基礎となる知識がなかったにもかかわらず，どのようにしてこのような方程式を心に描いたのかと思い巡らしている．

　ある伝記作家は，ラマヌジャンについて次のように語っている．「スイスの特許事

務所で働いている間，余った時間で特殊相対性理論を導いていたアルバート・アインシュタインのように，ラマヌジャンもマドラスの港湾局経理事務員として働き，余った時間で数学についてじっくり考えていた」

ラマヌジャンの生涯についてもっと知りたい方は，下記の文献を参照していただきたい．

- Berndt, B., and R. Rankin (1995). *Ramanujan : Letters and Commentary*. Providence, R.I. : American Mathematical Society.
- Gindikir, S. (1998). Ramanujan the phenomenon, *Quantum* 8 (March-April) : 4-9.
- Kanigel, R. (1991). *The Man Who Knew Infinity* : *A Life of the Genius Ramanujan*. New York : Charles Scribner's Sons.

44. だれか気づいて

国中のトップ科学者に答えを提出してもらったところ，おもしろい答えが幾つかあった．もちろん，「正しい」答えはない．彼らの答えを見る前に，あなたに今一度考えてもらいたい．もしあなたがアリに変えられたとしたら，どのような行動をとるかを．

情報を伝える1つの方法に音があると，多くの科学者が思っている．実際，音で情報を伝えるアリの種類がいる．例えば，カーペンターアリは，自分たちの巣の床に頭を打ちつけるし，ハキリアリやハーベストアリは，巣が穴の中にあるとき，甲高い音を出す．巣穴のアリは，これらの音の違いでアリになったあなたを見つけ，救助してくれるだろう．

足でトントンとたたくとか，なんとかして音を出すことができて，だれかに，あなたの近くに高性能マイクを設置してもらえるなら，モースコードなどで，あなたの存在を伝えられるかもしれない．最初の段階では，あなたの緊急事態を分かってもらうために「マイク」といった簡単なメッセージをつづることである．もし染料やインクが使えるなら，メッセージをつづることができるだろう．だが，染料やインクには害があることが多い．もしあなたが強い口で紙を噛み切ることができるなら，噛み切って小さくなった紙切れを並べて，メッセージをつづることもできるだろう．数学の関係式を記してもよいが，これはやめたほうがいい．現在，世界中から，でたらめに選ばれた人々のうちのいったいどれだけの人が，素数，あるいは，ピタゴラスの定理，あるいは，2進数に気がつくというのだろうか？

たとえ，人々が，あなたがアリに変えられた人間であることに気づいたとしても，

解　　答

あなたは，この先，幸せな人生を送ることができるのだろうか？　あなたは，宇宙人がどのように見えるだろうか？　どんなに怯えているだろうか？　他の昆虫にどんなふうに攻撃されるのだろうか？　どうやって歩くのか？　信じられないほどの衰弱，絶望感に陥らないように何かすべきことはあるだろうか？　精神状態が底知れない深い穴に落ちたとき，気を落とさない方法はあるのだろうか？　周りの新しい世界を楽しむ方法はあるだろうか？　例えば，瞑想したり，薬を飲んだりして楽しむことができるだろうか？　神が存在するとあなたが信じていたとしても，あなたの魂は，節のあるアリの体という牢獄に詰め込まれたままであろうか？

　Josh がわたしに次のような手紙をくれた．12歳の彼は，通りを下ったところの近所の人である．

「わたしは，ある種のアリが組織化された闘争を実行することを知っている．それは，子ども，あるいは，だれか歩いて通り過ぎる人の注意を引くかもしれない．だから，そのようなときに，わたしは「助けて」という言葉をつづる方法を見つけるだろう．そして，また，わたしは，ほとんどのアリが，自分たちの重さの何倍もの重さのものを運ぶことができることも知っている．そこで，自分の周りの小さい果実や小石を拾うだろう．そして，できるだけ早く，人々の注意を引くため，文字をつづる．文字をつづるには時間はかかるけれど，最終的には，わたしが人間であることを伝えられるだろう．最初のうち，人々は信じないかもしれない．あるいは，全く信じようとしないかもしれない．しかし，そのうち，人々は，わたしが人間であることを信じざるをえなくなるほどの事態に遭い，そして驚き，最終的には，わたしを助けようとするかもしれない」

　当然のことながら，アリの小さな頭脳では，記憶することはおろか，認知能力を発揮することもできないだろう．それ以外に何か現実的な障害，あるいは，科学的な障害があるだろうか？　例えば，アリになったあなたの視覚組織（例えば，水晶体や網膜）は人間のものより小さいので，見え方などに影響はないのだろうか？

　別の動物に乗り移ったり，宇宙旅行をする可能性について考えるとき，いつも思うのは，一番すごい旅行というのは，多くの異なった世界を見ることではなく，多くの異なる宇宙人の目を通して1つの世界を見る，ということだ．このことは，単にいろいろな宇宙人の視点から世界を見るということだけではなく，文字通り見えない部分を敏感な目で見るということ，そして，同時にあらゆる方向を見るということ，そして，速すぎて人間の目には単にぼやけたようにしか見えない出来事を見ることも意味する．

　地球のいろいろな生物について学習することで，宇宙人の目や視覚の相違点につい

て仮説を立てることができる．宇宙人がもし存在するとすれば，我々が見ている世界と宇宙人が見ている世界とに違いがあることは疑いようがない．このことを理解するため，インドのルナガを考えてみよう．ルナガの羽の大きさは10cm（4インチ）程である．我々には，雄も雌もどちらも明るい緑色に見え，どちらもさほど違いはないように見える．しかし，ルナガ自身は，紫外線が届く範囲では雄と雌を区別することができ，雄のガと雌のガではかなり違って見えるのである．ルナガが緑の葉で休んでいるとき，他の生物は，ルナガをなかなか見つけられないが，ルナガどうしであれば，お互い，明るい色に見えるので，カモフラージュされない．

ハチもまた，赤外線では見えないが，紫外線では見ることができる．例えば，我々が見る紫色の花は，ハチにとってはそうではない．実際，ハチにとっては，花には美しい模様があり，しかも，そのような模様はハチにしか見えないのである．これらの魅力的な複雑な模様は人間には全く見えない．

ミツバチもまた，驚くべき「点滅－融合」能力を持っているため，我々とは違ったふうに世界が見える．「点滅－融合」は，断続する画像（こま）の間隔が短くなったとき，画像が連続して見えるための1秒間のこま数に帰する．人間は1秒間に16こまから24こましか映像として認識できない．映画も通常，1秒間に24こましか映していない．もし宇宙人がミツバチのこの能力を持っているとしたら，融合が起こる前に，1秒間に264こまを1こまずつ見ることができるだろう．人間界の映画は，単なるスライドにしか見えないだろう．このように，ミツバチは高度な「点滅－融合」能力を持っているため，人間にはぼんやりとしか見えないような速い物体を見ることができるのである．

宇宙人の動きは速すぎて我々には見えないが，宇宙人たちには難しくないという状況を想像してみよう．また，ハエが飛んでいるとき，ハエの羽ばたきはどのように見えるのか，あるいは，雨のしずくが水溜りに落ちるとき，小さなしずくの複雑な並びが跳ねるのは，どのように見えるのか想像してみよう．

我々が範囲や強さにおいて現在の感覚を拡張できるなら，宇宙人の感覚領域を少しは認識できるかもしれない．生まれたときから，これらの視覚能力を持って成長していたなら，我々の種族は，何かかなり特殊なものになっていただろう．我々の芸術作品は変わっていただろうし，人間的な美しさの認識も変わっていただろう．病気を判断する能力も変わっていただろうし，信仰するものさえ変わっていたかもしれない．もし一握りの人間だけがこれらの能力を持っているなら，彼らは救世主として熱烈な支持を受けるだろうか？

45. 曲芸師の数列

曲芸師の数列は驚く程大きな数になった後，1になる．次の例は初期値を193にしたときの曲芸師の数列の最初のほうの項である．74ステップで1となる．

```
 1  193 (Starting number)
 2  2681
 3  138817
 4  51720650
 5  7191
 6  609795
 7  476185085
 8  10391151638843
 9  33496198677403032405
10  1938622664401768140007397749718535715445974697273176106626261201 1066679467
11  7886056657778723339414798749940357767597693842737658321595888 45286
12  888034721042973822495186607446955
13  264633560309716104220858647037719228740400480886 77
14  1361342426433984817658606166377797513446463036326580993731478415075053 27119
```

オズ博士は，高精度の指数を扱えるソフトを搭載したコンピュータIBM3090で計算を試みた．x の n 乗根を計算するのに，コマンド answer = 0.5*(x/answer + answer) を数百回繰り返した．

フロリダ，BartowのCornelius Groenewoudは，オズ博士に次のような手紙を送った．

「親愛なる先生，曲芸師の数列を先生は次のように定義しました．

    if x is even   then x ← [x^f]
                            else x ← [x^g]
    until x = 1

ただし，$f = 0.5$，$g = 1.50$ である．このような数列が，すべて1になることを示すことは難しいと思います．最後の数字は f や g の選び方によってかなり微妙に変わってきます．例えば，初期値 x を5とし，$f = 0.5$，$g = 1.50$ に近い値を使うとき，計算結果は次の表のようになります」

f	g	数列
0.55	1.45	5, 10, 3, 4, 2, 1
0.54	1.46	5, 10, 3, 4, 2, 1
0.53	1.47	5, 10, 3, 5, repeats
0.52	1.48	5, 10, 3, 5, repeats
0.511	1.489	5, 10, 3, 5, repeats
0.510	1.490	5, 11, 35, 199, 2662, ... a total of 18 steps ending in ... 4, 2, 1
0.50	1.50	5, 11, 36, 6, 2, 1 repeats
0.49	1.51	5, 11, 37, 233, 3755, 249,839, 141,405,711, etc.
0.48	1.52	5, 11, 38, 5 repeats
0.473	1.527	5, 11, 38, 5 repeats
0.472	1.528	5, 11, 39, 269, 5160, 56, 6, 2, 1
0.471	1.529	5, 11, 39, 270, 13, 50, 6, 2, 1
0.47	1.53	5, 11, 39, 271, 5277, 495,738, 475, 12,454, 84, 8, 2, 1
0.46	1.54	5, 11, 40, 5, repeats
0.45	1.55	5, 12, 3, 5, repeats

f と g と（1 になるまでの）ステップ数の関係を表す 3 次元グラフを描くとよいだろう．

曲芸師の数列についてはオズ博士のもとに，他にも何通か手紙が届いた．カナダ，ケベックの James Beauchamp の手紙には，$1/2$ や 0.5 の指数の代わりに，SQR（Square root のコマンド）が使われるべきだと主張されている．これは，James Beauchamp が Basic でコマンド $x = \text{INT}(36^{(1/2)})$ を実行した結果が 5 になったことで，間違っていることに気づいたためだ．

1992 年 6 月 27 日，Harry J. Smith は曲芸師の数列を計算し，数列の長さが一番長い数列を見つけ，その長さは世界記録となった．数列のすべての項を印刷するためには，この本のページ数と同じくらいのページ数が必要だ．数列の初期値は 48,443 である．$J(0) = 48,443$, $J(1) = 10,662,183$, $J(2) = 34,815,273,349$ となって，$J(60)$ で最大値となる．この値は 972,463 桁の数だ．曲芸師の数列が常にそうであると予想されるように，スミスの巨大な数列も，ああ！ 悲しいかな，$J(157)$ で衰え，そこで 1 となる．Harry Smith は次のように書いている．

「この数をパソコンで計算する研究はかなり興味深い．この研究を始めて初期の段階で，初期値を $J(0) = 48,443$ とすると，数列は大きな数になることが分かっていた．なぜなら，計算の途中で，メモリオーバーになり実行できなくなったからだ．数列が大きくなりすぎて，ターボ・パスカルの記憶領域には配列されないのである．ターボ・パスカルでは 65,536 バイトが限界だ」

解　　答　　　　　　　　　　　　　309

Harry Smithは，最終的には，ウィンドウズ3.0用のボーランド製のターボC++を使ってプログラムを作成し，世界記録を打破したのだった．パソコンはIBM社のRAMが16メガバイト，33MHzで，330メガバイトのハードディスク搭載のものであった．コンピュータの限界を克服するため，Smithはフーリエ変換を用いて大きな算術までスピードアップをはかり，ニュートン法を用いて迅速に平方根を計算した．計算には28時間かかった．Smithはソフトなどの質問に喜んで応じてくれるだろう．Smithと連絡を取りたい方は，Harry Smith, 19628 Via Monte Dr., Saratoga, CA 95070に問い合わせるとよい．

さて，イギリスのウェストサセックスのRoger Cawsは「リバース曲芸師の数列」を定義し研究した．Roger Cawsは「リバース曲芸師の数列は，あらゆる可能な限りの値を$j(1)=1$とし，$j(n)^{2/3} \leq \cdots < (j(n)+1)^{2/3}$を満たす奇数の集合と$j(n)^2 \leq \cdots < (j(n)+1)^2$を満たす偶数の集合を合わせた集合の数を$j(n+1)$とすることによって定義できる」としている．

*Juggernaut*は，Juggler Geometryクラブによって出版された非公式な情報雑誌である．学生や研究者によって書かれた手紙の数々で，曲芸師の幾何学を実践的な側面と理論的な側面の両方について議論している．このことについてはこの本の著者クリフォード・ピックオーバーに問い合わせてみよう．住所は下記である．

Dr. Oz, c/o Cliff Pickover, P. O. Box 549, Millwood, New York 10546-0549 USA

小さい数の曲芸師の数列を調べるのに，BASICでプログラムを作成したい読者には，次のプログラムが役に立つだろう．

```
10 REM Compute Juggler Numbers
15 REM For extremely large numbers,
16 REM other methods may have to be used.
20 INPUT "Enter starting number (e.g. 77) >"; N&
30 MAXVAL& = 0
40 PATH% = 0
50 WHILE N& > 1
60    PATH% = PATH% + 1
70    IF N& > MAXVAL& THEN MAXVAL& = N&
80    IF N& MOD 2 = 0 THEN N& = INT(SQR(N&)) ELSE N& = INT(N&^1.5)
85    REM = INT(SQR(N&*N&*N&))
90    PRINT N&,
100 WEND
110 PRINT
120 PRINT "Path length:"; PATH%; "Maxium Value:"; MAXVAL&
130 END
```

3n+1 問題についての文献には非常に多くのものがある．ここに，好ましい参考文献を挙げておこう．

- Crandall, R. (1978). "On the '3x+1' problem", *Mathematics of Computation* 32: 1281-92.
- Dodge, C. (1969). *Numbers and Mathematics*. Boston：Prindle, Weber, & Schmidt.
- Garner, L. (1981). "On the Collatz 3n+1 problem", *Proceedings of the American Mathematical Society* 82: 19-22.
- Hayes, B. (1984). "Computer recreations：On the ups and downs of Hailstone numbers", *Scientific American* 250: 10-16.
- Lagarias J. (1985). "The 3x+1 problem and its generalizations", *American Mathematical Monthly* 92(1)(January)：3-23.
- Lagarias J., and A. Weiss (1992). "The 3x+1 problem：two stochastic models", *The Annals of Applied Probability* 2(1)：229-61.
- Leavens, G., and M. Vermeulen (1992). "3x+1 search programs", *Computers and Mathematics with Applications* 24(11)：79-99.
- Pickover, C. (1989). "Hailstone (3n+1) number graphs", *Journal of Recreational Mathematics* 21(2)：112-15.
- Silva, T. (1999). "Maximum excursion and stopping time record-holders for the 3x+1 problem：computational results", *Mathematics of Computation* 68 (225)：371-84.
- Wagon, S. (1985). "The Collatz problem", *Mathematical Intelligencer* 7：72-6.
- Wirsching, G. (1999). *The Dynamical System Generated by the 3N+1 Function* (Lecture Notes in Mathematics). New York：Springer-Verlag.

Eric Roosendaal のホームページ http://personal.computrain.nl/eric/wondrous/ では，巨大な共同コンピュータを用いた検索が可能であり，初期値を入力すると，それに対する 3n+1 数列が 1 になるかどうかが分かる．1999 年 8 月，3n+1 問題に関する最初の大きな国際会議が，ドイツ，エイチシュタットにあるカトリック系のエイチシュタット大学で開催された．

46. コードで結ぼう

オズ博士はこの問題を約 500 人にやってもらい，この問題を解くのに何分かかった

かを一人ひとり尋ねた．およそ20%の人がこの問題は解けないと言い，解けた人は，通常，2分以内で解けた．また，このパズルに関しては，問題を解く能力と年齢（20歳から60歳まで）との間には，ほとんど関係がなかった．この問題は事実解ける．答えは演習問題として読者にお任せしよう．もしこの問題が解けなかったら，1日，それについて考えないようにして，また，もう1度考えてみよう．1日おいてもう1度やってみたら，多くの人が，問題がやさしくなっていることに気づくだろう．おそらく，コンピュータは，人間より，このような問題を解くのが速い．だが，人間は失敗したことを即座に学習する能力を持っているという点でコンピュータより有利である．コンピュータ・プログラムを用いて，宇宙人をでたらめに配置し，新しい"線で結ぶ"問題を作ってみよう．あるいは，紙とペンをもってこのようなパズルを考えてもよいだろう．

　心理学者は，視覚と理性の仕組みとの関係に興味をもっている．1日経過した後，パズルが簡単に感じられることは何か意味があるのだろうか？　性別，職業，IQ，音楽的な才能，あるいは，芸術的な才能と，このパズルを解く能力と何か関係はあるのだろうか？

　このような問題は，数学の一分野，グラフ理論の点を結ぶ方法の研究に関する問題を思い起こす．グラフは，しばしば，電気回路設計で重要な役割を果たす．

47. 黄金比に近づけよう

　ニューヨークのPhil Hannaは，幾つかのすばらしい近似をした．その中に次のような近似がある．

$$\frac{4}{\sqrt{4}+\sqrt{4}/4} = 1.6$$

コンテスト2に対して，彼は次のような近似を見つけた．

$$\sqrt{\sqrt{4+\sqrt{\sqrt{4\times 4\times 4}}}} \sim 1.61651660$$

これは，ϕと1.517×10^{-3}だけ違う．

　ブランダイス大学のLeopold Travisは，次の特殊な公式を導いた．

$$l = s(s(s(44)))\times s(s(s(s(s(s(s(s(s(s(s(s(4**(4!))))))))))))))$$

ただし，$s(x)$はxの2乗根，**は累乗を表す．このとき，$l = 1.61792833086266\cdots$であり，$\phi - l = 0.00010565788722\cdots$である．

カリフォルニアの Ken Shirriff は，条件 1 の問題について，ϕ にいくらでも近い値を得ることができることに気づいた．無限にルートを繰り返すことで値が 1 に近づくからである．

$$\cdots\sqrt{\sqrt{\sqrt{\sqrt{4}}}} \to 1$$

$$\phi = \frac{1+\sqrt{4+1}}{\sqrt{4}}$$

であるから，この式で，1 のところを 1 個の 4 と多くのルートでいくらでも近似することができる．

条件 2 の問題については，Ken が一番よく近似できた．

$$1.618644 = \frac{4}{(.4 \times 4!)^{.4}}$$

誤差は 0.000611 である．

同様に，イギリスの Paul Leyland は次の式を用いて ϕ を近似した．

$$\phi = \frac{\sqrt{\sqrt{4}/.4} + \cdots \sqrt{\sqrt{\sqrt{4}}}}{\sqrt{4}}$$

これは次の式が成立するからである．

$$\sqrt{\frac{\sqrt{4}}{.4}} = \sqrt{\frac{2}{2/5}} = \sqrt{5}$$

また，$4^{1/2n}$ は n が無限大に近づくと 1 に近づく．

プリンストンの David G. Caraballo は $(0.4+4^{-4}) \times 4$ を発見した．この値は 1.615625... であるので，黄金比とおよそ 0.00240 だけの誤差があることになる．しかしながら，このコンテストの究極の勝者は，ニュージーランド，ウェリングトンにあるビクトリア大学の Brian Boutel である．彼は次の正しい答えを一番乗りで見つけた．

$$\phi = \frac{\sqrt{4} + \sqrt{4!-4}}{4}$$

オズ博士はこの問題を一般化して，5 個の 5 や 6 個の 6 などを使って ϕ を近似しようとした．ニュージャージーのプリンストンの David G. Caraballo は，5 個の 5 や 6 個の 6 を使って，ϕ の真の値を表した．

$$\frac{5+5\times\sqrt{5}}{5+5} \qquad \frac{6+6\times\sqrt{6}-6/6}{6+6}$$

彼は，整数kを含む一般解を提示した．kと前述したような写像だけを使って，真の値を得るためには，高々$(2k-5)$個のkが必要である．皆さんはこのことを証明できるだろうか？

5個の5を使ったϕの表し方は，ほかにも次のようなものがある．

$$\phi = (5/5 + \sqrt{5}) \times \sqrt{.5 \times .5}$$

これは，Jaroslaw Tomasz Wroblewski が見つけたもので，

$$\frac{5/5+\sqrt{5}}{\log_{\sqrt{5}}5}$$

は，ニューヨークの Morgan Stanley & Co. の Seth Breidbart が見つけたものである．

Phil Hanna は8つの8と9つの9を使って，ϕの真の値を次のように表した．

$$\phi = \frac{8+8\times\sqrt{\sqrt{8+8}+8/8}}{8+8}$$

$$\phi = \frac{9+9\times\sqrt{\sqrt{9}+9/9+9/9}}{9+9}$$

Peter Ta-chen Chang は次のことを問いかけた．(1) 4つの4だけでは表わせられない最小の正整数は何か？ (2) すべての正整数を生成する4（あるいは別の整数）の最小の個数は何か？ (3) (2)で使う写像で，数学の記号を一番使わない写像は何か？

ここで議論された話題は，1962年に出版された論文 J. Conway and M. Guy, Pi in four 4's, *Eureka* 25(1962): 18-19 から影響を受けた．その論文の中で，Conway と Guy は π を構成する同様の質問をしている．

別の種類の問題が，テキサスの工場のポケット計算機の経営者によって出されている．『*The Great International Math on Keys Book*』(Texas Instruments, Inc., 1976, ISBN0-89512-002-X) の「For four 4's」の章で，次のように短く説明されている．

*   *   *

これは脳のトレーニングだ！ 4つの4だけを使って（計算機を使ってもよい），1から100までの数字をすべて「つくる」ことができるだろうか？ 計算式に，$+$，$-$，

×，/，(，)，．，x^2，= と 4 を使用できる．循環小数 4 (4 = .4444...) も 4! = 4×3×2×1 も使うことができる．次の表は 1 から 24 までの数を 4 で表現した答えである．

1 = 4 − 4 + (4/4)	2 = (4/4) + (4/4)	3 = (4 + 4 + 4)/4
4 = 4^2/4 + 4 − 4	5 = (4 × 4 + 4)/4	6 = 4 + (4 + 4)/4
7 = 4 + 4 − (4/4)	8 = 4 + 4 + 4 − 4	9 = 4 + 4 + (4/4)
10 = (4/.4) + (4/4)	11 = 4^2 − 4 − (4/4)	12 = 44 − 4^2 − 4^2
13 = 4^2 − 4 + (4/4)	14 = 4^2 − (4 + 4)/4	15 = (44/4) + 4
16 = 44 − 4! − 4	17 = 4 × 4 + (4/4)	18 = 4^2 + (4 + 4)/4
19 = 4^2 + 4 − (4/4)	20 = 4^2 + 4 + 4 − 4	21 = 4^2 + 4 + (4/4)
22 = 4! − (4 + 4)/4	23 = 4^2 + (4! + 4)/4	24 = 44 − 4^2 − 4

* * *

オズ博士は 1 から 182 までの整数をこのようにして作ることが可能であると信じている．183 をこのように表す方法は知られていない．他にも，187, 205, 213, 237, 298, 302, 307, 322, 327, 338, 339 という整数でギャップが生じる．最初の 100,000 個の整数におけるギャップの分布はどのようなものだろうか？ オズ博士は，これについては誰も知らないと思っている．詳細は Peter Karsanow の「FAQ for the Four Fours mathematical puzzle」http://www.geocities.com/TimesSquare/Arcade/7810/44sfaq.htm をご覧ください．

48. Zyph 星

一番上の枝が仲間外れ（図 48.1 参照）．1 つの枝についているすべてのベリーを重ねると，完全な黒い円板とならなければいけない．一番上の枝は左下 1/4 の部分が白のままになる！（文中の文句「明るい光が白い実から差し込んでいる」がヒント．しかし，もちろん，他の基準で選ぶこともできる．）

図 48.1

49. エウロペーのクラゲ

図 49.1 は答えの 1 つ．他の答えはあるだろうか？

図 49.1 　答え

50. 考古学の切開

　この種の問題はここ数10年よく見かける．十字架を図50.1のように切り，4つの部分1, 2, 3, 4をうまく合わせば，図50.2のような正方形になる．十字架を切るパズルは少なくともここ1世紀程，パズル愛好家の間ではやっている．次のパズルも考えてみよう．問題の十字架を4つの同じ形に切って，ばらばらにしてうまく合わせると，正方形になるようにしなさい．

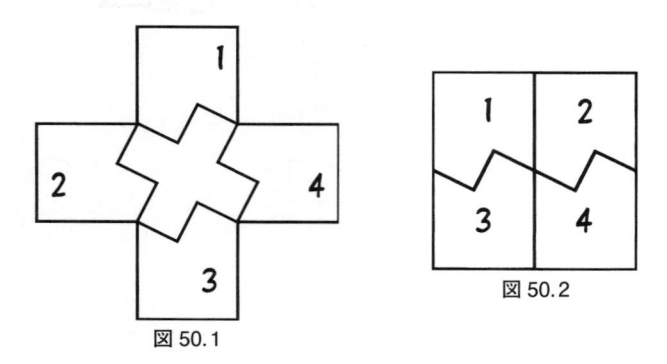

図 50.1

図 50.2

51. ガンマの先手

オズ博士が1997年と予想したとすると，この予想を受けて，ドロシーは博士の予想した年代の前年と後年を予想するとよい．つまり1996年と1998年である．年代が当たる確率は，ドロシーのほうが圧倒的に高くなる．友達とこのかけをして楽しもう．あなたは，ほとんどこのかけに勝つだろう（参考文献として，わたしの本『*Dreaming the Future*』を見ていただきたい）．

あなたが2つ予想をし，友達が1つ予想するこのかけごとを，友達に損をしていないと思わせる方法を考えよう．

52. ロボットの手の箱

答えの1つは次の通り．1〜25までたどる．他の答えはあるだろうか？

13	12	9	8	7
14	11	10	5	6
15	16	17	4	3
24	23	18	19	2
25	22	21	20	1

53. ラマヌジャンと 10^{45}

この不思議な入れ子のルートの値を計算するのはそんなに難しくない．答えは驚くほど簡単である．イヴが四角で囲んだ式の値は単に

$$\boxed{\heartsuit + 1}$$

であり，これは，計算機なしで数十年前に解けていた．

1911年，当時23歳のシュリニヴァーサ・ラマヌジャン（**43** 参照）という名前のインドの事務員が *Journal of the Indian Mathematical Society* という数学の雑誌で次のような質問（#298）を提示した．

$$? = \sqrt{1 + 2\sqrt{1 + 3\sqrt{1 + \cdots}}}$$

何か月経っても，読者はだれ一人として答えを出さなかった．その問題が難しいのは無限個の入れ子になったルートがあるからである．最後に手を上げたのはラマヌジ

ャンで，答えを3とした．その後，彼は何年も経ってからその問題を一般化して次のような定理の形にした．

$$x+1 = \sqrt{1+x\sqrt{1+(x+1)\sqrt{1+\cdots}}}$$

xにあなたの好きな値を入れると，答えは$x+1$となる．xをハートにすると，答えは$\heartsuit+1$．xにほかの値を代入して答えを出し，友達を驚かせよう．

54. 不思議な観覧車

　現在では大きな遊園地に不可欠となった観覧車だが，観覧車が初めて世間に登場したのは，1893年，シカゴで開催されたコロンビア万国博覧会でのことだった．その観覧車は，支柱や梁，土台について専門的な知識をもつ橋職人 George Ferris によって造られ，その建造費用は380,000ドル，高さは264フィートであった．

　この章の内容は Frank A. Farris の文献 "Wheels on Wheels on Wheels – Suprising Symmetry" *Mathematics Magazine* 69(3) (June 1996): 185-9 による．また，Harold Boas のホームページ "Including Maple graphics in LaTex documents", http://calclab.math.tamu.edu/~boas/courses/math696/including-Maple-graphics-in-LaTex.html や Frank Farris のホームページ http://math.scu.edu/~ffarris/homepage.html も参照されたい．

　椅子の軌道の方程式をたてるため，円の軌道が$x=\cos(t)$, $y=\sin(t)$ ($0 \leq t \leq 2\pi$)という媒介変数表示で表されることを思い出してみよう．実際，円の方程式は，大観覧車の円に取り付けられた椅子の動きを表せそうだが，3つの車輪の複合された動きを説明するには不十分で，そのための項を円の方程式に付け加えなければならない．一番小さい車輪は，他の2つの車輪と位相差180°である．つまり，図54.1の椅子の軌道は，次のような媒介変数で表示できる．

$$x = \cos(t) + \frac{1}{2}\cos(7t) + \frac{1}{3}\sin(17t)$$
$$y = \sin(t) + \frac{1}{2}\sin(7t) + \frac{1}{3}\cos(17t)$$

ドロシーは，さぞかしふらふらしただろう．（観覧車本来のスピードで動いてたとしても，どれだけの重力が体に重くのしかかったであろうか？）軌道を描くためのアルゴリズムは，多くのソフトで使われている．例えば，研究者の Harold Boas は，計算ソフト「メイプル」(http://www.maplesoft.com を参照）で次のコマンドを用いた．

```
x := t → cos(t) + cos(7*t)/2 + sin(17*t)/3;
y := t → sin(t) + sin(7*t)/2 + cos(17*t)/3;
plot([x(t), y(t), t = 0..2*Pi], thickness = 2, color = black);
```

これらの式を物理的に解釈すると，車輪の椅子の位置や各車輪が異なる速さで回転していることがきちんと設定されていることが分かる．この観覧車は，いろいろな対称的な軌跡模様を生成できる．例えば，もともとの車輪の速さ 1, 7, -17 の代わりに，別の速さ，例えば，-2, 5, 19 の速さで 3 つの車輪がそれぞれ回転すると，(図 54.1 のような) 7 つの対称性をもつ図ができる．あなたは，問題文中の図 54.2 あるいは，ここに示されている観覧車のどちらに乗ったほうが，よりエキサイティングだと考えるだろうか？ オズ博士は，速さをいろいろ変えて，あなた自身の観覧車のグラフをあなたに描いてほしいと願っている．

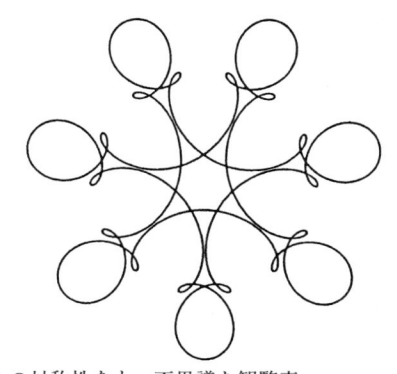

図 54.1 7 つの対称性をもつ不思議な観覧車

(Frank Farris, "Wheels on Wheels on Wheels" から)

これらの図形の背景にあるより深い数学について興味をお持ちの方は Frank Farris の文献を調べるとよい．彼は，各車輪の速度が分かっているとき，椅子の軌跡が対称になるかどうかを調べる方法を考えた．わざわざグラフを描かなくても，ドロシーの椅子の軌跡が対称性をもつかどうかが，この方法によって予測できる．複素数での表示を知っている読者の方には，図 54.2 の曲線が次の関数で記述されることを知っていただきたい．

$$F(t) = x(t) + iy(t) = e^{it} + (1/2)e^{7it} + (i/3)e^{-17it}$$

Frank Farris は，図 54.2 が対称的になるのは，数字 1, 7, -17 がすべて 6 を法とし

て1と等しいときであることに気づいた．t が 2π だけ進んでいるとき，各車輪は何周か回転して，もう 1/6 周回るため，結果として，面白い対称的な図形となるのである．図 54.1 で 7 の対称性が現れるのは，数 $-2, 5, 19$ がすべて 7 を法として 5 に等しいことによる．

55. 究極の紡錘

実数値しかプロットできないので，このグラフには間隔があく．負の実数 x に対しては，関数 $y = x^x$ の値は $x = (-p/q)$ の形に書けるときのみ，y が実数値になり，定義される．ただし，p と q は正整数で，q は奇数である．実数値になるときだけをプロットしているので，グラフはとぎれ，$x < 0$ の範囲で，グラフに多くの"穴"があいてしまう．これらの穴は $y = \pm |x|^x$ で定義される曲線上にある．

ここで関数 $y = x^x$ の値が実数になる例を挙げよう．

$$(-2/5)^{-2/5} = \sqrt[5]{25/4} \approx 1.4427$$

負の数の奇数乗根は実数に値をとるが，負の数の偶数乗根は実数に値はない．奇数 q に対しては

$$\sqrt[q]{x} = -\sqrt[q]{-x}$$

が成り立つので，-1 の 3 乗根には実数 -1 があるが，-1 の 2 乗根には，実数の値はない．

関数 $z = x^x$ が複素数の値となる場合を調べると，さらによく分かるだろう．x が実数，z が複素数でもよいとき，この関数 $z = x^x$ のグラフは紡錘形となる（図 55.1）．このような紡錘形について，アナポリスにあるアメリカ海軍兵学校の Mark Meyerson による論文では，以下のように記されている．
「この紡錘形という用語には，二重の含みがある．一つは，一般的な形が紡錘形であること．もう一つは，その形が可算無限個の曲線か糸によって巻かれているということ」

紡錘形を作るためには，$x^x = e^{x \log x}$ は $e^{x \log |x| + i \pi n x}$ という値をとることに注意しよう．異なる糸は n が異なる．糸についてのより詳しい説明や，紡錘形についての不思議なギャップの研究に関してより詳しく知りたい方は，Mark Meyerson の "The x^x spindle", *Mathematics Magazine* 69(3)(June 1996): 198-9 を参照しよう．

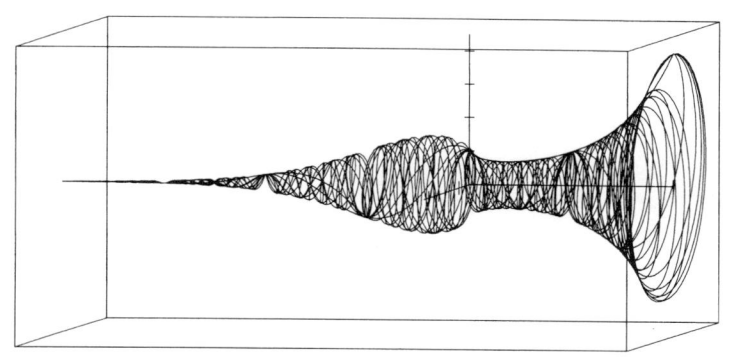

図 55.1 $z = x^x$ のグラフ．ただし，x は実数，z は複素数．x の範囲が $-4 \leq x \leq 2$ のとき 21 本の糸がある．（Mark D. Meerson による図）

56. 大草原の工芸品

左から2番目のペアが答え．4つの記号から2つの記号を選ぶ組み合せ．他の基準でも考えよう．

57. 宇宙鳥のふん

宇宙鳥は8個のふんを落とす．次に落とすふんの個数は，1つ前に落としたふんの個数のすべての桁の数字をかけた数になっている．

58. 美しい正多角形分割

1990年の終わりに，数学者 Bjorn Poonen と Michael Rubinstein は，正多角形の分割数を数え上げる問題を考えた．事実，この問題はかなり難しく，ドロシーの許容範囲を超えている．正 n 角形の異なる対角線どうしは，内点で交わる（Poonen と Rubinstein は，正 n 角形の8本以上の対角線は中心でしか交わらないことを示した）．これらの対角線どうしの交わり方は，かなり複雑である．にもかかわらず，Poonen と Rubinstein は，任意の n に対して正しい値となる公式を求めることができた．対角線が正 n 角形を切る領域の数は

$$R(n) = (n^4 - 6n^3 + 23n^2 - 42n + 24)/24$$
$$+ (-5n^3 + 42n^2 - 40n - 48)/48 \cdot \delta_2(n) - (3n/4) \cdot \delta_4(n)$$
$$+ (-53n^2 + 310n)/12 \cdot \delta_6(n) + (49n/2) \cdot \delta_{12}(n) + 32n \cdot \delta_{18}(n)$$
$$+ 19n \cdot \delta_{24}(n) - 36n \cdot \delta_{30}(n) - 50n \cdot \delta_{42}(n) - 190n \cdot \delta_{60}(n)$$
$$- 78n \cdot \delta_{84}(n) - 48n \cdot \delta_{90}(n) - 78n \cdot \delta_{120}(n) - 48n \cdot \delta_{210}(n) \qquad (n > 2)$$

ただし，

$n \equiv 0 \pmod{m}$ ならば，$\delta_m(n) = 1$

$n \not\equiv 0 \pmod{m}$ ならば，$\delta_m(n) = 0$

上式は美しい式だと思いませんか？ この種の問題は，1900年代に多くの研究者によって研究されていたが，1990年後半まで正しい公式は見つけられなかった！ その頃までは，多くの試行錯誤がなされたが，すべて失敗に終わったのである．

例を挙げよう．ドイツの数学者 Gerrit Bol は，1938年に正しい答えを求めたつもりだったが，彼の公式の中の係数に正しくないものがあった．Poonen と Rubinstein は次のように書いている．「我々は計算をほとんど計算機に任せた．一方，Bol は，ほとんど手計算で計算をした．膨大な計算量なので，Bol がその計算をすべて求めることができたのは，我々にとっては驚くべきことであり，それと同時に，計算間違いがあったということはそんなにびっくりすることではない！」1950年代終わりから1960年代初めにかけて，n が素数のとき，どんな3本の対角線も1点で交わらないことが発見された．

1番目の問題の答えは21,480個．正30角形は，対角線によって21,480個の領域に分かれる．もっと詳しく知りたい方は，Bjorn Poonen and Michael Rubinstein, The number of intersection points made by the diagonals of a regular polygon, *SIAM Journal on Discrete Mathematics* 11 (1) (1998)：135-56 を参照してほしい．

59. 宇宙からの叫び

オズ博士が言ったように，メッセージを受け取った生物に関心を持ってもらうため，各ページの先頭にはさまざまな記号が導入されている．ページの左上には2進法で表されたページ数が記載されている．図59.1の左上の数は00001で，これは1ページを意味する．右上には章の数．これも2進法で表されている．

オズ博士がドロシーに渡した最初のページは，Dutil と Dumas によって送られた最初のページである．それは，その通信の休憩に使われた数を表している．ページの上部には，0から15までの数が記されていて，0から9までの数は次の3通りの方法 1), 2), 3) で，10から15までの数は次の2通りの方法 1), 3) で表されている．

1) 点の個数で表す方法
2) 2進法で表す方法
3) 特別な記号で表す方法

例えば，右上の1つの四角形（■）は1を表し，2進法で0001，特別な記号では次のように表す．

2 進法で, 0 は次のように表される．

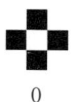

0

1 は次のように表される．

1

このように 0 や 1 の記号を決めることで, 限られた配列でノイズの影響を受けにくくなり, 0 か 1 かをはっきりと伝えることができる. ページの下側には, 左側から, 次のような 2 から始まる素数が記されている.

2 を表す特別な記号

左から右に見ていくと, 2, 3, 5, 7, 11, 13, 17, 19, 23, 29, 31, 37, 41, 43, 47, 53, 59, 61, 67, 71, 73, 79, 83, 89, ... と素数が並んでいる. ページの一番下には, そのメッセージが宇宙に送られた当時, 人間に知られていた最大の素数

$2^{3,021,377} - 1$

が記されている. ちなみに, この本が出版された時点での最大の素数は次の数である.

$2^{13,466,917} - 1$

この数は 400 万桁以上あり, 見つけるのに, 2 年以上かかり, 1 万台の計算機を必要とした.

図 59.2 には, ＋, －, ×, ÷のような数学の演算の定義を記している.

```
1 + 1 = 2        1 − 1 = 0        1 × 1 = 1
1 + 2 = 3        1 − 2 = −1       1 × 2 = 2
3 + 2 = 5        3 − 2 = 1        3 × 2 = 6
4 + 3 = 7        4 − 3 = 1        4 × 3 = 12
1 + 0 = 1        1 − 0 = 1        1 × 0 = 0

1/1 = 1                  1/3 = 0.3333...
1/2 = 0.5                4/3 = 1.3333...
3/2 = 1.5                1/9 = 0.1111...
1/0 = undetermined       2/3 = 0.6666...
0/1 = 1                  1/11 = 0.0909...
0 − 1 = −1
```

次の図 59.1 は，化学や物理学の情報が記されている．水素原子が陽子と電子の表示とともに並べられている．双方の質量や電荷も書かれていて，陽子の質量は電子の質量との関係で与えられている（陽子の質量 = 1836 × 電子の質量）．この下側に，ヘリウムが中性子を説明するのに使われている．10 個の元が，おのおのの原子核に含まれる陽子，中性子を使って表されている．この図についてさらに詳しい事を知りたい方は，Stephane Dumas のホームページ SETI を参照するとよい．URL は http://www3.sympatico.ca/stephane_dumas/CETI/ である．

図 59.2, 59.3 が何を表しているか考えてみよう．

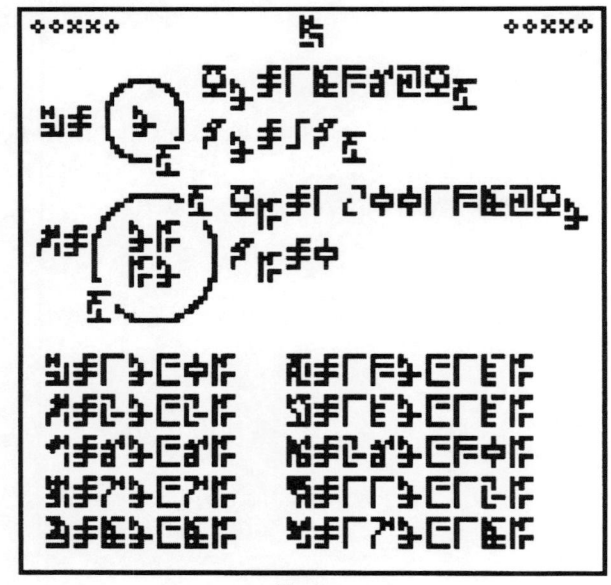

図 59.1

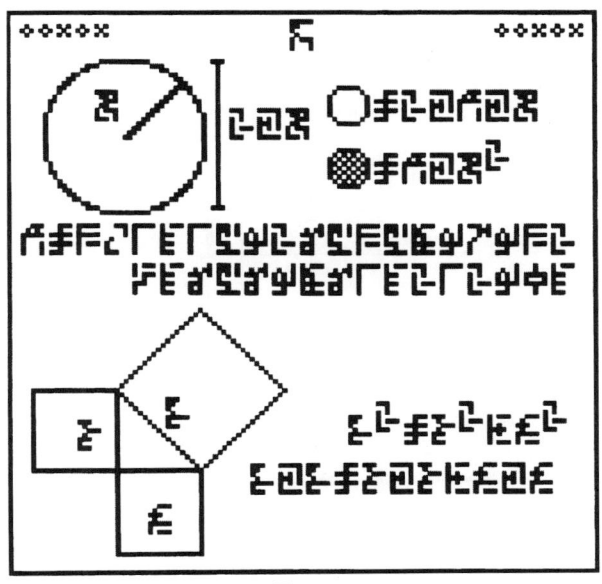

図 59.2

図 59.3

60. 騎士を動かそう

下記にプレックスまでの道を示す．他にどのくらい答えがあるだろうか？ また，同じます目を2回以上通れないとして，プレックスのところにたどり着くまで一番大きい総和は幾らか？

2	3	3	2	1	4
1	2	3	7	2	3
3	2	1	1	3	7
1	1	3	2	3	4
2	2	4	3	4	2
7	4	☠	3	2	3

61. 球　面

答えは $r=18$（フィート）．球の表面積は $4\pi r^2$，体積は $(4/3)\pi r^3$ である．問題の条件から，$4r^2$ と $(4/3)r^3$ のどちらも1000から9999までの整数でなければならない．表面積の条件から $15<r<50$，体積の条件から $9<r<20$ である．したがって，$15<r<20$．すなわち，$r=16, 17, 18, 19$．次に，$(4/3)r^3$ は，r が3で割り切れるときだけ整数になることに注意すると，$r=18$ となることが分かる．この種の問題は，『*Mathematical Bafflers*』の本で，アンジャラ・ダンによって議論されている．球の表面積と体積がどちらとも（5桁の整数）$\times \pi$ であるなら，その球の半径は求まらないのではないかと思う．表面積と体積が6桁の整数ならどうか？ 一般に，n 桁ならどうか？ また，この問題をもっと次元の高い球面に拡張することはできるだろうか？

62. ポタワタミ族の標的

1つの答え：$12+43+79+16$．他に答えはあるだろうか？ このようなパズルを解く一番良い方法は何だろう？ 1つの方法は，単純に，4つの数のすべての組み合わせを試すことだろう．だが，これを手計算でするのは大変だ．なぜなら，$(16, 4) = (16 \times 15 \times 14 \times 13 \times)/(4 \times 3 \times 2 \times 1) = 1820$ 通りの組み合わせを計算しなければならないからだ．偶数のグループ 10, 12, 16, 54, 108 と奇数のグループ 13, 27, 33, … に分けて組み合せを限定することもできる．このとき，4つの数字を足して，150にするためには，4つとも偶数であるか，2つが奇数で2つが偶数であるか，4つとも奇数であるかのどちらかであることも参考にしよう．

解　答　　　　　　　　　　327

63. スライド

この問題の1つの答えとして、灰色のプレックス・クローンが矢印方向の隣のます目に動く次のようなものがある。このようなパズルを解く方法で一番良い方法はなんだろうか？　プレックス・クローンが四角形のます目ではなく、立方体のます目に散在していたら、どのくらい難しくなるだろうか？

他にどのくらい答えがあるだろうか？

64. 交　　換

14と15，9と12をそれぞれ入れ替える．

65. 三角形分割

この問題はマーチン・ガードナーの文献『*Martin Gardner's New Mathematical Diversions*』(Washington, D.C.：Mathematical Association of America, 1995), 34から参照した．

ガードナーは次のように注釈をつけている．この問題は優れた数学者でさえしばしば正しい道からそれて、誤った結論を導いてしまうため、好奇心をそそられる．ほとんどの読者は、鈍角三角形は鋭角三角形だけでは分割できないという証明を郵送してくる．しかし，実際には分割できる．図65.1に，任意の鈍角三角形に適用できる分割の仕方を示しておこう．オズ博士は，その分割数の最小は7だと確信している．

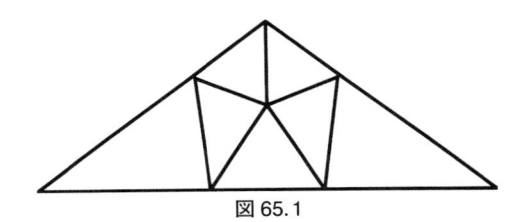

図 65.1

同様に，二等辺三角形，四角形，正五角形を鈍角三角形だけで分割，あるいは，鋭角三角形だけで分割することはできるだろうか？ 分割できたとき，最小何個の三角形で分割できるだろうか？

66. 易しい暗号

1つの答えは0．縦列のます目の上から4番目までの数字の和が偶数なら，一番下のます目には0，そうでなければ，1が入るという考え方．他にもいろいろな考え方がある．例えば，わたしの仕事仲間は答えを13とした．横列のます目の数の合計は，上から3，6，9，12となる．したがって，これを続けると，空欄には13が入る（一番下の行の和は15）．

別の仲間は答えを4とした．それは，縦の和が偶数，横の和が3の倍数になるようにしたときになる（ただし，空欄に入れる数はすべて1桁の数とする）．このような問題に対する答え方によって（人によって違うと思うが），その人の数学的あるいは身の上調査的な背景について考えてみるのもおもしろい．

67. 逆魔方陣

答えの1つは下記．

9	8	7
2	1	6
3	4	5

この種の問題は"逆魔方陣"と呼ばれ，1950年代，アメリカの手品師でパズル愛好家の Royal V. Heath によって，1, 2, 3, 4 の数で構成される 2×2 の逆魔方陣が作成不可能であることが示された．他のサイズの逆魔方陣が作成できるか調べてみよう．

与えられた配列に対して，どのくらいの逆魔方陣があるだろうか？ ます目にでたらめに数を置くと，逆魔方陣ができる確率は幾らだろうか？

68. 挿　入

ドロシーは，ちょっと得意そうにオズ博士を見て答えた．「$8+7+6+5+4+3+2+1=36$」

「よくできた」と，オズ博士．「だが，他にも答えはある．例えば，$87-65-4-3+21=36$．他に答えは幾つあるだろう？」

69. 消えた風景

消えた風景は🏭である．理由は，上の段の右端から反時計回りにらせん状に動くと，次のような列が何度も繰り返されるからである．

この問題は難しいだろうか？　答えは簡単だが，解くのは難しい．この問題をだれか友達にやってもらおう．たとえ10ドル賭けても，だれも解けないだろうと断言する．答えのヒントは，各風景が何個あるか数えてみることだ．1つの絵だけ2個あり，それ以外の絵は3個か4個あることに気がつくだろう．

70. 画面を選ぶ

「最善の」戦略がある．もしドロシーがその方法をとれば，少なくとも $1/e = 0.3678$ の確率で，単語数が最も多い画面を選ぶことができる．e はネピアの数（自然対数の底）と呼ばれ，次のように高い精度で表される．

$$2.81828182845904523536028747135266249775724709369995957 4966\cdots$$

（n 個のウェブ画面から単語数の最も多い画面を選ぶ確率において n を無限に近づけたときの極限値）．

この確率 $1/e$ は，読者の皆さんが予想した確率より高いだろう．とにかく，ドロシーは，60,000個以上の単語があるウェブ画面を閲覧できるだろう！　だれがこのようなことを予想できるだろうか？　あるいは，ドロシーが選んだ画面にはほとんど画像しかなく，1個か2個の単語しかないかもしれない．この問題を詳細に解析している本として，マーチン・ガードナーの『*Martin Gardner's New Mathematical Dversions*』(Washington, D.C.：Mathematical Association of America, 1995), 41 があるので参照されたい．

ガードナーの議論の要旨（彼は Leo Moser と J. R. Pounder から得た）は，おおよそ次のようなものだ．n をウェブ画面の数とする．最初から p 番目までの画面は選ばずに見過ごし，その後，開いた画面がそれまでのどの画面よりも多くの単語を含んでいれば，それを選択する．n 個のウェブ画面に1から n まで数字で順番に番号をつけよう．$k+1$ 番目の画面を一番単語数の多い画面とする．$k < p$ であれば，その画面を選ぶことはできない（$k < p$ とすると，最初から p 番目までの画面に単語数が最も多い画面があって，その後それより多い単語数の画面はないから）．また，1番目の画面から k 番目の画面のなかで一番単語数の多い画面が，1番目の画面から p 番目の画

面までに登場しない場合も，正しく画面を選ぶことはできない（その場合，単語数が一番多いページがでてくる前に，ページが選ばれるから）．$k+1$ 番目が単語数の多いページである場合，この方法でそのページを選ぶ確率は，p/k であり，単語数の多いページが本当に $k+1$ 番目のページである確率は $1/n$ である．そのようなページはただ1つしかないので，そのようなページを選ぶ確率を求める式は次のようなものである．

$$\frac{p}{n}\left(\frac{1}{p}+\frac{1}{p+1}+\frac{1}{p+2}+\cdots+\frac{1}{n-1}\right)$$

n（ウェブ画面の数）が与えられたとき，上の式の値が最も大きくなるように p（選ばないページ数）を決める．n の値を無限大に近づければ，p/n は $1/e$ に近づく．よって，p としてとったらよい値はおよそ n/e となる．ガードナーによると，n か所のウェブ画面の中から単語数の最も多い画面を選ぶときの一般的方法は，n/e 番目のページまでは選ばないで，その後，すでに見た n/e 番目までのどの画面よりも単語数の多い最初の画面を選ぶ戦略である．

このドロシーの問題は，ドロシーがウェブ画面の個数を知らないと仮定している．したがって，ある画面に単語数が多いかどうかということを，画面全体の数を考慮に入れず判断しなければならない．

71. 動物を選ぶ

が答えである．この図には3つの異なる大きさ（大きい，中くらい，小さい）の動物がいるからである．問題の8個の図は，すべて異なる大きさの動物がいる．

72. 天王星のポキポキ男

が答えである．もし，(立っている人)=1, (逆立ちしている人)=2 とすると，各列各行は，ともに和が9になる．別の基準で考えることは可能か？

73. 脳りょうの刺激

正しいマークは．全体で各記号はそれぞれ9個ずつある．

74. 許しの配列

一番左のます目の数字の総和は4, 左から2番目は5, 左から3番目は6, …である．したがって，選択肢の並びの左から2番目の配列を選べば完成する．

75. トロコファーの誘拐

同じ種類の動物 2 頭を確実に入れるためには，4 頭（動物の種類の数より 1 つ多い数）落とさなければならない．また，同じ種類の動物をオスとメスのペアで入れるためには，12 頭（動物ペアの総数より 1 つ多い数）落とさなければならない．分からなかったら，12 枚の紙切れに，1 頭ずつ動物を書いてみよう．そして，それら 12 枚の紙切れを箱に入れ，一度に 1 枚，見ないようにして取り出してみよう．そうすれば，なぜか分かるだろう．別の動物や宇宙人を書いてやってみてもいいだろう．

76. ミズリー州の瞑想ピラミッド

答えの 1 つは $4,321/47,531 = 1/11$．この問題を解く最良の方法はどんな方法だろうか？ 別の答えもあるだろうか？

77. 数学の花びら

答えの 1 つは下図．他にもあるだろうか？

10	×	2	+	4	=	24
+	■	+	■	×	■	+
5	■	10	■	4	■	2
−	■	+	■	+	■	+
5	+	5	×	3	=	20
=	■	=	■	=	■	=
10	+	17	+	19	=	46

78. 血と水

信じようが信じまいが，どちらのゴブレットにも同じ容量の液体が入っている．血の容器の中の水の量は，水の容器の中の血の量とちょうど同じである．これを具体的に試してみよう．（血の）カップに 6 つの赤い石を入れ，もう 1 つの（水の）カップに 6 つの白い石を入れて実験すればよい．1 つのティースプーンに 3 つの石を乗せられるとする．3 つの白い石を取って，血のカップに入れる．次に，その血のカップを "掻き混ぜる"．このカップからスプーンで 1 杯取るとスプーンには平均して 2 つの赤い石と 1 つの白い石が乗るだろう．これらを水のカップに加える．今，各カップには 4 対 2 の割合で別の石を含んでいる．別の説明もある．もし血のカップから 1 杯取って，水のカップに入れたら，水のカップから 1 杯取って，血のカップに入れなければならない．なぜなら，各々の液体の量は変化しないからである．

79. 洞窟問題

48 の部屋と 28 の部屋を交換する．白い部屋は 3 で割り切れるが，灰色の部屋は 3 で割り切れない．

80. 3 個の 3 つ組

答えは A. A を選ぶことによって，4 つの異なる記号から 3 つを選ぶすべての組み合わせが完成する．

81. Oos と Oob の戦略

ドロシーはフラスコから生き物を取り出し，あたかもその生き物がドロシーに噛みついたかのようなふるまいをすべきである．そうして，その時点で生き物を床に落とせば，その生き物はすばやく逃げるので，ドロシーは次のように言えば良い．「ごめんなさい．気にしないで．でも，フラスコの中に残った生き物を見れば，逃げた生き物は分かるわ．もしフラスコの中の生き物が Oos なら，Oob を選んでいたことになるわ」

82. かぶら数学

答えの 1 つは次．

6	8	9	7
3	12	5	11
10	1	14	13
16	15	4	2

イギリス人のパズル愛好家 J. A. Lindon は，このような"反魔方陣"の先駆けとなる仕事を多くした．魔方陣を作る方法はたくさんあるが，反魔方陣を作る簡単な方法はほとんどないように思われる．読者の方々から作り方のレシピを教わり，興味を持った．次数が 1，2 あるいは 3 (すなわち，1×1，2×2，3×3) の反魔方陣は不可能であるが，もっと高い次数のものは起こりうる．

反魔方陣は (67 番目の問題の) 逆魔方陣の特別な場合である．反魔方陣や魔方陣に関して詳しい情報が知りたい方は，わたしの本『*The Zen of Magic Squares, Circles, and Stars*』(Princeton, N.J.：Princeton University Press, 2002) を参照していただきたい．

83. トト，プレックス，象

答えの1つ．他の答えもあるだろうか？

5	6	7	8
4	3	12	9
1	2	11	10

84. 魔法使いのオーバードライブ

リサジュー曲線は，次のように媒介変数で表示される．

$$\begin{cases} x(t) = A\cos(\omega_x t - \delta_x) \\ y(t) = B\cos(\omega_y t - \delta_y) \end{cases}$$

あるいは，次のように簡潔に表される．

$$\begin{cases} x(t) = a\sin(nt+c) \\ y(t) = b\sin t \end{cases}$$

リサジュー曲線はボウディッチ曲線と呼ばれることもある．1815年，リサジュー曲線の研究を行ったナタニエル・ボウディッチの名にちなんだものだ．その後，フランスの物理学者ジュール・アントワーヌ・リサジュー（1822-80）によって研究されて以来，リサジュー曲線は，物理学，天文学，数学，コンピュータ・アート，SF映画などに活用されている．特に，リサジュー曲線は異なる周波数の音を使うと，鏡を振動させ，光線が鏡に反射されて，周波数によって形が異なる魅力的な模様が描かれる．リサジュー曲線について詳しく知りたい方は，ホームページ「MacTutor history of mathematics archive」http://www.groups.dcs.standrew.ac.uk/~history/Curves/Lissajous.html や，Eric Weisstein 著の本『*CRC Concise Encyclopedia of Mathematics*』（New York: CRC Press, 1999）を参照するとよい．

リサジュー曲線は，音の周波数を求めるときによく使われる．オシロスコープ[1]（信号電圧の波形観測装置）で，横軸に基準の周波数，縦軸に測定された周波数を入力すると，描かれる模様は，その2つの周波数の比率に依存する．

1965年，ABCテレビはリサジュー曲線を局のロゴとした．最もよく知られているリサジュー曲線は，テレビ連続ドラマ『*The Outer Limit*』でオープニングを飾った．曲が流れている間，画面には十文字の模様が映る．リサジュー曲線についてもっと知りたければ，Ed Hobbs 氏のホームページ「リサジュー研究室」を見るとよい．URL

---

[1] ［訳注］電流・電圧などの時間的変化を，波形の映像としてブラウン管上に映し出す装置．

は http://www.math.com/students/wonders/lissajous/lissajous.html である．

　本文中の「美しい」リサジュー曲線は，Bob Brill に作成していただいた．図 84.1，84.2 は，また別の例である．すべての曲線は，縦と横の辺が，それぞれ，$2 \times X$ 振幅，$2 \times Y$ 振幅の長方形にぴったりと合う．プログラムで描いたこのようなリサジュー曲線はすでに魅力的だけれども，いろいろな技術を使うと，もっと魅力的な曲線になる．例えば，各点と点を結ぶ線分の代わりに，弧のペアを描くこともできる．各弧は，ユーザーが与える 3 つのパラメーターにより決められ，それらのパラメーターにより，現在の場所からの角度，曲率の度合い（例えば，360 は円，90 は 1/4 円，1 は直線を表す），弧をなす直線の長さが指定される．1 つの弧は反時計回りに，現在の位置から右側に描き，別の弧は時計回りに，現在の位置から右側に描くことができる．他にもいろいろ試すことができる．例えば，弧を描く前に方向を変えることができる．x 座標，y 座標の点が計算されたとき，方向は決められる．先に計算された点と新しく計算される点を結ぶと，まだ描かれない線分の方向になる．このように，曲線がアレンジされる．更に解説を望まれる方，具体例が知りたい方は，Bob Brill の下記の文献を参照するとよい．"Embellished Lissajous figures," in *The Pattern Book*: *Fractals, Art, and Nature*, edited by Clifford Pickover (River Edge, N. J.: World Scientific, 1995), 183.

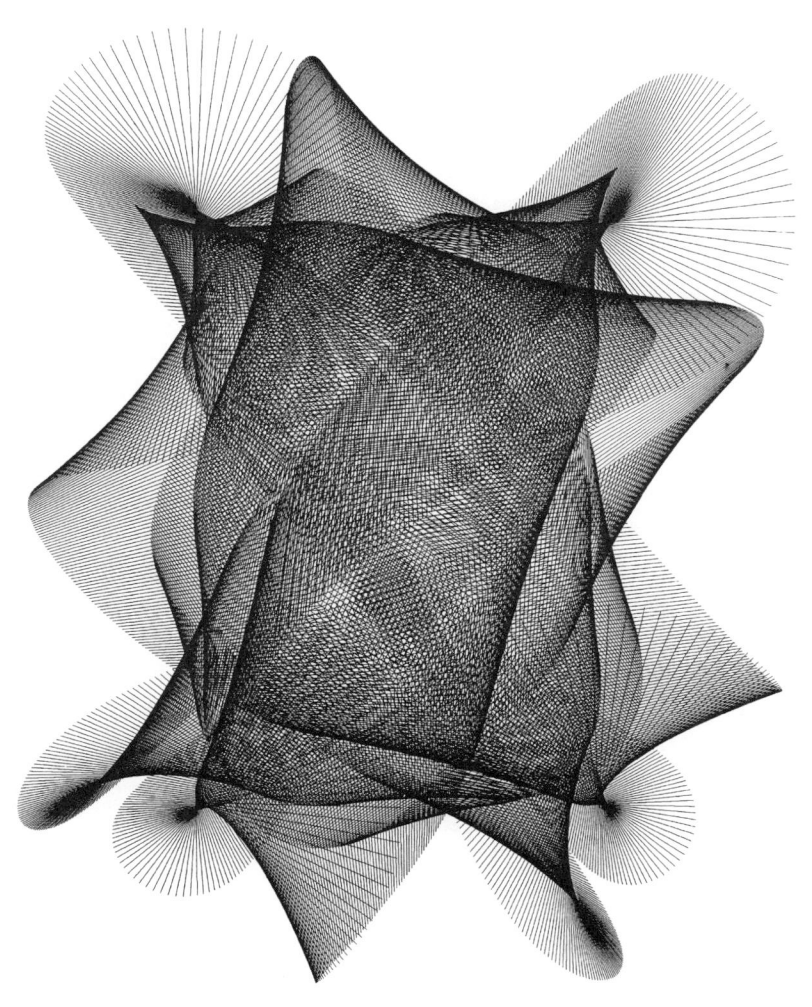

図 84.1 魔女の曲線（Bob Brill による描写『ベールの踊り』）

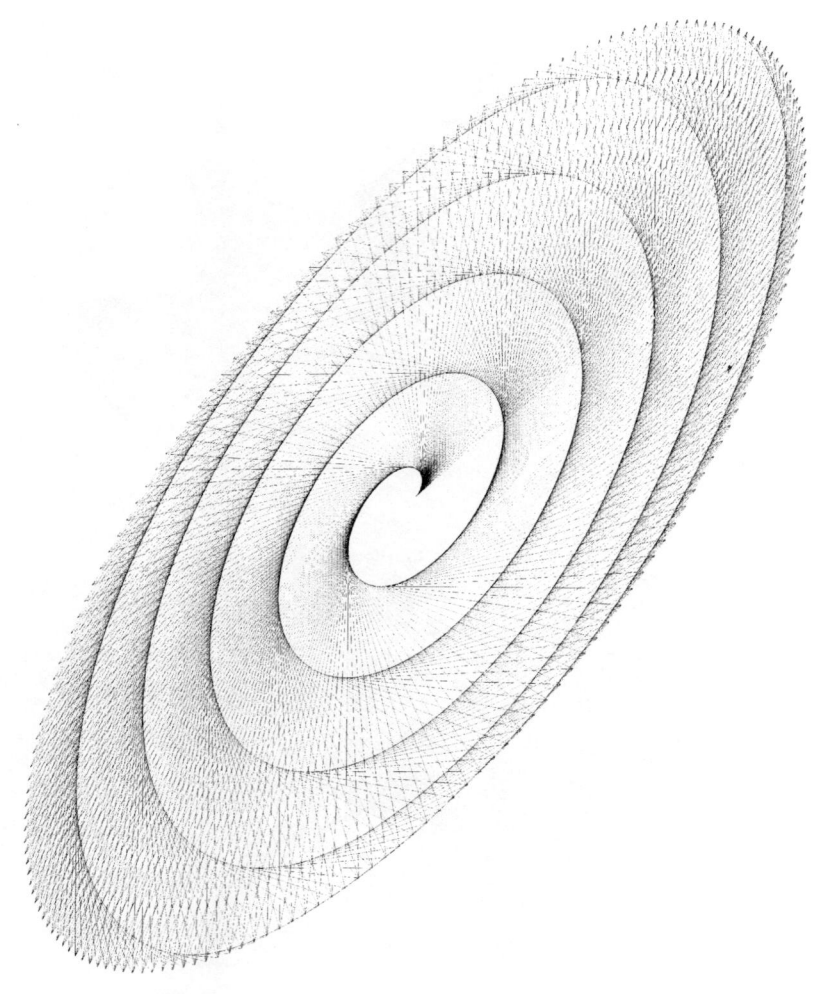

図 84.2 魔女の曲線（Bob Brill による描写『螺旋模様』）

85. 芸術って何？

327849 が仲間外れ．それ以外のものは，すべての桁の数字を足すと 30 となる．

解　答　　　　　　　　337

86. ウェンディーの魔方陣

　この魔方陣の数は，すべて素数である．更に，"等差数列"を成している．公差は210.

　この魔方陣は，3×3では（縦，横，対角線それぞれの）総和が最小の数3117となるもの．

1669	199	1249
619	1039	1459
829	1879	409

87. 天国と地獄

　現在オズ博士の知っている一番長い道は次である．

		20	19	
25	24	21	18	
26	23	22	17	16
27				15
28				14
29				13
2	1	8	9	12
3	4	7	10	11
	5	6		

　3つのます目が空欄になっている．もっと良い道を見つけられるだろうか？　空欄が3つより少なくなるような答えがないなら，そのことをどのように証明するのか？もしあなたがこの迷路をもっと難しくするなら，どのように変えればよいだろうか？

88. 天国の星

　6個の正方形がある．次の図でマーク〇は，正方形の頂点を表す．

89. タランチュラ星雲でのバカンス

求める数は 221 である．123 の 3 つの数字を並べ替えると，次の並べ方がある．

123 132 213 231 312 321

各数から 100 を引くと，左からそれぞれ，023 032 113 131 212 221 となるからだ．別の方法は，2 番目と 3 番目の数字を入れ替えて，次の数にすることだ．つまり，023 は 032，113 は 131，212 は 221 となる．もちろんこのような問題は他にも同じような答えがある．おもしろい研究テーマとしては，人々が正しいとするすべての答えを列挙することだ．わたしの答えは最も一般的な答えだろうか？ このような研究から人々がどのように考えたかについて学べるだろうか？ 人々の答えが年齢や性別，職業，文化によるのだろうか？

90. 灼熱の溶岩

こんな恐ろしい問題を出してしまったオズ博士をどうか許してあげてください．ヘンリーおじさん，エムおばさん，ドロシーが"勝つ"確率は，それぞれ，1/2，1/4，1/8 である．だから，ヘンリーおじさんに賭けようではないか！

ヘンリーおじさんが最初に行うので，実際，エムおばさんより確率が 2 倍となる．エムおばさんは，二番目に行うので，ドロシーの確率の 2 倍となる．したがって，確

率の比率は，4対2対1である．例えば，エムおばさんが勝つためには，ヘンリーおじさんが死んで（1/2），エムおばさんが生き残らなければならないので（1/2），かけ合わせて確率は1/4となる．ドロシーが勝つためには，ヘンリーおじさんが死んで（1/2），エムおばさんも死んで（1/2），ドロシーが生き残らなければならない（1/2）ので，かけ合わせると確率は1/8となる．だれも勝たない確率は，ドロシーが勝つ確率と等しい．なぜか？「19．不思議なフェーサー」でも，同じような確率に関する問題について取り上げた．

このような問題にもっとチャレンジしたければ，だれかが死ぬまでずっと続けたら答えがどうなるかという問題を考えてみよう（このパズルの病的な変形バージョンでは，勝者は最初に死ぬものである）．ドロシーが試した後，ヘンリーおじさんが再び試して，同じ順番で，だれかが"勝つ"まで続けるのだ．各人が勝つ確率はそれぞれどのくらいだろうか？ どのような答えであれば正しいと判断するだろうか？

この凶悪な問題の答えは次である．

ヘンリーおじさん：$57.14\% = 50 + 50/8 + 50/8^2 + 50/8^3 + 50/8^4 + 50/8^5 + \cdots$
エムおばさん：　　$28.57\% = 25 + 25/8 + 25/8^2 + 25/8^3 + 25/8^4 + 25/8^5 + \cdots$
ドロシー：　　　　$14.28\% = 12.5 + 12.5/8 + 12.5/8^2 + 12.5/8^3 + 12.5/8^4 + 12.5/8^5 + \cdots$

例えば，ヘンリーおじさんが最初の番で勝つ確率は50%，続いて起こる勝負ごとに累積される確率は，自分を含めて3人の人が前にいることから2^3ごとに累積して減っていく．ヘンリーおじさんが最初にやってみて，エムおばさん，ドロシーと続くので，エムおばさんの累積される確率はヘンリーおじさんの累積確率の半分である．ドロシーは，エムおばさんの累積確率の半分である．これを続けるので，彼らの累積確率を合わせると，100%に近づくのである．

91. 循環素数

実に多くの数学者が循環素数について考えを述べている．例えば，Patrick De Geestのホームページ "World of Numbers" http://www.ping.be/~ping6758/menu1.shtml やあるいは http://www.worldofnumbers.com/index.html を見ていただきたい．また，Keith Devlinの文献『*All the Math That's Fit to Print*』も参照しよう．

数字の重複を考慮に入れると，循環素数に数字は1，3，7，9しか含まれない．循環素数は偶数ではないことに注意しよう．なぜなら，偶数が数の最後の桁にあると，その数は合成数（素数ではない整数）になるからである．数の最後の桁が5なら5で割り切れる．大きい数の循環素数を見つけるのは難しい！ Keith Devlinは『*All the Math That's Fit to Print*』の中で「置換可能素数（permutable prime）」と呼ばれる集合がなぜ少ないかについて次のようにコメントしている．

「置換可能素数は，桁の数字を好きなように任意に並べ替えても素数になるような数で桁の数字の少なくとも2つは異なるものがある．例えば13は置換可能素数である．なぜなら，13も31も素数であるから．113もそうだ．113も131も311も素数であるから．適当な範囲（2桁以上468桁以下ほどの範囲）で置換可能素数は7個しかないことが知られている．今2つ分かったから，あと5つ見つければよい」

桁の数字を並び替えしてできた数がすべて素数になるような数を「完全素数」と呼ぶ数学者もいる．1970年代，次のような完全素数が報告された．2, 3, 5, 7, 11, 13, 17, 31, 37, 71, 73, 79, 97, 113, 131, 199, 311, 337, 373, 733, 919, 991, 1111111111111111111, 11111111111111111111111. 完全素数についての詳細は T.N. Bhargava and P.H. Doyle, "On the existence of absolute primes", *Mathematics Magazine* 47(1974), 233 にある．

素数に関するわたしの好きな問題に，「special argument 素数」に関するものがある．「argument 素数」は，その数自身も素数で，数の一番前と一番後ろに1をつけても素数になるものだ．argument 素数が special であるとは，一番前と一番後ろに1を付け加えた数を割れる数である．例えば，137 は special である．なぜなら，11371/137 は整数 83 になるからだ．同様に，9,091,909,091 や 5,882,353 も special である．他にもこのような数はあるだろうか？ special argument 素数はどのくらい珍しい数だろうか？

最後に，「obstinate 数」を考えよう．1848年，「ポリニャック公爵」として知られている Camille Armand Jules Marie は，奇数が2のべき乗と素数との和となることを予想した（例えば，$13 = 2^3 + 5$）．彼はこのことを証明するため，3億までの数でこのことが正しいことを主張したが，127 を見逃していた．127 は2のべき乗を引くと，余りが 125, 123, 119, 111, 95, 63 となる（これらはすべて合成数である）．1000 より小さい奇数で反例となるものはこれ以外に 16 個ある——わたしの同僚 Andy Edward はそれらの数を「obstinate 数」と呼んだ．1000 より大きな数でこのような数は無限個ある．我々が見つけたほとんどの obstinate 数は，それ自身素数である．合成数であり obstinate 数である最小の自然数は，905 である．詳細は David Wells の『*The Penguin Dictionary of Curious and Interesting Numbers*』(New York: Penguin, 1986), 136-7 や Albert Beiler の『*Recreations in the Theory of Numbers*』(New York: Dover, 1966), 226 を参照するとよい．

ポリャック公爵 (1832-1913) は，フランスのセーヌ・エ・オワーズの Millemont で生まれた．若いとき，ヨーロッパ数学コンテストで優勝し，1953年に，クリミア戦争で軍務に服した．その後，中央アメリカに旅に行き，植物の研究をした．1861年，アメリカの南北戦争の間，アメリカ連合に服役し，陸軍少将に昇進した．

92. 猫と犬の真実

答えの 1 つ．何個答えはあるだろうか？

🐱					
		🐱			
		🐱			
					🐕
	🐕		🐕		
	🐕	🐕			

この答えが一番よい答えだろうか？ この問題を猫と犬の 3 次元の配列の問題に拡張してみよう．また，立方体の 4 次元版であるハイパーキューブに拡張して友達に問題を出してみよう．

93. 円盤マニア

次の図は答えの 1 つ．

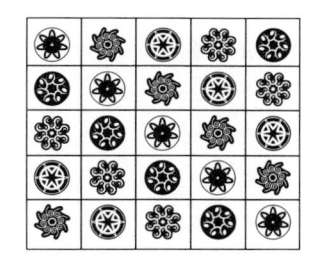

上の図は，もとの図で，下の図の 1 と 2 のところ，3 と 4 のところ，5 と 6 のところをそれぞれ入れ替えたもの．

1	2			
			3	
	5	6	4	

94. $n^2+m^2=s$

正整数 s を $n^2+m^2=s$ と表す表し方は，平均して π とおりある．下記はこの問題を実験的に調べるための Harry J. Smith によるプログラムである．

s_Max	: Max s used for current estimate
n	: n used in s = n*n + m*m
m	: m used in s = n*n + m*m
n2	: n squared
m2	: m squared
s	: Sum of two squares = n*n + m*m
t	: t = total number of ways integers <= s_Max can be written as the sum of two squares
a	: Average number of ways, t / s_Max;
Error	: Computed error = Pi − a
Done	: Boolean done flag

```
s_Max ← 1;
repeat
  n ← 0;  t ← 0;
  repeat
    m ← -1;  n ← n + 1;  n2 ← n * n;  Done ← True;
    repeat
      m ← m + 1;  m2 ← m * m;  s ← n2 + m2;
      f (s <= s_Max) {
        Done ← False;
        if (m = 0) or (m = n)
          then  t ← t + 4
          else  t ← t + 8;
      }
      else
        m ← n;
    until (m = n);
  until Done or (interrupted by operator);
  a ← t / s_Max;  Error ← Pi − a;
  output a, Error, s_Max;
  s_Max ← 2 * s_Max;
until (interrupted by operator);
```

正整数 s を $n^2+m^2=s$ と表せて, $m=n$ のときは, 4 とおりの表し方 (n, n), $(n, -n)$, $(-n, n)$, $(-n, -n)$ がある. $m=0$ のとき, 4 とおりの表し方 $(0, n)$, $(0, -n)$, $(-n, 0)$, $(-n, 0)$ がある. $m>n$ かつ $m\neq n$ のときは少なくとも, 8 とおりの表し方 (m, n), $(m, -n)$, $(-m, n)$, $(-m, -n)$, (n, m), $(n, -m)$, $(-n, m)$, $(-n, -m)$ がある. s の値が 128 まで, 細かく調べる (プログラムで s_MAX = 128 として調べる) なら, $m=n$ のとき, $n^2+m^2=s$ と表せる s は 8 個あり, $m=0$ のとき 11 個, $m\neq n$ のとき

41個あることが分かる．Harry Smith は，s_MAX = 128 のとき，π になると予想した．なぜなら，$[4\times(8+11)+8\times 41]/128 = 3.15625$ となるからだそうだ．s_MAX にもっと大きな数を入れて実験してみよう．

π についての別のおもしろい問題がある．2個のでたらめに選ばれた整数に公約数がない確率——例えば，4と9には公約数がないが，6と9には（どちらも3で割れるので）公約数がある——は $\frac{6}{\pi^2}$ である．なぜ，こんな意外ところに π が出て来るのだろうか？

95. 2, 271, 2718281

次の数は，これまでに発見された「e 素数」と呼ばれる素数である．

2

271

2718281

2718281828459045235360287471352662497757247093699959574966967627724076630353547594571

e の10進法展開の先頭からの数で素数となるものである．e の最初の数が素数かどうかを調べ，次に最初の2数，そして，最初の3数というふうに，素数が出てくるまでこれを続けて求めることができる．ソフト「Maple」を使って，次のようなコードを実行すると，このような数を捜すことができる．

Digits: = 110; n0: = evalf(E); for i from 1 to 100 do t1: = trunc(10^i*n0); if isprime(t1) then print(t1); fi; od:Keywords: base, nonn, huge.

e は次のような無限級数の和で定義できる．

$$e = \frac{1}{0!} + \frac{1}{1!} + \frac{1}{2!} + \cdots = 2.7182818284590\cdots$$

同じような数列は "Sloane's on-line encyclopedia of integer sequences" http://www.research.att.com/~njas/sequences/ で見られる．

e の数の並びには，円周率 π と同様に，明確な規則性はない．

2.71828182845904523536028747135266249775724709369995974
9669676277240766303535475945713821785251664274274663919 3
2003059921817413596629043572900334295260595630738132328
6279434907632338298807531952510190115738341879307021540 89
14993488416750924476146066808226480016847741185374234544
24371075390777449920695517027618386062613313845830007520
44933826560297606737113200709328709127443747047230696 97

7209310141692836819025515108657463772111252389784425056953696770785449969967946864454905987931636889230098793127

7361782154249992295763514822082698951936680331825288693984964651058209392398294887933203625094431173012381970684161403970198376793206832823764648042953118023287825098194558153017567173613320698112509961818815930416903515988885193458072738667385894228792284998920868058257492796104841984443634632449684875602336248270419786232090021609902353043699418491463140934317381436405462531520961836908887070167683964243781405927145635490613031072085103837505101157477041718986106873969655212671546889570350354021234078498193343210681701210056278802351930332247450158539047304199577709350366041699732972508868769664035557071622684471625607988265178713419512466520103059212366771943252786753985589448969709640975459185695638023637016211204774272283648961342251644507818244235294863637214174023889344124796357437026375529444833799801612549227850925778256209262264832627793338656648162772516401910590049164499828931505660472580277

Kevin S. Brown は，これらの数字の列にある可能な限りの規則性を捜す研究を行った（例えば，Brown はこの数列が"正規列"であるかどうかを確かめた．これらの実験結果は Kevin S. Brown の "Is e normal?" http://www.mathpages.com/home/inumber.htm で報告されている）．

Jason Earls は 2 の平方根の正の値（1.4142$\cdots$）の 10 進法展開における「$\sqrt{2}$ 素数」で現在最大とされる次のような数を発見した．

14142135623730950488016887242096980785696718753769480

96. 人造人間の観察

図 96.1 は 1 つの答え．他にあるだろうか？ この答えでは，人造人間は互いに姿を見られない．このように人造人間がお互い見られないように，交差点に配置できる最大の個数は幾らだろうか？ 人造人間が 4 体あるとき，お互いに見えないように，どの場所に配置すれば，滑走路を監視できるだろうか？

次の問題としては，各人造人間が少なくとも 1 体の別の人造人間が見えるように，できるだけ少ない人造人間を配置することだ．これができたら，今度は各人造人間が

少なくとも 2 体の別の人造人間が見えるように配置する．これは，コンピュータ・ネットワークの分野で，トークンパッシングと同じような障害検出の機能をもつ．

図 96.1 交差点に配置された人造人間（イラスト：Brian Mansfield）

97. 騎士を動かそう（その 2）

図 97.1 には，総数が $89 = 1+3+5+6+8+9+11+12+10+11+13$ となる道筋が示されている．他にどのくらい道筋を見つけられるだろうか？

もう少し難しい問題は，一番下の段から一番上の段まで行く道で総数が 101 となるものである．また，真ん中の 0 を通る道も見つけよう．

図 97.1　1つの答え（イラスト：Brian Mansfield）

（0 を通るなら，通った時点で総和は変わらない．）同じ場所を2度通らずどのくらいの異なる道があるだろうか？

98. ビリヤード戦

図 98.1 は答えの1つ．他の答えはあるだろうか？

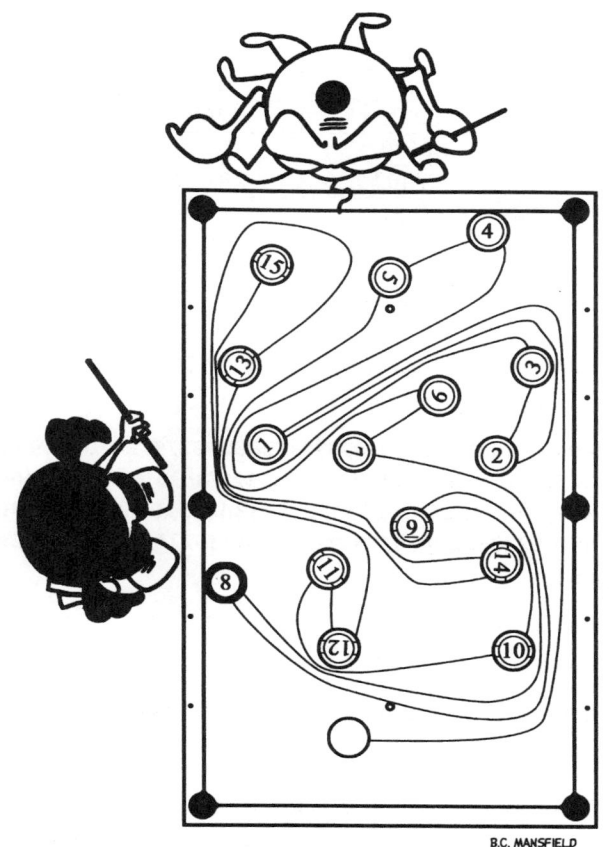

図 98.1　ビリヤード戦の答え（イラスト：Brian Mansfield）

99. π と e の関係

　数列（ピックオーバーの数列）6, 28, 241, 11,706, 28,024, 33,789, 1,526,800 の次の項は 73,154,827 である．この数列は，e の 10 進法表示を一番左側から何文字かとったとき，その数字の列が π の 10 進法表示の小数点以下第何桁に出て来るかを順に羅列した数列である．例えば，2 は 3.1415926 の中に小数点以下第 6 桁に現れる．しかし，この数列の第 9 項の値はわかっていない．

e の先頭からの数	π の位置
2	6
27	28
271	241
2,718	11,706
27,182	28,024
271,828	33,789
2,718,281	1,526,800
27,182,818	73,154,827
271,828,182	?

話替わって，e と π の両方に現れる連続した数字の羅列で一番大きいものとして知られているものは 307381323 であり，これは e においては次の太字のところに現れる．

2.7182818284590452353602874713526624977572470936999595749669676272407663035354759457138217852516642742746639193200305992181741359662904357290033429526059563073813232862794349076323382988075319525101901157383418793070215408914993488841

この数字の羅列は π の小数点以下第 29,932,919 桁に現れる．π に現れるこの数字の羅列の前後は次のとおりである．

720649063695683074733073813238458929606116140823 6

π 全体の中でこの数字を見たい方は Dave Andersen のホームページ "The Pi Seanch Page" http://www.angio.net/pi/piquery を参照するとよい．

π と e は「規則性のない」無限に続く数字の羅列であることを仮定すると，どちらの数にも共通に含まれる大きい値があるべきである．事実，1000桁の数（例えば，π の最初から1000桁取り出した数）が与えられたとき，この数は e のどこかにあることが保証されている．しかしながら，このような数の位置を突き止めることは，実際には難しいことが示されるだろう．

次に，「Earls 数列」と呼ばれる別の不可思議な数列を見てみよう．この数列を見つけた Jason Earls にちなんで名付けられた数列だ．この数列は，π の少数展開において n 個の n が最初から数えて何桁目に出て来るかの桁数を列挙している．例えば，1 は小数点以下第 1 桁に現れる．（我々は π の中の位置を議論するとき，初めの数 3 は数えないことにする．）2 個の 2, つまり 22 は小数点以下第 135 桁に出て来る．3 個の 3 または 333 は小数点以下 1698 桁に出て来る．この数列は 1, 135, 1698,

54,525, 24,466, 252,499, 3,346,228, 46,663,520, ... というふうに次第に大きくなる．ちなみに，999999999 は π の小数点以下 100,000,000 桁までには出て来ない．更に，Earls は π の中の最長だと知られている "滑らかに振動する数" 242424242 を小数点以下第 242,421 桁に見つけ，292929292 を小数点以下第 69,597,703 桁に見つけた（2 つの数が交互に現れる数を "滑らかに振動する数" という）．ところで，前者の振動する数がその位置と似ているのは偶然の一致だろうか？ 現在，π の中で最長のフィボナッチ数は 39088169 である．これは小数点以下第 36,978,613 桁に現れる．偶数の連続した羅列で一番大きいとされているもの 0204060810 は小数点以下第 78,672,424 桁に現れる．その数と前後の数は以下である．

20596116031919639159*0204060810*75649735479852708849

100. 金星の低木

図 100.1 は答えの 1 つ．他の答えはあるだろうか？

図 100.1 答え（イラスト：Brian Mansfield）

101. 三角形の地下室

図 101.1 は答えの 1 つ．他にどれだけ答えはあるだろうか？ この図に示されている領域よりもっと大きい領域を囲むような答えを見つけることはできるだろうか？

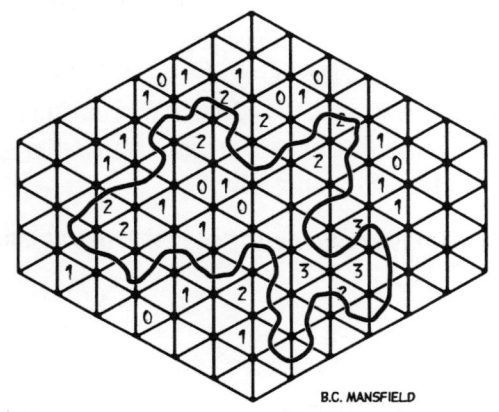

図 101.1　答えの例（イラスト：Brian Mansfield）

102. ネズミの襲撃

図 102.1 は穴の開け方としては良い方法である．この場合，一番上の壁から一番下の壁に行くために，たった 9 個の穴を開けるだけでよい．ネズミから離れよう！ 通り抜けるのにもっと少ない穴ですむ方法はあるだろうか？

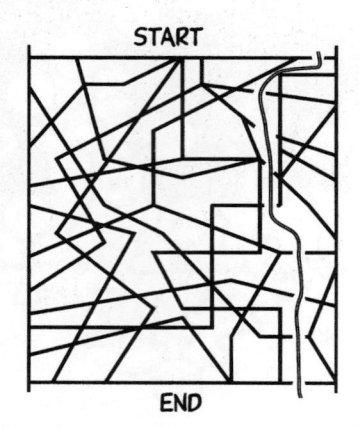

図 102.1　答えの例（イラスト：Brian Mansfield）

103. かかしの公式

二等辺三角形は2辺の長さが等しいので，かかしが言ったこと
「二等辺三角形の任意の2辺について，各辺の長さの正の平方根の和は，残りの1辺の長さの正の平方根と等しい」
を数式で表すと

$$\sqrt{a}+\sqrt{a}=\sqrt{c}$$

となる．なんらかの条件下で，この等式は正しいだろうか？　明らかに，かかしが言おうとしていたことは，「直角三角形の斜辺の長さの2乗は，残りの2辺の長さの2乗の和に等しい」である．

$\sqrt{a}+\sqrt{a}=\sqrt{c}$ を整理すると，$2\sqrt{a}=\sqrt{c}$ より，$c=4a$．しかしながら，一般に，二等辺三角形の底辺の長さ c が斜辺の長さ a の4倍ということはありえない．このような三角形は描けないことを確かめよう．

あるいは，かかしが言いたかったことは，$\sqrt{a}+\sqrt{c}=\sqrt{c}$ だったかもしれない．しかし，この等式を整理すると，$a=0$ となるので，これも三角形では不能である．

印象的に響く公式を，かかしが数学的に早口で話したのは，映画作成者が意図的にやったことだと，わたしの友人 Andres Delgado は信じている．オズは，ブリキの木こりに「偽りの」心臓（チクタク鳴るハート型の腕時計）を，臆病ライオンに「偽りの」勇気（魅力的なメダル）を与えたので，かかしの公式が正しいか正しくないかはどうでもよく，どちらにせよ，公式を印象的に言ったことこそに意味があり，かかしや，かかしの友人に，彼の能力が新しくなったことを確信させるには十分であったことには変わりはないだろう．いずれにせよ，かかしの公式は，ある種のワープ空間において正しいだろうし，そこでは，2点を結ぶ直線は最小の道ではないのだろう．そして，オズの国では，ある特別な幾何を基礎としているのであろう．

余談であるが，テレビ番組『ザ・シンプソンズ』の5期目（1993-1994）で，主人公のホーマーは，かかしのせりふを繰り返す．

104. 円数学

円周の曲率を円の半径の逆数と定義してもよい．したがって，円周の半径が，別の円周（ここでは，一番外側の円周）の半径の半分の大きさならば，その曲率は大きい円の「2倍」となる．このことは図で，"2" と書かれた2つの円に対応している．"2" と書かれた2つの円と残りの空間に接している2つの円は，半径が（一番外側の円の半径を1とすると）1/3であり，したがって，曲率は3となる．3つの円の半径が分かっていたら，哲学者であり，数学者でもあるルネ・デカルト（1596-1650）に発見

された公式によって，それらに接する円の半径を計算することができる．曲率がそれぞれ a, b, c, d である互いに接する4つの円が与えられたとき，等式 $(a^2+b^2+c^2+d^2) = (a+b+c+d)^2/2$ が成り立つ（図の一番外側の円は，内側の円に対して，曲率 -1 を与えられている．すなわち，負の符号は，円が，大きな円に外側からではなく内側から接していることを表している）．もし3つの最初の円（一番大きい有界な円と"2"と書かれた2つの円）の曲率がすべて整数なら，もっと小さい円の曲率はすべて整数である．2001年，AT&T 研究所の数学者 Allan R. Wilks は，もし最初の円の中心が $(0, 0)$ であるならば，他の円の中心 (x, y) はすべて有理数（分数）であることを発見した．更に，Cx と Cy が整数であることも示した．ただし，C は中心が (x, y) に位置する円の曲率である．このような円の研究は，科学者がしばしば，視覚化やグラフをどのように研究のスタートとするかの例になっていて，その規則性が分かったとき，おもしろい結果を発見できる．詳細を知りたい方は，Ivars Peterson の記事 "Circle game"，*Science News* 159(16)(April 21, 2001):254-5 を参照していただきたい．

　図104.1, 104.2では，円がいろいろな方法で詰まっている．例えば，図104.1では，平行な直線の間に対称的な円が詰まっている．右側の"1"の円から左斜め上に見ていくと，完全な平方数 1, 4, 9, 16, 25, 36, …が現れる．あなたは他におもしろいパターンを見つけられるだろうか？

　図104.2は，非対称なパッキングである．これらはどちらもフラクタル的であり，つまり自己相似性を有している．このような規則で領域を"拡大"し続けると，探険すべき無限の宇宙がある．

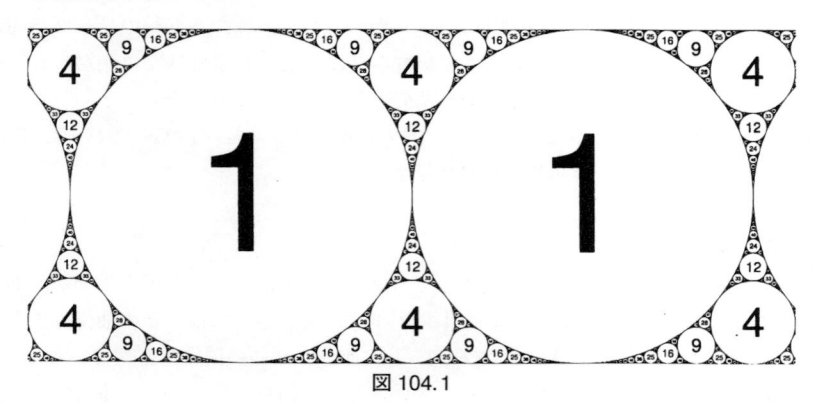

図104.1

図 104.2

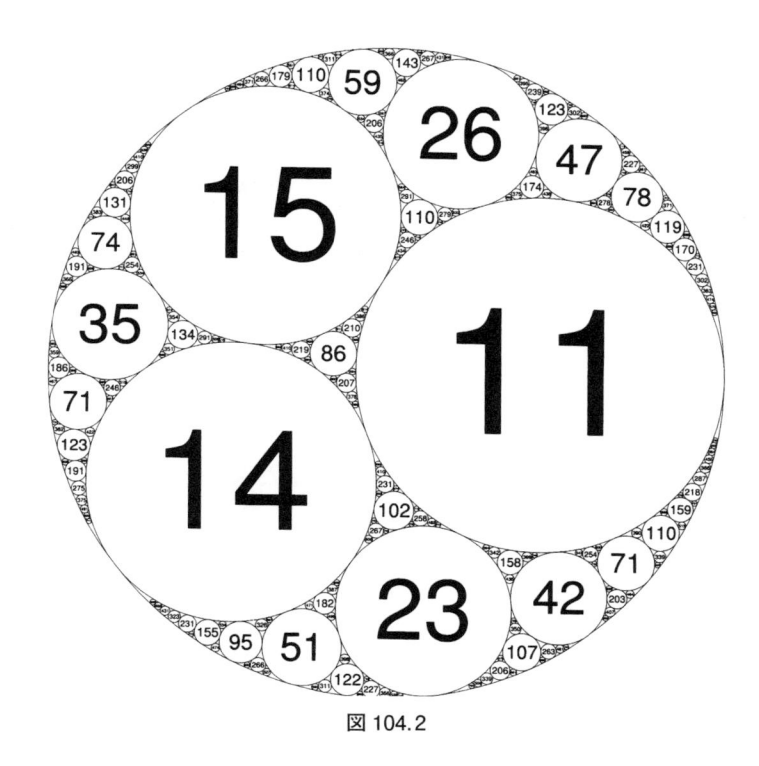

105. *A*, *AB*, *ABA*

簡単のため，A と B を小さい数としてみよう．例えば，$A = 2$, $B = 3$ とする．したがって，このとき，23, 232, 2323 で割ると余りがそれぞれ 2, 23, 232 となる最小の正整数を見つけたい．この数は次の式から 197,687 となる．

$$197{,}687 \div 23 = 8595 + \frac{2}{23}$$
$$197{,}687 \div 232 = 852 + \frac{23}{232}$$
$$197{,}687 \div 2323 = 85 + \frac{232}{2323}$$

$A = 2$, $B = 3$ のとき，197,687 が条件を満たす最小の整数であることを，あなたは証明できるだろうか？ Tim Petersen は次の連立方程式を満たす最小の整数 n を見つければ証明できることをドロシーに説明した．

I) $n = 23a + 2$
II) $n = 232b + 23$
III) $n = 2323c + 232$

ただし，a, b, c は整数である．III) と I) を連立させると，$a = (2323c + 230)/23 = 101c + 10$ となり，また，III) と II) を連立させると，$b = (2323c + 209)/232 = 10 + (3c + 209)/232$．したがって $b - 11 = (3c - 23)/232$ となる．$b - 11$ は整数であるから，$3c - 23$ は $232m$ でなければならない．ただし，m は整数である．したがって，$c = (232m + 23)/3$．b も c も最小になるような数で，I) が成立するためには，m は 1 でなければならない．0 ではないからだ．これにより $c = 85$ であることが分かり，III) によって $n = 197{,}687$ であることが導かれる．余談であるが，1976 年，アメリカ合衆国は独立 200 周年記念を祝った．

Tim Petersen は "ABA" 数の分野で重要な研究をした．彼は次のように書いている．

「このような余りを求める一般的な方法を導くのに，今日更に 23 分も費やした．ちょっとした計算によって，なにかお気に入りの数 AB（例えば，23 だったら，$A = 2$，$B = 3$）に対する n の値は次の式を満たすことが分かる．

$n = [101(10A + B)(111A + 11B) \div B] + 110A + B$

したがって，お気に入りの数が 45（$A = 4$，$B = 5$）ならば，$n = 454{,}036$ となる．注意してもらいたいのは，上の等式は，A と B の値によっては成り立たない場合があるということだ．それは，A と B がどんな値のときだろうか？」

106. アリとチーズ

図 106.1 は答えの 1 つ．他の答えはあるだろうか？

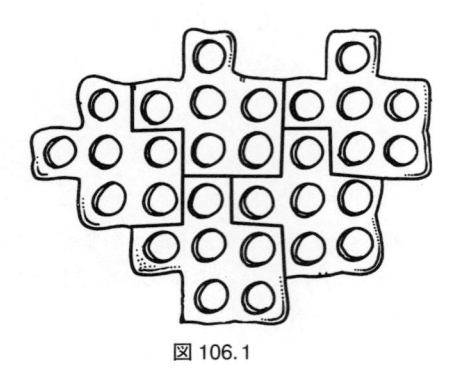

図 106.1

107. オメガ水晶

オメガ水晶の体積は，次の無限級数の和で求められる．

$$1 + \frac{1}{2\sqrt{2}} + \frac{1}{3\sqrt{3}} + \frac{1}{4\sqrt{4}} + \cdots + \frac{1}{n\sqrt{n}} + \cdots$$

例えば，長さの単位をフィートとするなら，一番上の箱の体積は1立方フット，二番目の箱の体積は約0.35立方フィートであろう．この級数は収束する．したがって，オメガ水晶の体積は有限の値をもつが，その表面積は無限となる！ もちろん，このような無限個の物体は，実際には作ることができない．なぜなら，その箱は結局は，原子よりももっと小さくなるからである．しかし，これは，有限の体積をもつが，無限の表面積をもつ物体の具体例となる．

コンピュータでこの級数和を求めると，大体2.61辺りの値に収束することが分かる．この無限級数は，リーマンのゼータ関数$\zeta(3/2)$に収束することに注意してもらいたい．次のプログラムも試していただきたい．

```
#include <stdio.h>
#include <math.h>
main(int argc, char * arg[ ])
{
   long int size = 5000;
   long int n;
   double d;
   double sum = 0;
   if (argc > 1)
     size = atol(argv[1]);
   for (n = 1; n <= size; n++)
     { d = n;
        sum = sum + 1 / (d * sqrt(d));
     }
   n--;
   printf("Sum with %ld terms is %g.\n",n,sum);
}
```

108. 振動する11形数

問題文中以外の振動する11形数をわたしは知らない．多分，もう1つ存在すると思うが，存在するかどうかだれも確かではないだろう．わたしの本『*Computers and* the Imagination』(New York：St. Martin's Press, 1922) には，多形数と振動する多形数について書かれている．

各多角数について，少なくとも1つ複数桁の多形数が存在するかもしれないが，これは未解決の問題である．読者の皆さんに，このことの正しさを証明，あるいは，誤りを証明していただきたい．振動する多形数はきわめて珍しい数である．本『Computers and the Imagination』では，この数を $2<n<100$ の中で，10,000 より小さい階数について詳しく調べた．$2<n<100$ の中で振動する多形数が一番多いのは $n=52$ つまり52形数で，15個ある．

r	p(r)
160	636,**160**
240	1,434,**240**
265	1,749,**265**
281	1,967,**281**
376	3,525,**376**
401	4,010,**401**
480	5,748,**480**
505	6,363,**505**
560	7,826,**560**
616	9,471,**616**
801	16,020,**801**
856	18,297,**856**
1201	36,03**1,201**
3601	324,093,**3,601**
6576	1,080,936,**6,576**

10,000 より小さい階数について，振動する 52 形数．

r	p(r)	r	p(r)
1	***1***	80	79,0**80***
4	15**4***	81	81,0**81**
5	25**5**	88	95,7**88**
8	70**8***	89	97,9**89***
9	90**9***	96	114,0**96**
16	30**16**	97	116,4**97**
17	34**17***	145	261,**145**
24	69**24***	160	318,**160***†
25	75**25**	161	322,**161**†
32	12,4**32**	176	385,**176**
33	13,2**33**	225	630,**225**
40	19,5**40**	240	717,**240***†
41	20,5**41**	241	723,**241***†
48	28,2**48**	256	816,**256**
49	29,4**49**	305	1,159,**305**
56	38,5**56**	320	1,276,**320**†
57	39,9**57**	321	1,284,**321**†
64	50,4**64**	336	1,407,**336**
65	52,0**65**	385	1,848,**385***
72	63,9**72**	400	1,995,**400**†
73	65,7**73**	401	2,005,**401**†
		416	2,158,**416**

* は振動することを表す．
† は3桁の双子 27 形数を表す．

振動する 27 形数

多形数に魅了された読者には，どうかすばらしい双子27形数を考えてほしい．わたしは，H(27, r) と H(27, r+1) がともに27形数となる階数の組 (r, r+1) を双子27形数と呼んでいる．例えば，(16, 17), (24, 25), (32, 33), ... のような階数の組がそ

うだ．3 桁の振動する双子 27 形数もまた，周期的に 2 個ずつ現れて，最後のほうの数については，末尾の数字が 5016, 5016, ... と繰り返しているのが分かるだろう．読者の皆さんに，$n \neq 27$ の双子多形数を見つけてほしい．

参 考 文 献

Brill, Bob (1995). "Embellished Lissajous figures," in *The Pattern Book: Fractals, Art, and Nature,* edited by Clifford Pickover. River Edge, N.J.: World Scientific, 183.

Caldwell, Chris K. "Primorial and factorial primes."
http://www.utm.edu/research/primes/lists/top20/PrimorialFactorial.html

De Geest, Patrick. "World of numbers."
http://www.ping.be/~ping6758/ and
http://www.worldofnumbers.com/index.html

Dumas, Stephane, and Yvan Dutil, "SETI"
http://www3.sympatico.ca/stephane_dumas/CETI/

Dunn, Angela. (1980). *Mathematical Bafflers.* New York: Dover.

Farris, Frank A. (1996) "Wheels on wheels on wheels – surprising symmetry," *Mathematics Magazine* 69(3) (June): 185–9.

Gardner, Martin (1995). *Martin Gardner's New Mathematical Diversions.* Washington, D.C., Mathematical Association of America.

Honsberger, Ross (1985). *Mathematical Gems III.* New York: Mathematical Association of America.

Jörgenson, Loki. "Visible structures in number theory."
http://www.cecm.sfu.ca/~loki/

Kestenbaum, David (1998). "Gentle force of entropy bridges disciplines," *Science* 279: 1849.

Meyerson, Mark (1996). "The x^x spindle," *Mathematics Magazine* 69(3) (June): 198–9.

Peterson, Ivars (2000). "The power of partitions," *Science News* 157(25) (June 17): 396–7.

Pickover, Clifford (1992). *Computers and the Imagination.* New York: Wiley.

Pickover, Clifford (1992). *Mazes for the Mind.* New York: Wiley.

Pickover, Clifford (1995). *Keys to Infinity.* New York: Wiley.

Pickover, Clifford (2000). *Wonders of Numbers.* New York: Oxford University Press.

Pickover, Clifford (2001). *The Alien IQ Test.* New York: Dover.

Pickover, Clifford (2002). *Mind-Bending Puzzle Calendar.* Rohnert Park, California: Pomegranate.

Poonen, Bjorn, and Michael Rubinstein (1998). "The number of intersection points made by the diagonals of a regular polygon," *SIAM Journal on Discrete Mathematics* 11(1): 135–56.

Sery, Robert S. (1999–2000). "Prime-poor equations of the form $i = x^2 - x + c$, c odd," *Journal of Recreational Mathematics* 30(1): 36–40.

Thinkquest, Inc. "Expected Value of a Random Variable."
http://library.thinkquest.org/10030/5rvevoar.htm

Thinkquest, Inc. "Interview: Dr. Yvan Dutil on Astrobiology."
http://library.thinkquest.org/C003763/index.php?page=interview01

Trigg, Charles (1985). *Mathematical Quickies.* New York: Dover.

索　引

あ　行

ウズ虫の数列　85

鋭角三角形　147
エラトステネスのふるい　263
円周率　76, 205, 279
エントロピー　299

黄金比　110
オメガ水晶　221

か　行

階乗　66, 263
階乗素数　274
階数　224
確率変数　243
完全素数　340
ガンマの先手　118

幾何平均　245
期待値　243

逆魔方陣　328
級数　58
曲芸師の数列　103, 307

ケン・オノ　302

合成数　50
交代級数　59

合同　100
コネル数列　89, 298
コラッツ問題　104

さ　行

$3n+1$ 問題　104
三角数　224
算術平均　245

自然対数の底　205, 329
シマウマの無理数　76, 280,
シュリニヴァーサ・ラマヌジャン
　　99, 303, 317
ジュール・アントワーヌ・リサジュー
　　333
循環素数　190, 339
ジョゼフ＝ルイ・ラグランジュ　251
振動する数　225
振動する11形数　223, 355

正 n 角形　134
正規　286
正規列　344

素数　50, 80, 190, 262, 293
素数定理　263, 294

た　行

多階乗素数　275
多角数　223
多形数　356

置換可能素数　339
チャンパーナウン数　286
調和級数　236
調和平均　244

等差数列　337
鈍角三角形　147

な 行

滑らかな数　225
滑らかに振動する数　225, 349

は 行

パイ　76
反魔方陣　332

フィボナッチ数列　47, 67, 262
双子素数　263
双子 27 形数　356
フリント級数　60, 266
分割数　95, 98

平均値　242
平方数　25
ヘイルストーン問題　104

ポリャック公爵　340

ま 行

無限級数　58
無理数　76

や 行

有理数　54, 248, 265
ユークリッド　50

余弦定理　256

ら 行

ラマヌジャンの合同式　302

リサジュー曲線　177, 333
立方数　25
リーマンのゼータ関数　355
隣接三角形　210

ルート平均　245
ルネ・デカルト　351
ルンペルシュティルツキン数列　290

レオンハルト・オイラー　80, 205, 292
レギオン数　65
連分数表示　287

A

argument 素数　340

B

Beast　276

C

Copeland-Erdös 定数　287

E

Earls 数列　348
exclusionary 平方数　250
e 素数　343

K

Karr 公式　279

O

obstinate 数　340

P

primorial 素数　274

S

special argument 素数　340

T

tridigital 平方数　249

〈訳者略歴〉

名倉真紀（なぐら・まき）

横浜国立大学大学院工学研究院特別研究教員。訳書に『変換群入門』『数学を語ろう！①幾何篇』（シュプリンガー・ジャパン）がある。

今野紀雄（こんの・のりお）

横浜国立大学大学院工学研究院教授。著書・訳書に『図解雑学 確率』『図解雑学 確率モデル』『図解雑学 複雑系』（以上ナツメ社）、『マンガでわかる統計入門』（ソフトバンク）、『カオスと偶然の数学』（監訳、白揚社）など多数。

オズの数学
―知力トレーニングの限界に挑戦―

2009年6月25日 初 版

著 者　クリフォード・A・ピックオーバー
訳 者　名倉真紀
　　　　今野紀雄
発行者　飯塚尚彦
発行所　産業図書株式会社
　　　　〒102-0072 東京都千代田区飯田橋2-11-3
　　　　電話 03(3261)7821（代）
　　　　FAX 03(3239)2178
　　　　http://www.san-to.co.jp
装 幀　遠藤修司

印刷・製本　平河工業社

© Maki Nagura
　Norio Konno　2009

ISBN978-4-7828-0510-7 C0041